飞机气动布局设计与飞行性能品质

杨 威 杜 军 编著

国防工业出版社

·北京·

内 容 简 介

飞机气动布局设计和飞行性能品质是评价飞机的重要内容，也是深入理解飞机设计思想的必备知识。本书共分为 4 篇，第 1 篇介绍飞机原理和基本知识，第 2 篇介绍飞机气动布局设计的基本内容，第 3 篇介绍飞行性能的基本内容和简单计算方法，第 4 篇介绍飞行品质的基本含义。

本书可作为航空装备管理人员、飞行人员、地勤保障人员及高等院校航空专业师生的参考用书，对于相关专业的工程技术人员也具有一定的参考价值。

图书在版编目（CIP）数据

飞机气动布局设计与飞行性能品质 / 杨威，杜军编著. —北京：国防工业出版社，2017.3
ISBN 978-7-118-11193-4

Ⅰ. ①飞… Ⅱ. ①杨… ②杜… Ⅲ. ①飞机—总体设计—气动布局 ②飞机—飞行品质 Ⅳ. ①V221 ②V212.13

中国版本图书馆 CIP 数据核字（2017）第 036751 号

※

国防工业出版社出版发行

（北京市海淀区紫竹院南路 23 号　邮政编码 100048）
北京京华虎彩印刷有限公司印刷
新华书店经售

*

开本 787×1092　1/16　印张 14½　字数 330 千字
2017 年 3 月第 1 版第 1 次印刷　印数 1—1500 册　定价 78.00 元

（本书如有印装错误，我社负责调换）

国防书店：（010）88540777　　　发行邮购：（010）88540776
发行传真：（010）88540755　　　发行业务：（010）88540717

前　　言

飞机的气动布局设计和飞行性能品质是评价飞机的重要内容，也是深入理解飞机设计思想的必备知识。其中，飞机气动布局设计是飞机设计中非常重要的一个环节，它包括依据战术技术要求对飞机气动布局形式的选择、主要气动参数的确定、飞机气动外形的设计以及要达到飞机设计性能要求必须采取的气动技术和措施等。它是飞行器空气动力的总体设计。飞机的飞行性能体现在飞机在空中及地面的各种运动特征上，飞行品质体现在驾驶员感受在定常或机动飞行过程中是否容易驾驶的飞行特性上，二者均是衡量飞机质量的重要组成部分。

作者作为从事航空维修多年的技术人员，在实践中深深体会到，学习掌握飞机气动布局设计和飞行性能品质的相关知识，对于认识理解飞机进而更好地提升维修质量是非常有益的。但是在飞机理论的学习中，发现航空院校现有教科书中的内容，大多侧重于理论研究，对仅需定性了解掌握的维修人员而言，显得过于复杂详实。为此，作者根据多年的学习体会和收集的资料，针对航空维修工程人员的需求，编写了《飞机气动布局设计与飞行性能品质》一书，作为相关专业人员学习的基础教材。

本书共分为 4 篇，第 1 篇介绍飞机原理和基本知识，第 2 篇介绍飞机气动布局设计的基本内容，第 3 篇介绍飞行性能的基本内容和简单计算方法，第 4 篇介绍飞行品质的基本含义。本书没有繁复的矩阵和方程，旨在帮助读者对飞机、飞机气动布局设计和飞行性能品质有一个基本而全面的认识。

由于作者水平有限，不足和错误之处在所难免，敬请读者批评指正。

作　者
2016 年 9 月 10 日

目　　录

第1篇　飞机基本知识

第 2 篇　飞机气动布局设计

第 3 篇　飞机飞行性能

第4篇 飞机的飞行品质

第1篇　飞机基本知识

第1章　绪　　论

1.1　飞机的基本概念

飞机属于飞行器，是航空器的一种。在众多的航空器种类中，需要有准确的定义将其清楚地界定。

1. 飞行器（Flight Vehicle）

在大气层内或大气层外空间（太空）飞行的器械统称为飞行器。飞行器可分为航空器、航天器、导弹和火箭。

在大气层内飞行的飞行器称为航空器，如气球、飞艇、飞机等。它们靠空气的静浮力或与空气相对运动产生的空气动力升空飞行。

在太空飞行的飞行器称为航天器，如人造卫星、空间站、载人飞船、空间探测器、航天飞机等。它们在运载火箭的推动下获得了必要的速度进入太空，然后在引力作用下完成与天体类似的轨道运动。装在航天器上的发动机可提供轨道修正或改变姿态所需的动力。

火箭是以火箭发动机为动力的飞行器（火箭发动机也常简称为火箭），可以在大气层内，也可以在大气层外飞行。它不靠空气静浮力，也不靠空气动力，而是靠火箭发动机的推力升空飞行。导弹有主要在大气层外飞行的弹道导弹和装有翼面在大气层内飞行的地空导弹、巡航导弹等。有翼导弹在飞行原理上，甚至在结构上与飞机颇为相似。导弹是装有战斗部的可控制的火箭，通常运载火箭和导弹都只能使用一次。

2. 航空器（Aircraft）

能在大气层内进行可控飞行的各种飞行器统称为航空器。任何航空器都必须产生一个大于自身重力的向上的力，才能升入空中。根据产生向上力的基本原理不同，航空器可划分为两大类，即轻于空气的航空器和重于空气的航空器，前者靠空气静浮力升空，又称浮空器；后者靠空气动力克服自身重力升空。

固定翼航空器主要由固定的机翼产生升力，旋翼航空器主要由旋转的旋翼产生升力。

飞机是最主要的、应用范围最广的航空器。它的特点是装有提供拉力或推力的动力装置、产生升力的固定机翼、控制飞行姿态的操纵面。

滑翔机与飞机的根本区别是，它升高以后不用动力而靠自身重力在飞行方向的分力向前滑翔。虽然有些滑翔机装有小型发动机（称为动力滑翔机），但主要是在滑翔飞行前用来获得初始速度。

旋翼航空器由旋转的旋翼产生空气动力。旋翼机的旋翼没有动力驱动，当它在动力装置提供的拉力作用下前进时，迎面气流吹动旋翼像风车似地旋转，从而产生升力。有的旋翼机还装有固定小翼面，由它提供一部分升力。直升机的旋翼是由发动机驱动的，升力和水平运动所需的拉力都由旋翼产生。

扑翼机又名振翼机，它是人类早期试图模仿鸟类飞行而制造的一种航空器。它用像飞鸟翅膀那样扑动的翼面产生升力和拉力。但是，由于人们对鸟类飞行时翅膀的复杂运动还没有完全了解清楚，加之制造像鸟翅膀那样扑动的翼面还有许多技术上的困难，扑翼机至今还没有获得成功。

3. 飞机（Airplane）

由动力装置产生前进推力，由固定机翼产生升力，在大气层中飞行的重于空气的航空器称为飞机。无动力装置的滑翔机，以旋翼作为主要升力面的直升机以及在大气层外飞行的航天飞机都不属于飞机的范围。

飞机按用途可分为军用飞机和民用飞机两大类。军用飞机是按各种军事用途设计的飞机，其中主要包括歼击机（战斗机）、截击机、歼击轰炸机、强击机（攻击机）、轰炸机、反潜机、侦察机、预警机、电子干扰飞机、军用运输机、空中加油机、舰载机等。民用飞机则泛指一切非军事用途的飞机。

4. 直升机（Helicopter）

以动力驱动的旋翼作为主要升力来源，能垂直起落的重于空气的航空器称为直升机。它既区别于以旋翼作为主要升力来源但不能垂直起落的旋翼机，又区别于不是以旋翼作为主要升力来源的垂直起落飞机。直升机属于旋翼航空器，装有一副或几副类似于大直径螺旋桨的旋翼。旋翼安装在机体上方近于铅垂的旋翼轴上，由动力装置驱动，能在静止空气和相对气流中产生向上的升力。旋翼受自动倾斜器操纵又可产生向前、向后、向左和向右的水平分力。因此，直升机既能垂直上升下降、空中悬停，又能向前后左右任一方向飞行。直升机可以在狭小场地上垂直起飞降落而无需跑道。在超载情况下，有机轮的直升机也可以滑翔起飞。当发动机在空中停车时，直升机还可以利用旋翼自转下滑，安全着陆。

1.2　飞机总体设计阶段

飞机设计是一项既复杂且周期又长的工作，通常分为几个阶段进行。

第一阶段是拟定设计要求。它是由使用方（军方或民航）负责。现代军用飞机根据国家的战略方针和将来面临的作战环境，经过分析提出作战技术要求。现代军用飞机从设计要求的制定到开始服役使用一般都需要 10 年以上的时间，要准确预计 10 年以后的政治、经济、技术环境是相对困难的。一个型号的军用飞机的全寿命费用达数百亿元的量级，因而军用飞机设计要求的研究和制定是一项非常重要和影响巨大的工作。军用飞机设计要求的研究和制定一般都是专门的机构和人员来进行。民用飞机主要强调安全性、经济型和舒适性。其设计要求一般是由飞机公司提出初步设想，经过与可能用户的商讨，并经过市场调查和分析讨论后制定的。

第二阶段是概念设计。它与设计要求阶段有重叠，因为有时要通过概念设计来使设计要求制定得更为合理和具体化。概念设计的目的是对飞机的气动布局、性能、重量水平、航空电子、武器、所需新技术、费用和市场前景等方面进行初步和方向性的探讨。概念设计中还有对设计要求中各项目的指标进行分析，适当降低那些对性能影响不大，但可能降低技术风险和发展费用的设计要求，有可能提出一套合理组合的设计要求。概念设计中设计师的经验和判断力起重要作用，往往采用经验或半经验的分析方法。

第三阶段是初步设计。它包括方案设计和打样设计两部分内容。方案设计，首先根据设计要求在概念设计的基础上，进行多种气动布局方案的对比和研究，以及机翼、机身、尾翼的形状、设计参数的确定，并同时进行飞机的内部布置。这时，各个专业都要介入，如结构的传力路线设计、新材料新工艺的使用、各系统的原理设计、全机重量和重心估计、飞机性能计算和飞行品质分析。从各专业技术上检查设计方案能否满足设计要求及协调各专业的分指标。飞机方案设计中充满着矛盾，要通过各种方案的研究来评价、折中和综合，不断进行改进，直到获得一个满足要求的综合最佳方案。打样设计，在方案设计阶段主要是确定飞机总体布局，对结构和系统的考虑比较粗略，在详细设计之前，结构和系统还需要一个初步设计的过程，这个过程就是打样设计。在打样设计阶段主要进行下列工作：

（1）气动分析和风洞试验，进行全机载荷计算，性能和飞机剖面计算，操纵性和稳定性分析和气动弹性分析等。制造不同的模型，进行高低速风洞试验，提供原始气动力数据。

（2）结构打样设计。对主要受力部件进行初步设计和分析，选择合理的结构形式，确定采用的新材料、新工艺和进行重量估算。

（3）系统打样设计。对所有系统进行原理设计，确定主要附件和系统的功能与功率。对管道、电缆进行初步设计和通路协调。

（4）全机布置协调。一般是在全尺寸图纸上进行，画出全套协调图。随着计算机技术的发展，全机布置协调以及运动机构与间隙检查，可在计算机屏幕上进行。

（5）样机审查。在打样设计后期要制造全尺寸样机，用户在全尺寸样机和真实座舱环境中检查是否符合使用要求。在样机审查批准后，冻结设计状态，详细设计才能开始。

第四阶段是详细设计。其主要任务是：进行结构和系统的详细和分析，包括所有零部件设计，提供零件图、装配图、总图；进行详细的重量估算和强度校核，并进行最后的飞机性能计算；进行工艺设计，制定飞机制造工艺方案，向制造部门提供生产图纸；进行结构的静强度、动强度和寿命试验；对系统进行地面台架模拟试验；进行飞机维修性、生存力分析和研制费用、经济性评估。

第五阶段为原型机试制。为加快研制速度，现代飞机都制造多架原型机进行试飞。

第六阶段为试飞。在试飞结束获得设计定型或型号合格证后才能进入第七阶段。

第七阶段为成批生产。

第八阶段为使用和改进改型。对已投入使用的飞机进行改进改型，扩大它的功能和延长使用寿命。

飞机总体设计是在使用方提出特定设计要求的条件下，选择并确定飞机布局形式和总体设计参数，经过计算、分析、修正，使所设计出来的飞机以优良的性能，最大限度地满足使用方的要求。飞机总体设计是反复迭代逐渐逼近的过程，满足设计要求，可以有多种可行的方案，确定总体设计参数和进行分析，也有不同的工作量和确定精度的方法。飞机总体设计涉及多学科领域，如空气动力学、结构强度、航空发动机、自动控制、电子技术、材料和工艺等，特别需要各方面的综合协调。

1.3　喷气式作战飞机的分代

根据不同时期作战飞机战术技术性能质的差别，人们对喷气式作战飞机进行了代的划分。分代的原则：依据战斗机的作战任务和其技术特点，代与代之间得有质的飞跃、跨台阶式的提高。

目前划分战斗机的代数有两种标准。

欧美标准：传统四代分法，从第二次世界大战后出现的喷气式战斗机开始划分，总共有四代。

俄罗斯标准：从喷气式飞机开始出现就划分，总共有五代。

我国采用的是欧美标准，也是本次讨论所用的标准。

1.3.1　第一代作战飞机

指 20 世纪 50 年代初开始交付使用的各类喷气式战机，是首批采用喷气发动机的战斗机，从而使飞机的性能产生了飞跃。飞机大多数采用后掠翼常规布局，可以实现超声速飞行，最大飞行速度达马赫数 1.3～1.5。装有航炮、火箭弹和第一代空对空导弹，机上还装有光学—机电式瞄准具和第一代雷达。

第一代战斗机的技术特征：

（1）普遍采用后掠机翼，装有带加力燃烧室的涡轮喷气发动机，速度达到高亚声速或跨声速。

（2）电子设备比较简陋，主要是通信电台、高度表和无线电罗盘以及简单的敌我识别装置。

（3）武器装置以大口径航炮为主，后期型可以挂装第一代空空导弹。

（4）飞机的火控系统为简单的光学—机电式瞄准具，后期安装了第一代雷达。

（5）主要的空战方式：近距格斗，尾随攻击。

（6）缺陷：使用寿命很短，发动机可靠性差、体积笨重，其功率只能进行缓慢调节；最大平飞速度小，升限、加速度性和爬升率也不高。

1.3.2　第二代作战飞机

主要是指 20 世纪 50 年代至 60 年代研制的战斗机。强调飞机的高空高速性能，其机翼大都采用三角翼，最大飞行速度达马赫数 2.0。作战能力有了大幅度提高，装有第二代空对空导弹和航炮，并装有第二代雷达和具有一定拦射能力的火控系统，有的还装备了有拦射能力的火力控制系统。

第二代战斗机的技术特征包括：

（1）采用大推力涡轮喷气发动机，飞机的重型化倾向明显。

（2）高超声速，以导弹作为攻击武器。

（3）具有全天候作战能力，装备了中距空空导弹，而且兼顾对地攻击，对地攻击能力较强。

（4）新的设计层出不穷，如后掠翼、三角翼、变后掠翼以及按面积律设计的机身等。

（5）电子设备和武器系统的性能有了较大改进，开始装备独立的航空电子设备系统，如单脉冲雷达、导航计算机、惯性导航系统等。

（6）开始使用 AIM-9"响尾蛇"、AIM-7"麻雀"等制导导弹进行视距外攻击，雷达也作为标准配置用于确定敌方攻击目标。

（7）缺陷：亚声速机动性不好，甚至还比不上第一代战斗机；起降滑跑距离长（多数都超过 1000m）；体积小，载油系统低，航程和外挂能力明显不足；机载设备比较简单，全天候能力有限。

1.3.3　第三代作战飞机

主要是指 1960—1970 年出现的战斗机。重点是强调格斗空战能力和全天候作战能力，十分重视飞机在亚、跨声速范围内的机动性。机载设备和武器系统的性能水平有了突破性进展。配备先进雷达设备、加强导弹应用。

第三代战斗机的技术特征包括：

（1）采用推重比达到 8 的涡扇发动机（小涵道比涡扇发动机），推重比大、耗油率低、可靠性高、噪声低，提高飞机的机动性能并增大作战半径。

（2）武器以空空导弹为主，航炮为辅，有较好的火控雷达系统，增加了中距和近距格斗导弹、速射航炮。

（3）采用以计算机为核心的多余度电传操纵系统，机动性能增强。

（4）翼根前部采用边条翼，充分利用气动旋涡，显著增大飞机的失速迎角，为飞机提供额外的涡升力，从而使空战机动能力和起降性能得到了改善。

（5）机身许多部位采用碳纤维和玻璃纤维等复合材料，具有重量轻、强度大、耐高温、抗疲劳的优点。

（6）机鼻进气口已经几乎完全被放弃，以配合大型雷达天线的安装需求。

（7）采用腹部进气道，具有结构简单、重量轻、大迎角状态下进气效率高的优点。

（8）座舱采用气泡式设计，可为飞行员提供良好的视野，十分有利于飞行员在视距范围内尽快地探索、发现目标。

（9）采用翼身融合体设计（即机翼和机身之间实现圆滑过渡，等于对机翼和翼根进行了整流），显著减小了浸润面积，从而达到降低干扰阻力和摩擦阻力、提高机身升力的目的。

1.3.4　第四代作战飞机

第四代战斗机是目前最先进的战斗机，它的技术战术指标是根据现代高技术局部战争的实战经验提出的，通常以空中预警机以及空中指挥机引导作战。第四代飞机在短距离起降、可靠性和维修性方面普遍比第三代飞机有所改善，飞机的平均故障间隔时间延长一倍，可以在更远的距离上发现和识别目标，并对多个目标进行跟踪和实施超视距攻击。

第四代战斗机的技术特征包括：

（1）发动机在不开加力时具有超声速巡航的能力。

（2）良好的隐身性能。

（3）高敏捷性和机动性，特别是过失速机动能力。

（4）短距/垂直起降性能。

（5）目视格斗、超视距攻击和对地攻击能力。

（6）高可靠性和维护性。

表 1-1 给出了喷气式作战飞机代的划分和各国或地区各代飞机的典型代表。

表 1-1 喷气式作战飞机的发展

时期划代	代表机型			
	美国	俄罗斯	中国	欧洲
第一代（20 世纪 50 年代）	F-86 F-100	米格-15 米格-19	歼-5 歼-6	—
第二代（1950 年—1970 年）	F-104 F-4	米格-21 米格-23	歼-7 歼-8	"幻影"Ⅲ Saab-37
第三代（1970 年—1980 年）	F-15 F-16	米格-29 苏-27	歼-10 FBC-1	"幻影"2000
第三代半（1980 年—1990 年）	—	苏-30 苏-35		阵风，JAS-39 EF-2000
第四代（1990 年—）	F-22 F-35	1.44 S-37	歼-20	—

第2章 大气的基本知识

地球表面的外层是空气，受地球重力的作用，围绕地球占有一定的空间，称为大气（Atmosphere），它是地球整体的第二大物质圈（除陆圈），对航空来说非常重要，因为飞机就在作为介质的大气中飞行。

2.1 空气的组成

地球上的空气是由多种气体混合组成的气体及浮悬其中的液态和固态杂质所组成。表 2-1 列举了其气体成分，其中氮（N_2）、氧（O_2）和氩（Ar）三者合占大气总体积的 99.96%，其他气体含量甚微。

表 2-1 空气中的成分

气体成分	分子式	所占体积
氮	N_2	78.08%
氧	O_2	20.95%
氩	Ar	0.93%
二氧化碳	CO_2	0.34mL/L
氖	Ne	1.8×10^{-2}mL/L
氪	Kr	1×10^{-3}mL/L
氙	Xe	8×10^{-5}mL/L
甲烷	CH_4	2×10^{-3}mL/L
氢	H_2	5×10^{-4}mL/L
一氧化二氮	N_2O	3×10^{-4}mL/L
一氧化碳	CO	$5 \times 10^{-5} \sim 2 \times 10^{-4}$mL/L
臭氧	O_3	不定（$2 \times 10^{-5} \sim 1 \times 10^{-2}$mL/L）
氨	NH_3	4×10^{-6}mL/L
二氧化氮	NO_2	1×10^{-6}mL/L
二氧化硫	SO_2	1×10^{-6}mL/L
硫化氢	H_2S	5×10^{-8}mL/L
水汽	H_2O	不定（$1 \times 10^{-2} \sim 1 \times 10^{-3}$mL/L）

除水汽外，这些气体在自然界的温度和压力下总呈气体状态。

由于大气中存在着空气的垂直运动、水平运动、湍流运动和分子扩散，使不同高度、不同地区的空气得以进行交换和混合，因而从地面开始，向上直到 86km 处，空气主要成分（除水汽臭氧和若干污染气体外）的比例基本上是不变的。因此，在 86km 以下可以把干洁空气当成分子量为 28.97 的"单一成分"来处理。在 86km 以上，大气的主要成分仍然是氮和氧，但平均约从 80km 开始由于紫外线的照射，氧和氮已有不同程度的离解，在 100km 以上，氧分子已几乎全部解离为氧原子，到 250km 以上，氮也基本上都解离为氮原子。

2.2 大气的垂直分层

由于重力场的作用，沿铅垂面方向上大气的各种特性的差异非常明显。例如：距地面越近，空气密度越大。根据不同的气象条件和气温的变化等特征，大气层可分为 5 层：对流层、平流层、中间层、热层和散逸层（图 2-1）。它的底界就是地球，顶界逐渐和星际空间融合，没有明显的自然边界，一般认为大气的顶界为 2000～3000km。

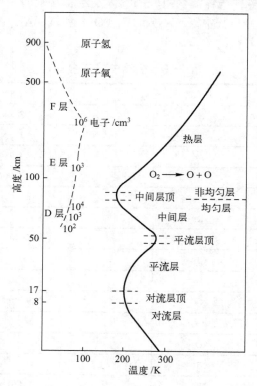

图 2-1　大气层中温度、电子密度、化学组成的垂直分布

2.2.1 对流层

对流层是最接近地球表面的一层大气。对流层由于受到地面森林、湖泊、草原、海滩、山岭等不同地形的影响，受日光照射而引起的气温的变化，因而造成垂直方向和水平方向的风，即空气发生大量的对流现象，故称为对流层。

8

在不同的地区对流层顶界的高度也不同。在赤道附近，对流层的高度可达到17km，而在两极附近，对流层的高度仅有 7～8km。例如：我国北京地区，对流层的高度约为11km，广州地区对流层的高度增加到约16km，而在东北地区则下降到10km。

季节不同，对流层的高度也不同。例如夏季就比冬季高。甚至同一地区同一天，对流层的高度也会随早、中、晚的变化而变化。

这一层由于是大气的最下层，密度最大，所包含的空气质量几乎占整个大气质量的3/4。在对流层里空气可以有上下的流动，雷雨、浓雾、风切变等天气现象都发生在这一层。大气温度随高度的升高而下降，气温垂直递减率约为 6.5℃ / 1000m。

2.2.2 平流层

平流层位于对流层顶之上，顶界伸展到50～55km。平流层中的空气约占整个大气质量的1/4。在平流层中，没有垂直方向的空气对流，空气只有水平方向的流动，没有雷雨等现象。

平流层至 20km 大气温度随高度变化很小，在同一纬度地区可以近似看作常数，常年平均值为216.65K（-56.5℃）。约从 30km 向上，温度随高度的增加而上升很快，在平流层顶可达 270～290K，主要由作为热源的臭氧层强烈吸收太阳紫外辐射所致。

在平流层内，空气流动比较平稳，垂直混合非常微弱，水汽含量极少，能见度很好，有利于飞机作稳定飞行，但因空气密度很小，故驾驶操纵的反应力度也小，即可操纵性低于对流层。

2.2.3 中间层

从平流层顶 50～55km 伸展到80km 间的大气层称为中间大气层。这一层的特点是：气温随高度增加而下降，空气有相当强烈的垂直运动，又称为高空对流层。空气质量仅占整个大气质量的1/3000。

2.2.4 热层

热层的范围是从中间层顶伸展到 500～600km 高度。这一层的空气极端稀薄，声波也难以传播。热层的一个特征是气温随高度增加而上升，另一个重要特征是空气处于高度电离状态。热层又在电离层范围之内，电离层大气处于高度电离状态，它们就像一面反射无线电波的镜子，使电波在地面和电离层之间多次反射，从而实现了远距离无线电通信。由于大气直接受到太阳辐射的缘故，大气温度可达 1500～1600K，所以称热层。

2.2.5 散逸层

热层顶以外称为散逸层，又称逃逸层、外大气层。在外层大气的空气质量只占全部大气质量的 10^{-11}，是大气的最外一层。那里的空气极其稀薄，同时又远离地面，地球引力场的束缚作用很微弱，因而大气分子不断地向星际空间逃逸。航天器脱离这一层后便进入太空。

普通飞机主要在对流层和平流层里活动。飞机的高度记录是 39km，探空气球曾达44km。人造地球卫星的轨道，近地点可以是一百多千米，远地点可以是几千千米。定点

9

的通信卫星距地面 35000km。航天飞机的高度是几百千米。陨石向地面冲来，开始发光在 100～160km 的高度上，即热层的下半部，大多数陨石消灭在 40～60km 的高度上，极光发生在 880～1100km 的空中。

2.3　大气的基本性质

在研究地球大气的运动规律时，常把大气视作连续介质，即把由离散的气体分子构成的实际流体，当作是由无数流体质点无间隙地连续分布而构成的，故在大气中形成各种物理量场，并能使用数学分析，对流体力学问题进行理论求解。关于连续介质的假设，在对流层和平流层中均能满足。但相对于飞机在空气中飞行，当出现空气动力学中的激波区时，只要把激波考虑成物理量场的间断面或不连续面，此时仍可采用连续介质的假设。

流体分子之间存在着黏性（Viscosity），表现为在两层流体间有相对运动时，因分子热运动的动量交换作用，在流体层之间存在一种相互牵制的作用力，称为分子黏性力。当运动速度较小时，黏性力对流体的运动不起主导作用，尤其是大气，常可把它视作无黏性的理想流体，例如自由大气就是一种近似的理想流体。

一般流体都是可压缩的，气体的压缩性比液体的压缩性更大。但当气流速度较小时，其压缩性并不明显。气象学中常把大范围的空气水平运动当作不可压缩流体来处理。

2.4　标　准　大　气

飞机主要在对流层和平流层中运动。某一高度上的大气温度、压强、密度等参数会随所在地的经纬度不同有所不同，即使在同一纬度，也会因季节和昼夜的变化而有所不同。因此航空器的飞行性能在不同的地点、季节、高度有不同的表现，这使航空器的制造和使用在不同的条件下有不同的结果，给使用者带来不便。为了便于做性能计算，整理飞行试验数据，进行同一类飞机的性能比较，国际航空界就各大气层，取中纬度地点的平均值作为标准，制定了国际标准大气（ISA），以此作为航空器设计和制造的统一标准，也作为航空器使用者在使用航空器时的共用标准。

国际标准大气：以北半球中纬度地区的大气物理性质的平均值作为基础建立，并假想空气是理想气体，满足理想气体方程。

（1）空气被视为完全气体，即服从状态方程 $p=\rho RT$，气体常数 $R=287\text{J}/(\text{kg}\cdot\text{K})$。

（2）大气的相对湿度为零。

（3）海平面作为高度计算的起点，在该处大气温度 $T_{H=0}=288.15\text{K}$（$t_{H=0}=15\text{℃}$），大气压强 $p_{H=0}=101325.6\text{Pa}$，大气密度 $\rho_{H=0}=1.22505\text{kg/m}^3$。

（4）对流层，由 $H=0\text{km}$ 到 $H=11\text{km}$。温度随高度 H 的上升而直线下降，高度每升高 1m，气温下降 0.0065K，即 $T_H=T_{H=0}-0.0065K$。

（5）平流层，由 $H=11\text{km}$ 到 $H=20\text{km}$，气温保持不变，此时 $T=216.65\text{K}$（$t=-56.5\text{℃}$）；

10

由 20～22km，每上升 1km，温度上升 1℃，即

$$T=216.65+0.001（H-20000）（单位为 K）$$

标准大气简表见表 2-2。

表 2-2　标准大气简表

高度 H/m	温度 T/K	压力 p/Pa	密度 ρ/（kg/m³）	声速 a/（m/s）	动力黏度 μ/（×10⁵Pa·s）
0	288.15	101325	1.2251	340.29	1.7894
1000	281.65	89876	1.1117	336.43	1.7578
2000	275.15	79496	1.0065	332.53	1.7260
3000	268.65	70109	0.9091	328.58	1.6937
4000	262.15	61641	0.8191	324.59	1.6611
5000	255.65	54020	0.7361	320.53	1.6281
6000	249.15	47181	0.6597	316.43	1.5948
7000	242.65	41060	0.5895	312.27	1.5609
8000	236.15	35600	0.5252	308.06	1.5268
9000	229.65	30743	0.4664	303.79	1.4922
10000	223.15	26436	0.4127	299.46	1.4571
11000	216.65	22632	0.3639	295.07	1.4223
12000	216.65	19331	0.3108	295.07	1.4216
13000	216.65	16511	0.2655	295.07	1.4216
14000	216.65	14102	0.2268	295.07	1.4216
15000	216.65	12045	0.1937	295.07	1.4216
16000	216.65	10287	0.1654	295.07	1.4216
17000	216.65	8787	0.1413	295.07	1.4216
18000	216.65	7505	0.1207	295.07	1.4216
19000	216.65	6410	0.1031	295.07	1.4216
20000	216.65	5475	0.0880	295.07	1.4216
22000	218.65	4000	0.0637	296.43	1.4326
24000	220.65	2931	0.0463	297.78	1.4435
26000	222.65	2153	0.0237	299.13	1.4544
28000	224.65	1586	0.0246	300.47	1.4652
30000	226.65	1172	0.0180	301.80	1.4760
32000	228.65	868	0.0132	303.13	1.4868

2.5　主要气象要素

表征大气状态的基本物理量和主要天气现象，称为气象要素。与飞行直接有关的气

象要素包括气温、气压、湿度、风向、风速、云量、能见度等。

2.5.1 空气温度

表示空气冷热程度的物理量称为空气温度（Air Temperature），简称气温，从微观考虑，气温的高低反映了空气分子不规则运动的平均动能大小。

常采用 3 种温标，以定量地表示温度的高低。在国际单位制中，采用热力学温标，或称绝对温标，以符号 T 表示，单位名称开尔文（Kelvin），中文名称为"开"，单位符号为"K"。以水的三相点为基本点：T=273.15K。

其他两种经验温标分别为摄氏温标，单位符号为℃；华氏温标，单位符号为℉，它们之间的主要区别在于参考点温度和分度的方法不同。把沸水温度分别定位100℃和212℉，冰的熔点温度分别定为 0℃ 和 32℉，其间分别等分为 100 份和 180 份。

3 种温标的换算关系为：

$$T（K）=273.15+t（℃）$$
$$C=5（F-32）/9$$
$$F=32+9C/5$$

气温变化可由两方面的因素引起：一是空气块与外界产生热量交换，当空气块获得热量时，温度就升高，反之当它失去热量时，温度就降低；二是由于外界环境压强变化，使空气块膨胀对外界做功而降低温度，或受压缩外界对空气块做功而升高温度，此时空气块与外界无热量交换，故称为绝热变化，相应的前一种情况可称为非绝热变化。

2.5.2 气压

气压指大气的压强。它是空气的分子运动与地球重力场综合作用的结果。静止大气中任意高度上的气压值等于其单位面积上所承受的大气柱的重量。当空气有垂直加速运动时，气压值与单位面积上承受的大气柱重量就有一定的差值，但在一般情况下，空气的垂直运动加速度是很小的，这种差别可以忽略不计。

一般情况下气压值是用水银气压表测量的。设水银柱的高度为 h，水银密度为 ρ，水银柱截面积为 S，则水银柱的重量 $W=\rho gh \cdot S$。由于水银柱底面积的压强和外界大气压强是一致的，所以气压单位曾经用毫米水银柱高度（mmHg）表示，现在通用百帕（hPa）来表示。1hPa 等于 1cm^2 面积上受到 10^{-2} 牛顿（N）的压力时的压强值，即 1hPa=10^{-2}N/cm^2。

当选定温度为 0℃，纬度为 45°的海平面作为标准时，海平面气压为 1013.25hPa，相当于 760mm 的水银柱高度，曾经称此压强为 1 个大气压。

由于高度越高，其向上的空气柱越短，故气压就越低。由此说明地球上的气压，总是随高度的增加而降低的，而且由于空气密度随着高度的增高变得越来越小，这样使得气压随高度增高而减小的速率变缓。

2.5.3 湿度

表示大气中水汽量多少的物理量称大气湿度。大气湿度状况与云、雾、降水等关系密切。大气湿度常用下述物理量表示：

1. 水汽压和饱和水汽压

大气压力是大气中各种气体压力的总和。水汽和其他气体一样，也有压力。大气中的水汽所产生的那部分压力称水汽压（e）。它的单位和气压一样，也用 hPa 表示。

在温度一定情况下，单位体积空气中的水汽量有一定限度，如果水汽含量达到此限度，空气就呈饱和状态，这时的空气，称饱和空气。饱和空气的水汽压（E）称饱和水汽压，也叫最大水汽压，因为超过这个限度，水汽就要开始凝结。实验和理论都可证明，饱和水汽压随温度的升高而增大。在不同的温度条件下，饱和水汽压的数值是不同的。

2. 相对湿度

相对湿度（f）就是空气中的实际水汽压与同温度下的饱和水汽压的比值（用百分数表示），即

$$f = \frac{e}{E} \times 100\%$$

相对湿度直接反映空气距离饱和的程度。当其接近 100% 时，表明当时空气接近于饱和。当水汽压不变时，气温升高，饱和水汽压增大，相对湿度会减小。

3. 露点

在空气中水汽含量不变，气压一定下，使空气冷却达到饱和时的温度，称露点温度，简称露点（T_d）。其单位与气温相同。在气压一定时，露点的高低只与空气中的水汽含量有关，水汽含量愈多，露点愈高，所以露点也是反映空气中水汽含量的物理量。在实际大气中，空气经常处于未饱和状态，露点温度常比气温低（$T_d < T$）。因此，根据 T 和 T_d 的差值，可以大致判断空气距离饱和的程度。

上述各种表示湿度的物理量：水汽压、露点基本上表示空气中水汽含量的多寡。而相对湿度、温度露点差则表示空气距离饱和的程度。

2.5.4　风

空气相对于地表面的水平运动称为风。风是一个表示气流运动的物理量。它不仅有数值的大小（风速），还具有方向（风向），因此风是平面矢量。

风向是指风的来向。地面风向用 16 方位表示，高空风向常用方位度数表示，即以 0°（或 360°）表示正北，90° 表示正东，180° 表示正南，270° 表示正西。在 16 方位中，每相邻方位间的角差为 22.5°。

风速指在单位时间内空气移动的水平距离，单位常用 m/s、knot（海里/小时，又称"节"）和 km/h 表示，其换算关系如下：

$$1m/s = 3.6km/h \qquad 1knot = 1.852km/h$$
$$1km/h = 0.278m/s \qquad 1knot = 0.514m/s$$

风的大小也用风力等级表示，最早由英国人蒲福（Beaufort）提出，目前国际上仍采用蒲福风级演变而来的分级标准以及近海岸船舶和陆上地物征象。风级与距离地面 10m 高处相当的 10min 平均风速见表 2-3。

表 2-3　风力等级对应风速

风力等级	名称	范围/（m/s）	中数/（m/s）	范围/（km/h）	范围/kn
0	静风	0.0～0.2	0.1	<1	<1
1	软风	0.3～1.5	0.9	1～5	1～3
2	轻风	1.6～3.3	2.5	6～11	4～6
3	微风	3.4～5.4	4.4	12～19	7～10
4	和风	5.5～7.9	6.7	20～28	11～16
5	劲风	8.0～10.7	9.4	29～38	17～21
6	强风	10.8～13.8	12.3	39～49	22～27
7	疾风	13.9～17.1	15.5	50～61	28～33
8	大风	17.2～20.7	19	62～74	34～40
9	烈风	20.8～24.4	22.6	75～88	41～47
10	狂风	24.5～28.4	26.5	89～102	48～55
11	暴风	28.5～32.6	30.6	103～117	56～63
12	飓风	32.7～36.9	34.8	118～133	64～71

2.5.5　云量

云是悬浮在大气中的小水滴、冰晶微粒或二者混合物的可见聚合群体，底部不接触地面（如接触地面则为雾），且具有一定的厚度。云量是指云遮蔽天空视野的成数。我国规定以十分位记录，即将地平以上全部天空划分为 10 份，为云所遮蔽的份数即为云量。例如，碧空无云，云量为 0，天空一半为云所覆盖，则云量为 5。国际上许多国家把天空分为 8 等分，按 8 分位记录。

2.5.6　能见度

能见度指视力正常的人在当时天气条件下，能够从天空背景中看到和辨出目标物的最大水平距离。单位用米（m）或千米（km）表示。

2.6　空气的黏性和压缩性

空气的黏性，是空气自身相互黏滞或牵扯的特性。从本质上讲，黏性是流体内相邻两层间的内摩擦。空气的黏性很小，不易觉察。把手浸入水中，抽出时就会有水珠黏附在手上，这表明水有黏性；把手浸入甘油或蜂蜜中间，附着的就更多，这表明它们的黏性比水大得多。空气的黏性比水的要小。空气的黏性和温度有关，温度高，空气的黏性大，反之就小。空气的黏性可用其动力黏度来衡量（见国际标准大气简表）。空气的黏性对飞机飞行的影响主要表现在其与飞行的摩擦阻力有关。

空气的压缩性，是指压强（压力）的作用下或温度改变的情况下，空气改变自己的密度和体积的一种特性。空气的压缩性比水要大得多，水几乎很难被压缩。在低速（低

14

速指流动速度小于 0.3 倍的声速）时，空气压强的变化一般不大，空气密度的变化很小，空气的压缩性对于飞机的影响很小。所以在低速飞行时，可以认为空气是不可压缩的，即可以认为密度是一个不变的数值。但是在高速（超声速）飞行时，就必须考虑空气的压缩性。空气的压缩性可用马赫数 Ma 来衡量。

2.7　理想气体状态方程

空气状态常用密度（ρ）、体积（V）、压强（p）、温度（t 或 T）表示。对一定质量的空气，其 p、V、T 之间存在函数关系。例如，一小团空气从地面上升时，随着高度的增大，其受到的压力减小，随之发生体积膨胀增大，因膨胀时做功，消耗了内能，气温乃降低。这说明该过程中一个量变化了，其余的量也要随着变化，亦即空气状态发生了变化。如果三个量都不变，就称空气处于一定的状态中，因此研究这些量的关系就可以得到空气状态变化的基本规律。对于理想气体，其状态方程为

$$p=\rho RT$$

式中　p——压强，Pa；

$\qquad \rho$——密度，kg/m^3；

$\qquad R$——气体常数，空气为 287.05278J/（kg·K）；

$\qquad T$——温度，K。

上式表明，在温度一定时，气体的压强与其密度成正比，在密度一定时，气体的压强与其绝对温度成正比。从分子运动论的观点来看，这是容易理解的。气体压强的大小取决于器壁单位面积上单位时间内受到的分子碰撞次数及每次碰撞的平均动能，如分子平均动能大且单位时间里碰撞次数多，故压强也就大。

在飞行速度不高时，空气的性质与理想气体差别不大，可近似按理想气体对待。只有在航速超过声速 5 倍时，才有必要考虑真实气体的状态方程。

2.8　飞机常用大气参数

2.8.1　高度

飞机的高度根据不同的参照物有不同的划分，如图 2-2 所示。

1. 绝对高度

绝对高度指飞机与海平面之间的垂直距离。

2. 真实高度

真实高度指飞机与地面目标（山顶、地面等）之间的垂直距离。

3. 标准气压高度

标准气压高度是指飞机与气压 101325Pa 的气压面（ISA sea lever）之间的垂直高度。气压高度和大气压力是一一对应的。随着高度的升高，大气压力减小。在不同的高度上，其减小的程度也不一样，低空时递减得快，高空时递减得慢，也就是说，气压高度和大

气压力成非线性关系。

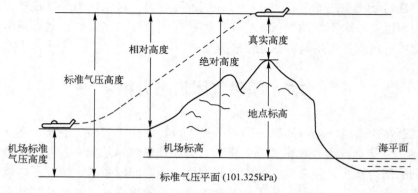

图 2-2　高度示意图

4. 相对高度

相对高度是指飞机与机场地面之间的垂直距离。机场所在地一般不满足标准大气条件，其气压不等于 760mmHg。这个气压所对应的高度为机场标准气压高度。这样，其相对高度，即修正气压高度 h_c =标准气压高度 h_p -机场标准气压高度 h_{BS}，由此关系式便可计算得到修正气压高度 h_c。

2.8.2　速度

飞行速度是飞行的重要飞行参数之一。飞行员根据空速的大小可判断作用在飞机上的空气动力情况，以便正确地操纵飞机。

飞机的飞行速度是指飞机在静止空气中的相对运动速度。飞机常用的速度有 4 种：真空速、指示空速、地速、垂直速度。

1. 真空速（TAS）V_t

飞机相对于空气的运动速度，或者说考虑空气密度影响的速度，简称空速。

据上所述，飞机的飞行马赫数（Ma）是真空速 V_t 与飞机所在高度的声速 a 之比，即

$$Ma = V_t/a$$

则

$$V_t = Ma \cdot a$$

而

$$a = \sqrt{KRT_a} = \sqrt{KRT_0 T_a/T_0} = a_0\sqrt{T_a/T_0}$$

所以

$$V_t = Ma\, a_0\sqrt{T_a/T_0}$$

式中　T_0——标准海平面的气温，T_0=288.15K；

　　　　T_a——飞机所在高度的大气静温。

2. 指示空速（IAS）V_i

归化到标准空气密度（即标准海平面的空气密度 ρ_0=1.225kg/m³）的真空速，或者说忽略空气密度变化的飞机运动速度。指示空速又称仪表空速，简称表速，是表征飞机升

16

力的速度。

$$V_t = V_i (\rho/\rho_0)^{1/2}$$

当 $V_i/a_0 \leqslant 1$ 时 $\quad Q_c/P_{g0} = [1+0.2(V_i/a_0)^2]^{7/2}-1$

当 $V_i/a_0 > 1$ 时 $\quad Q_c/P_{g0} = 166.92158(V_i/a_0)^7[7(V_i/a_0)^2-1]^{-5/2}$

式中 a_0——标准海平面的声速，$a_0 = 1225.0584$ km/h；

P_{g0}——标准海平面的动压值。

3. 校正空速

经过位置和仪表误差修正，但未经压缩性修正时的空速表读数（《有人驾驶飞机（固定翼）飞行品质》GJB 185—86 第 3 页）。校正空速数值大小较指示空速精确，但表征含义与指示空速相同。

4. 地速

飞机相对于地面运动速度的水平分量，也称真空速和风速水平分量的向量和。

5. 升降速度

飞机相对于地面运动速度的垂直分量，它是高度的变化率，即

$$\dot{h}_p = \frac{\Delta h_p}{\Delta t}$$

2.8.3 大气密度比

大气密度（ρ）随高度的增加而减小，其减小的程度在对流层和平流层中是不相同的。为了便于说明和使用，引入了大气密度比 ρ/ρ_0。

$$\rho/\rho_0 = \frac{P_s \cdot T_0}{P_{s0} \cdot T_a}$$

从上式中看出，大气密度比与大气压力和大气温度有关。这是因为，随着高度升高，气温和气压都要降低。当气温降低时，大气密度将增大；当气压降低时，大气密度将减小。

2.8.4 升降速度

升降速度又称为高度速率，它是高度的变化率，即 $\dot{h}_p = \frac{\Delta h_p}{\Delta t}$。

2.8.5 静温和总温

1. 大气静温 T_s

大气静温是指大气静止时的冷热程度，也就是人们常说的气温。由于受地球热量辐射的影响，大气温度将随着高度的升高而降低。在大气对流层中，因地区、季节、高度的不同而有所差异，一般高度每升高 1km，气温约下降 6.5℃。在平流层中，20km 以下，静温 T_s 基本保持不变。

2. 大气总温 T_t

当气流流过物体表面时，由于物体表面的阻碍作用而使气流流速降低为零的点

称为驻点。驻点是气流流动中压力最高的点，也是温度最高的点，驻点的温度称为总温 T_t。

总温包括两部分：一部分为大气静温 T_s，另一部分为因气流受阻由动能转变为热能而引起的升温。总温的大小与飞机高度及飞行速度有关，其数学表达式为：

$$T_t = T_s (1+0.2\gamma Ma^2)$$

式中　γ——动能转变成热能的恢复程度，即恢复系数。它随马赫数变化而变化。

第 3 章　低速气流的特征

低速气流，是指流动速度小于 0.3 倍声速的气流。所谓气流特征，就是指流动中的空气其压强、密度、温度以及流管粗细同气流速度之间相互变化的关系。

3.1　流场的概念

3.1.1　流体

气体和液体统称为流体。

气体和液体的共同特征是不能保持一定形状，具有流动性。

气体和液体的不同点表现在液体具有一定的体积，不可压缩；而气体可压缩。

需要指出的是，当所研究的问题不涉及压缩性时，所建立的流体力学规律，既适合于液体也适合于气体。当计及压缩性时，气体和液体就必须分别处理。气体虽然是可压缩的，但在许多工程中，气体的压力和温度变化不大、气流速度远小于声速（如速度 $v<0.3a$）时，可以忽略气体的压缩性，这时即把气体看作不可压缩的流体。这样近似能使问题简化并不会引起太大的误差。

3.1.2　流场

流体所占据的空间称为流场。

用以表征流体特性的物理量如速度、温度、压强、密度等，称为流体的运动参数。所以流场又是分布上述运动参数的场。

3.1.3　定常运动与非定常运动

根据运动参数随时间的变化，可以将流动分为定常流动与非定常流动。

如果流场中流体的运动参数不仅随位置不同而不同，而且随时间变化而变化，这样的流动称为非定常流动。

如果流场中流体的运动参数只随位置改变而与时间无关，这样的流动称为定常流动。

本章在研究飞机的空气动力情况时，只研究空气的定常流动。

3.1.4　流线

流线是流场中某一瞬间的一条空中曲线，在该线上各点的流体质点所具有的速度方向与曲线在该点的切线方向重合（图 3-1（a））。

流线具有以下特征：

（1）非定常流动时，由于流场中速度随时间改变，经过同一点的流线的空间方位和形状是随时间改变的。

（2）定常流动时，由于流场中各点流速不随时间改变，所以同一点的流线始终保持不变，且流线与迹线（流场中流体质点在一段时间内运动的轨迹线）重合。

（3）流线不能相交也不能折转。因为空间每一点只能有一个速度方向，所以不能有两条流线同时通过同一点。

但有三种情况例外：在速度为零的点上，如图 3-1（b）中的 A 点，通常称 A 点为驻点；在速度为无限大的点上，如图 3-1（c）中的 O 点，通常称它为奇点；流线相切，如图 3-1（b）中的 B 点，上下两股速度不等的流体在 B 点相切。

（4）流场中每一点都有流线通过。由这些流线构成流场的总体称为流线谱，简称流谱。

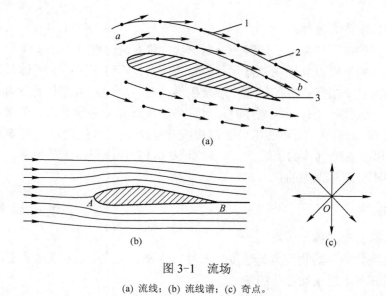

图 3-1　流场

(a) 流线；(b) 流线谱；(c) 奇点。

1—流速；2—流线；3—翼剖面。

3.1.5　流管和流束

在流场中任画一封闭曲线，在该曲线上每一点做流线，由这许多流线所围成的管状曲面称为流管，如图 3-2 所示。

由于流管表面是由流线所围成，而流线不能相交，因此流体不能穿出或穿入流管表面。这样，流管就好像刚体管壁一样把流体运动局限在流管之内或流管之外。在稳定流时流管好像真实管子一样。

充满在流管内的流体，称为流束。

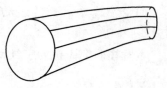

图 3-2　流管

3.2　运动的转换

当飞机在原来静止的空气中作等速直线飞行时，将引起物体周围空气的运动，同时空气将给飞机以作用力。研究这种空气运动的规律和作用力是空气动力学面临的任务之一。这里有两种坐标系可以使用，一种是采用静止坐标系——坐标系固连于地球上，直接将牛顿定律用于空气对物体的相互作用；另一种是采用动坐标系——坐标系固连于等速飞行的飞机上，也就是在飞机上看空气的运动及其对物体的作用力。而用这两种坐标系求得物体所受的力是完全相同的。这就是运动的转换原理，它是根据伽利略的相对原理而建立的。

相对原理，即如果在一个运动的物体系上附加上一个任意的等速直线运动，则此附加的等速直线运动并不破坏原来运动的物体系中各物体之间的相对运动，也不改变各物体所受的力。

利用运动的转换原理，使问题的研究大为简化。设物体以速度 v 在静止空气中运动（见图 3-3），根据相对原理，可以给物体系（物体和周围空气）加上一个与速度 v 大小相等方向相反的速度。这样得到的运动，与物体静止不动，无穷远处气流以速度 v 流向物体的情况，空气作用在物体上的力是完全相同的，这就是运动的转换原理。也就是说，空气作用在物体上的力，并不取决于空气或物体的绝对速度，而取决于二者之间的相对运动。

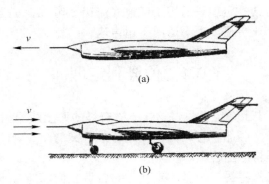

图 3-3　相对运动的转换——可逆性原理

(a) 空气静止，飞机运动；(b) 飞机静止，空气运动。

3.3　连续性定理

由日常生活中的经验可知，河水在河道窄的地方流速快，而在宽的地方流得慢。在山区你可以看到山谷中的风经常比平原开阔的地方来得大，这些现象都是流体"连续性定理"在自然界中的表现。

质量守恒定律是自然界基本的定律之一，它说明物质既不会消失，也不会凭空增加。如果把这个定律应用在流体的流动上，就可以得出这样的结论：当流体低速、稳定、连续不断地流动时，流管里的任一部分，流体都不能中断或积聚，在同一时间内，流进任何一个截面的流体质量和另一个截面流出的流体质量应当相等。

如图3-4所示，根据质量守恒定律，可以得出连续性方程为

$$\rho_1 S_1 v_1 = \rho_2 S_2 v_2 = 常数$$

式中 ρ——空气密度；

     S——管子截面积；

     v——气流速度。

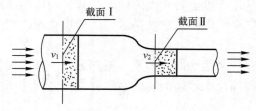

图3-4 流体连续定理——质量守恒

结论：当流体以低速定常在管道中流动时，流体流速与横截面积成反比，即流体在变截面的管道中流动时，截面积大的地方流速低，而截面积小的地方流速高。

流体的连续性定理说明：当流体连续不断而稳定地流过一个粗细不等的管道时，由于管道中任何一部分的流体都不能中断或挤压起来，因此在同一时间内，流进任一切面的流体的质量和从另一切面流出的流体质量是相等的。

需要指出的是，连续性定理只适用于低速（流速 $v < 0.3a$，a 为声速）的范围，即认为密度不变，不适用于亚声速，更不适用于超声速。

3.4 伯努利定理

撞船之谜：在航海史上曾经发生过这样一次奇怪的海上两船相撞的事故。很多年前，在风平浪静的大海上，两艘船平行同方向高速行驶，突然间，两艘船失去控制，猛烈地撞在一起。伯努利定理将给出答案。

能量守恒定律是自然界另一个基本定律。它告诉我们，能量不会自行消灭，也不会凭空产生，而只能从一种形式转化为另一种形式。伯努利定理便是能量守恒定律在空气动力学中的具体应用。

连续性定理阐述了流体在流动中流速和管道切面之间的关系。流体在流动中，不仅流速和管道切面相互联系，而且流速和压力之间也相互联系。伯努利定理就是要阐述流体在流动中流速和压力之间的关系。

伯努利定理为：

$$p_1 + \frac{1}{2}\rho v_1^2 = p_2 + \frac{1}{2}\rho v_2^2 = p_0$$

式中 p_1——Ⅰ截面的静压；

     p_2——Ⅱ截面的静压；

     $\frac{1}{2}\rho v_1^2$——动压（也称速压）；

p_0——总压。

动压，单位体积空气所具有的动能。这是一种附加的压力，是空气在流动中受阻，流速降低时产生的压力。

静压，单位体积空气所具有的压力能。在静止的空气中，静压等于当时当地的大气压。也是流体在流动时产生的垂直于流体运动方向的压力。

总压（全压），它是动压和静压之和。总压可以理解为，气流速度减小到零时的静压。

伯努利定理说明：在低速定常流动时，流场中的任一点，气体的静压和动压之和为一常量，且等于其总压。也可以粗略地说，低速定常流动时，流速大的地方压力小，流速小的地方压力大，如图3-5所示。

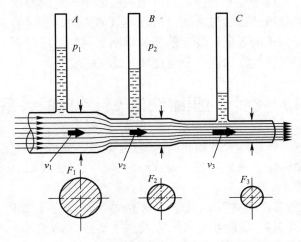

图 3-5　容器和管道中的流体的流动

伯努利定理描述了流体在流动过程中压力和流速之间的关系，是研究气流特性和在飞行器上产生空气动力的物理原因及其变化的基本定理之一。

伯努利定理的实践应用是文氏管。文氏管的入口比喉部直径大，出口部分的直径也和入口一样大。在喉部，气流速度增加，压力降低；在出口处气流速度降低，压力增加。

连续性定理和伯努利定理是气体动力学中两个最基本的定理，它们说明了流管截面积、气流速度和压力这三者之间的关系，但是只适用于低速，即气流不可压缩（密度不变化）的流动情况，不能推广到高速。综合这两个定理，我们可以得出如下结论：低速定常流动的气体，流过的截面积大的地方，流速小，压强大；而截面积小的地方，流速大，压强小。这一结论是解释机翼上空气动力产生的根据。

第4章 高速气流的特征

所谓气流特性，就是指流动中的空气，其压力、密度、温度以及流管粗细同气流速度之间相互变化的关系。在气流速度由低速转变为高速，或者由低于声速转变为超过声速的过程中，这个关系越来越不相同。在气流速度低于声速的阶段，这种不同还只限于量的差别。但是，当气流速度超过声速以后，空气的压力、密度等发生了显著的变化，气流特征就出现了一些不同于低速情况的质的差别。例如，这时会产生使压力突然升高的激波；流管收缩不是使气流加速，反而使气流减速等现象。

4.1 空气的压缩性与飞行速度的关系

高速气流之所以与低速气流有如此质的差别，其根本原因是空气具有压缩性的缘故。由于空气的压缩性会引起一系列问题：弱扰动的传播，高速气流中压力和流速随流管截面积的变化，激波等。

对于一定量的空气，其体积改变了，密度也自然发生了变化。不论是低速或高速飞行，空气流过机翼各处的速度和压力发生了改变，都会引起空气密度的变化。那么，为什么在研究高速气流的特性时要特别提出空气的压缩性，也就是说要特别考虑空气密度的变化呢？这是因为，空气的密度在这种情况下变化的程度与低速时不一样。

空气密度变化的程度，可以用空气密度变化的百分比 $\Delta\rho/\rho$ 表示，$\Delta\rho$ 是空气密度的变化量，ρ 是空气原来的密度。表 4-1 中列出了在标准大气条件下，不同飞行速度时，机翼前缘驻点（在这一点，气流的速度等于零）空气密度增加的百分比。

表 4-1 不同流动速度时，机翼前缘驻点空气密度增加的百分比

气流速度/(km/h)	200	400	600	800	1000	1200
空气密度增加的百分比($\Delta\rho/\rho$)	1.3%	5.3%	12.2%	22.3%	45.8%	56.5%

从表 4-1 中可以清楚地看出，在速度不超过 360~400km/h 的低速飞行中，空气密度的变化程度是微小的，其变化可以忽略不计。可是在高速飞行中，空气的密度变化很大，因此，必须考虑压缩性的问题。

4.2 扰动传播、声速

在流场中，任一点的流动参数与自由流（即远前方来流）中对应流动参数之差，称为扰动。如流场中某点的密度、压强、速度分别为 ρ、p、v，而远前方来流的密度、压强、

速度分别为 ρ_∞、p_∞、v_∞，因此流场上该点的流动参数可表示为 $\rho = \rho_\infty + \Delta\rho$，$p = p_\infty + \Delta p$，$v = v_\infty + \Delta v$，式中 $\Delta\rho$、Δp、Δv 分别称为该点对流场的扰动密度、扰动压强、扰动速度。$\Delta\rho$、Δp、Δv 值很小时，即 $\Delta\rho \to 0$、$\Delta p \to 0$、$\Delta v \to 0$ 时，这种扰动称为弱扰动；反之，称为强扰动。如飞机在空中飞行时，它对周围的空气产生作用，使空气的密度、压强、密度等气流参数发生变化，也就是说飞机对空气产生了扰动。空气是可压缩的弹性介质，一处受到扰动，这种扰动便通过空气一层一层相互作用，向四面八方传播。这个过程和我们耳朵听到的敲锣打鼓的声音是一样的。锣鼓的振动传给空气，空气又一层一层相互作用，把它传给我们的耳膜，因此我们听到了锣鼓声。锣鼓的振动，对空气来说是一种扰动，因为这种振动引起空气压强变化很微弱，所以是一种弱扰动。我们知道在空气中传播这种扰动，即声音，需要一定时间，就是说，有一定的传播速度，这个速度就是声速。

理论上可以推知，声速的大小为

$$a = \sqrt{\frac{\mathrm{d}p}{\mathrm{d}\rho}}$$

该式表明，声速 a 取决于 $\mathrm{d}p/\mathrm{d}\rho$，即单位密度改变所需的压力改变。此压力越小，声速 a 越小，说明气体是容易被压缩的，即压缩性较大；反之，声速 a 越大，气体不容易压缩，即压缩性较小。因此，声速 a 可以作为压缩性的指标。标准大气海平面的声速是 340.29 m/s，其他几种常见介质的声速见表 4-2。

表 4-2 不同的介质中的声速

介质	声速/（m/s）
软木	500
煤油（25℃）	1324
蒸馏水（25℃）	1497
海水（25℃）	1531
铜（棒）	3750
大理石	3810
铝（棒）	5000
铁（棒）	5200

4.3 马 赫 数

流场中任一点处流速或飞行速度与当地声速之比，定义为马赫数，有时用 Ma 表示，是无量纲量，它只与大气的动压 P_g 和 P_s 静压有关。即

$$Ma = \frac{v}{a}$$

式中　v——流速或飞行速度；

　　　a——当地声速。

马赫数的大小不仅可以说明飞机周围扰动的传播情况，而且还可以作为空气密度变化程度或者压缩性大小的衡量标志。马赫数越大，则表示空气密度的变化以及压缩性的影响也越大，反之，马赫数越小，则密度变化和压缩性的影响也小。马赫数是研究高速飞行时的一个极重要的概念。

对于马赫数的大小，通常做如下划分：

$Ma \leqslant 0.3$——低速运动（空气可看作是不可压缩的）

$0.3 < Ma \leqslant 0.85$——亚声速运动

$0.85 < Ma \leqslant 1.3$——跨声速运动（由于局部激波的存在）

$1.3 < Ma \leqslant 5$——超声速运动

$Ma > 5$——高超声速运动

4.4　弱扰动的传播

假如有个扰动源，扰动了平静的空气，造成了弱扰动波，弱扰动以声速向四面八方传播。根据扰动源运动的速度，我们分4种情况讨论弱扰动的传播。

（1）扰动源静止（$v=0$）。如图4-1所示。扰动源 O 点引起的扰动，1s后，波面达到半径为 a 的球面；2s后，波面达到半径为 $2a$ 的球面；依此类推。经过时间越久，扰动传得越远。

（2）扰动源以亚声速运动（$v<a$）。图4-2中表示扰动源以亚声速运动时扰动的传播。为研究方便，我们取 $v=0.5a$。扰动源 O1s前在 O_1 位置上，它在 O_1 处引起的扰动，1s后，传到半径为 a 的球面，而扰动源自己却向前移动了一个 $0.5a$ 的距离，到达 O 处；同样，2s前，扰动源在 O_2 位置，它在 O_2 处引起的扰动，2s后，传到半径为 $2a$ 的球面，而它本身已向前移动了 a 的距离，到达现在所在的位置 O 点；依此类推。可见，只要运动速度小于声速，扰动总是可以传到扰动源的前面去。

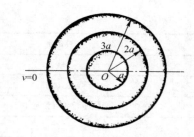

图4-1　弱扰动在扰动源速度为零（$v=0$）情况下的传播

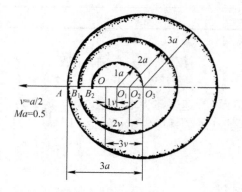

图4-2　弱扰动在扰动源速度小于声速（$v<a$）情况下的传播

（3）扰动源以等声速运动（$v=a$）。图 4-3 中表示扰动源以等声速运动时，扰动的传播。由图可以看出，扰动向前传播的速度正好和扰动源的运动速度一样，各个受扰动球面都在 O 点相切。由此可见，只要运动速度和声速相等，扰动就无法传到扰动源的前面去，也就是说，扰动源的扰动不可能使 O 点前面的空气压力、密度发生任何变化，而只能影响后面的空气。

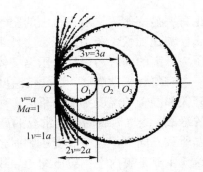

图 4-3　弱扰动在扰动源速度等于声速（$v=a$）情况下的传播

（4）扰动源以超声速运动（$v>a$）。如果扰动源的速度大于声速，为简单起见，我们取 $v=2a$，扰动传播的情况如图 4-4 所示。扰动虽然以球面的形式传播，但其传播的范围，仅仅局限在以 O 点为顶点的圆锥内，所有的受扰动球面皆相切于该圆锥。这个圆锥，通常称为马赫锥或扰动锥。扰动源以超声速运动时，它只能影响马赫锥内的空气，使其压力、密度有所变化。

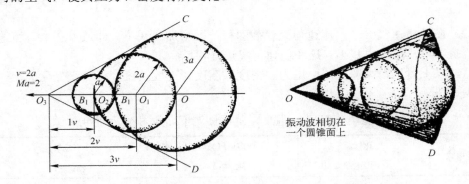

振动波相切在一个圆锥面上

图 4-4　弱扰动在扰动源速度大于声速（$v>a$）情况下的传播

马赫锥半锥顶角（见图 4-4），$\mu = \arcsin \dfrac{a}{v} = \arcsin \dfrac{1}{Ma}$ 称为马赫角。Ma 越大，μ 值越小，马赫锥越尖。

飞机上和气流接触的每一个点，都是一个扰动源。通过上面分析，可以得出这样的结论：如果飞机的飞行速度小于声速，它所引起的扰动可以传到飞机的前面去；如果飞行速度等于或大于声速，则扰动不能传到飞机前面去，而只能在飞机后面的一定范围内传播。飞行速度比声速大得越多，这个范围就越狭小。低速飞机，它还没有飞到，我们就听到了它的轰鸣声，而超声速飞机，以超声速飞行时，飞过我们的头顶很远，才听到它的啸叫声，道理就在这里。

4.5　压力、密度、温度、速度随流管截面积变化的规律

气流流速与压力的关系，即流速增加，压力降低，流速减小，压力增高，这个结论无论在高速或低速情况下都是适用的。但是在高速飞行时，随着气流流速的加快，空气的压缩与膨胀的变化越来越显著，流速改变时，不仅引起压力的变化，而且密度和温度

也有明显变化，这对飞机上的空气动力必然有不同的影响。

流速加快，压力降低，必然引起体积膨胀，从而使密度减小；反之，在流速减慢、压力升高的同时，空气受压缩，体积缩小，因此，密度必然增大。

空气体积的膨胀，还会使温度降低。当打开冷气瓶开关，高压气体从喷口喷出来时，开关和导管的温度都显著下降，甚至使导管表面结霜。这并不是冷气瓶装着很冷的气体的缘故（冷气瓶装的就是常温的高压空气），而是高压空气从喷口喷出的体积膨胀引起降温所致。同样，当空气受压缩时，温度会升高。譬如，用打气筒打气，气筒壁会发烫，这就主要是筒内空气被压缩，导致温度升高。

归纳起来，高速气流的规律就是：流速加快，则压力、密度、温度都一起降低；流速减慢，则压力、密度、温度都一起升高。

气流速度与流管截面积的关系如下：

（1）当气流亚声速流动时，流速与流管截面积之间的关系是：流管缩小，流速增大，流管扩大，流速减小。低速流动时的连续性定理和伯努利定理即是这种情况在低速时的体现。

（2）在超声速气流中，流速与流管截面积一同增加或减小，即流管扩大，流速也增大；流管缩小，流速也减小，这和低速情况正好相反。

总结以上讨论，高速气流中压力、密度、温度、速度随流管截面积变化的规律可归纳为表 4-3。

表 4-3　压力、密度、温度、速度随流管截面积相互变化关系

流管形状	低速气流 （不可压缩）		亚声速气流 （$Ma<1$）		超声速气流 （$Ma>1$）	
收缩流管	流速增大	压力减小 密度不变 温度不变	流速增大	压力减小 密度减小 温度降低	流速减小(压缩波)	压力增大 密度增大 温度升高
扩张流管	流速减小	压力增大 密度不变 温度不变	流速减小	压力增大 密度增大 温度升高	流速增大(膨胀波)	压力减小 密度减小 温度降低

4.6　激波与膨胀波

4.6.1　激波的形成

在超声速飞行时，扰动不能传到飞机的前面去。因此，向飞机头部和机翼前缘迎面而来的空气，就不像在亚声速那样，在飞机来到之前，早已逐渐地感受到飞机的扰动，而是事先丝毫没有受到飞机扰动的影响。飞机突然来到跟前，空气就来不及让开，因而突然地遭到强烈的压缩，其压力、密度和温度都突然升高，相对于飞机的流速则突然降低。这个压力、密度、温度和流速从无变化到突然发生变化的分界面就叫激波（见图 4-5）。

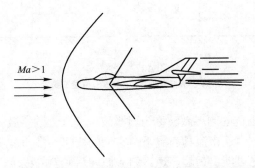

图 4-5　超声速飞行中，在飞机机身头部和机翼前缘产生的激波

4.6.2　激波的类型

飞机在空中以超声速飞行时，相当于气流以超声速流过飞机，因此在机身和机翼前部气流受到阻滞，即不断受到压缩而形成激波。随着飞机外形与飞行马赫数的不同，激波的形状也是不同的（见图 4-6）。

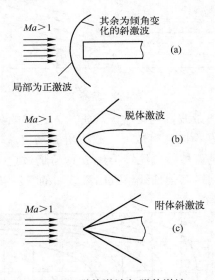

图 4-6　脱体激波与附体激波

图 4-6（a）、（b）中的激波称为脱体激波，（c）中的激波称为附体激波。

激波面与运动方向垂直的部分称为正激波；与运动方向不垂直的部分称为斜激波。激波可以是平面的（见图 4-6（c）），也可以是曲面的或锥形的（见图 4-6（a）、（b））。

1. 正激波

为了研究方便，根据运动相对原理，把激波以速度 v_1 在静止气流中推进的问题，转变为激波位置不变，波前气流以速度 v_1 流向激波的问题（见图 4-7）。此时流动方向与波面垂直，称为正激波。气流通过正激波，压力、密度、温度都突然升高，流速由超声速降为亚声速，气流方向不变。

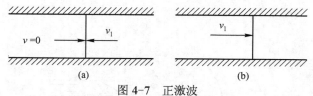

图 4-7 正激波

(a) 激波向左推进；(b) 激波位置不变。

2. 斜激波

波面与气流方向不垂直的倾斜激波称为斜激波。空气流过斜激波，压力、密度、温度也都突然升高，但在同一超声速来流马赫数下，它们的变化不像通过正激波那样强烈。波后的流速可能降为亚声速，也可能仍为超声速。斜激波向后倾斜的程度，通常用斜激波和气流方向之间的夹角 β 来表示，β 称为激波角，如图 4-8 所示。图中 δ 为气流转折角。显然，物体表面的转折角 δ 越大，对气流的阻滞作用越强。于是，斜激波的激波角 β 也就越大，空气通过激波后的压力、温度、密度变化也就越大。表面转折角大到一定程度，转折处会产生正激波。

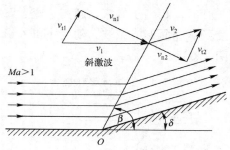

图 4-8 斜激波

通过理论计算，可得斜激波 β 角与气流转折角 δ 之间的关系以及斜激波波前、波后参数关系。图 4-9 表示了在不同马赫数下，激波角 β 与气流转折角 δ（即物面转折角）之间的关系。如已知来流马赫数及气流转折角 δ 即可通过这个曲线查出激波角 β。有了激波角 β 的数值后，还可通过其他曲线，查出激波后的气流参数。

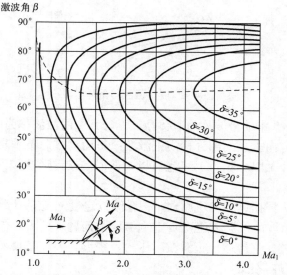

图 4-9 激波角随波前气流马赫数和楔面转折角 δ 的变化

从图 4-9 可以看出，在同一马赫数下，转折角 δ 越大，激波角 β 也越大。对应于每一个马赫数，有一个最大的转折角 δ_{max}。当转折角超过这个最大值后（$\delta > \delta_{max}$），物体产生的扰动很强，扰动传播速度大于流速，使斜激波离体，所以在曲线上找不到对应的激波角。如前缘曲率半径较大的机翼，对气流的阻滞作用强，在其前缘产生脱体激波（见图 4-6（a））。从曲线中还可以看出，在同一 δ 角下，马赫数越大，激波角 β 越小。这种情况类似马赫数增大，马赫角 μ 减小的情况。

3. 圆锥激波

前面所讨论的是超声速流过楔形体（即尖劈）的情形，如图 4-10 所示。如果超声速气流流过圆锥，则从圆锥的顶点处开始产生一道圆锥激波，如图 4-11 所示。由于流过锥体时的气流是对称于中心轴线，而从圆锥头部沿整个锥面向四面八方均匀散开的，沿着锥面向下游流去，锥体横截面积越来越大，在相同流量下，流线离锥面的距离会越来越小，即流线越来越向锥面靠拢。而二元楔形体，气流只能在上下两个方向转折，同一个马赫数，δ 相同时，气流流过锥体扰动扩散范围是三元的，因此气流受压缩的程度比楔形弱，即圆锥激波比平面激波弱。这样所形成的激波角 $\beta_{锥} < \beta_{楔}$，这是圆锥激波的一个特点。圆锥激波的另一个特点是气流流过圆锥激波后，气流方向并不立刻与锥面平行，而是不断改变其速度大小和方向，就是说圆锥激波后的流线是弯曲的，而平面激波后的流线立刻与楔形体表面平行保持一直线，如图 4-10 和图 4-12 所示。平面斜激波与圆锥激波都是斜激波，这是它们的共同点。只要激波角 β 大小与波前马赫数给定，那么波后参数是一定的，即 $\beta_\delta = \beta_\eta$ 时，圆锥激波后的物理参数与平面斜激波后的完全相同。

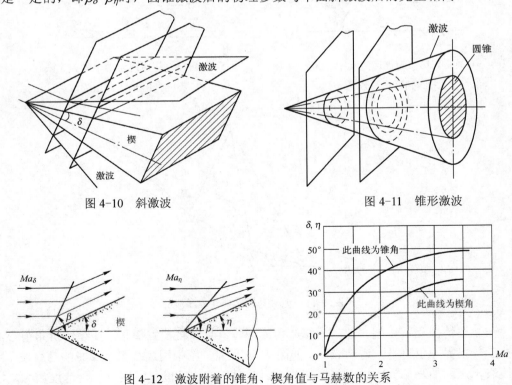

图 4-10　斜激波　　　　　　　　图 4-11　锥形激波

图 4-12　激波附着的锥角、楔角值与马赫数的关系

（如 $\delta = \eta$，当 $Ma_\delta = Ma_\eta$ 时 $\beta_\delta > \beta_\eta$；当 $\beta_\delta = \beta_\eta$ 时 $Ma_\delta > Ma_\eta$）

31

4.6.3 膨胀波

上面讨论了激波，气流通过激波，压力、密度增大，温度升高，即气流受到了压缩。现在讨论气流发生膨胀的情况。

由于空气的可压缩性，超声速气流流过凹角的流动将产生斜激波，见图 4-13。这种流动与前述的绕楔形体的流动相似。可以看到，凹角的顶点 A 对气流产生一个扰动，扰动的边界波为激波。波后气流受到 A 处转折角 δ 的影响，气流受到压缩。如果转折角 δ 无限小，则扰动的边界波将退化为马赫波，是一种弱压缩波（见图 4-14）。马赫波的倾角为马赫角 $\mu_1 = \arcsin(1/Ma_1)$。如果物面有两个连续的微小转角，则将产生两个马赫波。由于压缩波后气流速度与马赫数降低，所以后一道马赫波的马赫角 μ_2 将大于前一道波的马赫角，如图 4-15 所示。因此，这两道波必然会在气流中某处相交，形成压缩强度较大的波。如果转折点很多，如图 4-15 中的 A、B、C…，则最后形成的压缩强度必然很大，这就是激波。如果这些转折点又无限接近，结果形成一个有限大的转折角，则激波将在这个转折角的顶点开始，如图 4-13 所示。这再一次说明了激波是无数弱扰动波（压缩）的叠加。超声速气流遇到压缩扰动时，就会产生激波。

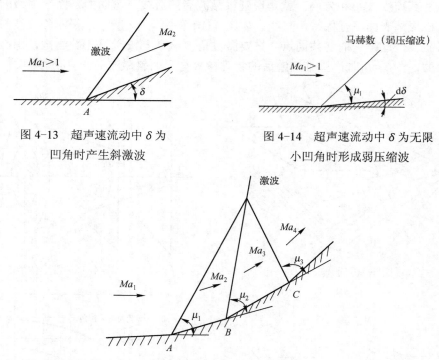

图 4-13　超声速流动中 δ 为　　　　图 4-14　超声速流动中 δ 为无限
凹角时产生斜激波　　　　　　　　小凹角时形成弱压缩波

图 4-15　无数马赫波叠加成激波

与上述情况相反，超声速气流绕凸角流动时，气体将发生膨胀。如果转折角很小，则扰动传播界面也将是一道马赫波，如图 4-16 所示。图中用虚线表示膨胀的马赫波，用实线表示压缩的马赫波。由于气流膨胀后，此时压强、密度、温度降低，速度增大，因此膨胀波后的马赫数增大，即 $Ma_2 > Ma_1$。如果壁面有几个转折，则后一道马赫波的马赫角将小于第一道波的马赫角，即 $\mu_1 > \mu_2 > \mu_3 > \cdots$，如图 4-17 所示。如果这些转折点无限接近，形成了一个有限大的转折角，则这些膨胀的马赫波将形成一个扇形膨胀区域，如图 4-18 所示。气流通过扇形区时，连续不断地进行膨胀，气流方向不断偏转，最后与转折点后的物面平行。

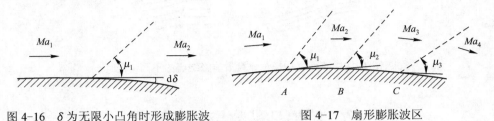

图 4-16　δ 为无限小凸角时形成膨胀波　　　　图 4-17　扇形膨胀波区

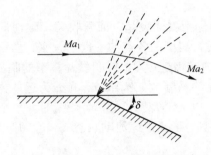

图 4-18　膨胀区的气流方向

综上所述，由于空气的可压缩性，在超声速时，气流因阻滞而产生激波，因膨胀而产生膨胀波。或者说，激波是超声速气流减速时通常产生的现象；膨胀波是超声速气流加速时所必然产生的现象。激波使波前、波后参数发生突跃式变化，气流穿过激波时受到突然的压缩，压强、密度、温度升高，而速度和马赫数下降；而膨胀波波前、波后参数发生的是连续变化。此外，两者还有一个区别，即激波虽然厚度很小（大约为 10^{-5} cm 量级），但气流经过激波时，在激波内部气体黏性引起的内摩擦却很强烈，气体的部分机械能会因消耗于摩擦而变成热能而使自身温度急剧升高（这种现象常被称为气动力加热），而膨胀波没有上述损失。这种损失类似于附面层因气体黏性使气体动能变成热能，造成了动能损失，通常把这一损失所引起的阻力称为激波阻力，简称波阻。

由于气体的可压缩性，因而扰动传播是一个有限值。对于微弱扰动来说，传播速度为声速 a；在超声速飞行时，对于强扰动来说，传播速度大于 a。所以在亚声速气流（$v<a$）和超声速气流（$v>a$）分别流过一个翼型时，将出现不同的绕流，如图 4-19 所示。在亚声速气流中，扰动可以到达翼型四周的全部空间，在气流没有到达翼型之前，已经感受到它的扰动，因此气流在离机翼很远处就会发生变形。在超声速气流中，翼型引起的扰动，只能在马赫锥内传播而不能逆气流上游传播，所以超声速气流不能在强扰动的界限波（激波）之前发生变形，而只能在翼型前缘产生的头部激波后才能突然变形，如图 4-19 所示。

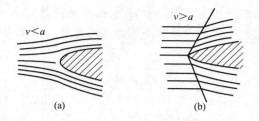

图 4-19 亚声速与超声速翼型前缘绕流的不同情况

4.7 临界马赫数与局部激波

当气流流过翼型时，由于上翼面突起，流管收缩，致使局部流速加快而大于远前方的来流速度 v_∞。当 v_∞ 增加时，翼型上各点的 v 也在改变。当翼型上最大速度 v_{max} 点增加到等于当地声速 a 时，远前方来流速度 v_∞ 就叫做此翼型的临界速度（或称下临界速度），以 $v_临$ 表示。此时远前方气流的马赫数 $Ma_\infty = v_\infty / a_\infty$（$a_\infty$ 为远前方气流的声速）叫做临界马赫数（或称下临界马赫数），以 $Ma_临$ 表示。当 $v_\infty < v_临$ 时，整个翼型上每点的流速都小于相应点的声速，因而整个翼型处于亚声速流动状态。一般超声速飞机的临界马赫数为 0.8 左右。

飞机飞行速度超过临界马赫数以后，会出现局部激波，见图 4-20，此时飞机阻力开始急剧增加。

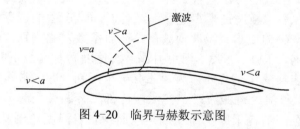

图 4-20 临界马赫数示意图

4.8 附 面 层

当气流流过物体时，由于空气像油液一样具有黏性，空气微团与物体表面发生摩擦，阻滞了气流的流动，这就是物体对空气的摩擦阻力，根据作用和反作用定理，空气对物体也给予了摩擦阻力。这个流速受到阻滞的空气流动层就叫附面层。通常取流速达到 $0.99v_\infty$ 处为附面层边界，由机翼表面到该处的距离被认为是附面层的厚度。

附面层中气流的流动情况有两种流态，如图 4-21 所示。一种是层流附面层，一般机翼大约在最大厚度之前，附面层的气流各层不相混杂而成层地流动。在这之后，气流的活动转变为杂乱无章，并且出现了旋涡和横向流动，这部分叫做紊流附面层。从层流附面层转变为紊流附面层的那一点叫做"转捩点"。在紊流之后，附面层脱离了翼面而形成大量的旋涡，这就是尾迹。

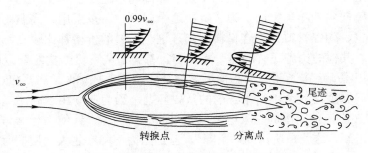

图 4-21　层流附面层和紊流附面层

在低、亚声速飞行中，气流流过机翼上表面前半部分时，由于前面的压力高于后面，即存在"顺压梯度"，有利于机翼上表面的层流附面层顺利地向后流动；但是在机翼上表面的某一点之后，由于流管面积扩大气流减速，导致产生"逆压梯度"。逆压梯度的存在阻碍层流附面层内气体向后的流动。在这种情况下，层流附面层内的气流速度迅速下降，从而使附面层厚度急剧增大。当层流附面层的厚度增大到一定程度时，附面层会发生分离，转为紊流附面层。

在附面层内，气体因黏性的作用受到阻滞，一部分能量要转化成机翼表面的热能，使其温度升高，造成机翼及其内部设备与附件、结构的机械性能下降，这一现象就是所谓的气动加热现象。高速飞行时，气动加热现象尤其突出。

4.9　气动加热与热障

当飞行器以超声速在大气中飞行时，由于大气分子与飞行器表面的相对速度很大，附面层内气体分子与飞行器表面剧烈的碰撞必然使其部分动能变为热能，使得飞行器表面附近的气体温度升高。

当大气温度升高后，起初飞行器表面的温度并不很高，但因二者之间有温差存在，气体的热量就会源源不断地传给飞行器，使其温度不断升高。经过一段时间之后，飞行器的表面温度和大气温度就会达到热平衡。

例如，一架飞机在 5km 高度上以马赫数 2.0 的速度飞行，飞机表面的气动加热温度为 390K，即 117℃。如果以马赫数 5.0 的速度飞行，此时飞机表面的气动加热温度为 1299K，即 1026℃。而实际上，只要温度超过 250℃，飞机上大量使用的铝合金的强度就会大幅度降低，机体的结构完整性就会受到影响，很有可能危及飞行安全；钢制结构件的极限温度为 450℃；综合性能优越的钛合金则可承受 650℃以下的高温。另外，机载设备，例如雷达、电台、计算机等，以及飞机上大量使用的玻璃、橡胶、塑料等一般也无法承受 80℃以上的温度。而只要超过 40℃，机上乘员的生命安全就会受到严重威胁。这就是人类 1953 年突破"声障"后遇到的"热障"问题。

简单地说，热障就是飞行器高速飞行过程中，由于附面层的气动加热导致飞行器温度过高，飞行器结构材料、机载设备和人员无法承受的现象。

"热障"问题在亚声速飞行时基本上不存在，因为此时气动加热现象不是特别严重，产生的热量与机体的散热量很容易达到平衡；在高超声速飞机和空天飞行器，返回式人造卫星上，热障问题就相当突出。为了解决这个问题，可以采用耐高温的结构材料，如钛合金、不锈钢、陶瓷材料、复合材料，但是这些材料的价格都比较高，造成飞机的成本大幅度攀升。其他的措施还有隔热、冷却等，都会造成飞机结构复杂，质量增加。

人造地球卫星、宇宙飞船和洲际弹道导弹从太空重返地球时，需要穿过稠密大气层，这时"热障"问题就是一个不得不考虑的重要问题。因为速度相当高，气动加热温度可以达到3000℃左右，使周围的空气电离成导电的等离子体，致使飞行器与外界的所有无线电联络都会中断，这就是所谓的"黑障"。但是因为下降穿越大气层的时间比较短，前后不超过2min。通常在飞行器头部加装石墨等易熔保护层，依靠保护层融化、蒸发和燃烧来吸收热量，保持飞行器舱内的温度不会超过极限。

第5章　升力和阻力

5.1　飞机的四个基本力

飞行中作用在飞机上的四个基本力是升力、重力、推力（拉力）和阻力。升力是由飞机上下气流（主要是机翼）产生的一个向上的力。重力与升力的方向相反，它是由地球引力产生的一个向下的力。推力（拉力）是驱使飞机在空中前进的力，它的大小主要随发动机功率而变化。与拉力相反的是阻力，它是一个限制飞机速度的向后的力。

在匀速平飞时，飞机的受力情况是平衡的，重力和升力大小相等，方向相反，推力（拉力）和阻力大小相等，方向相反，如图5-1所示。

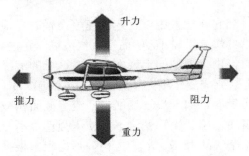

图 5-1　匀速平飞时飞机的受力情况

对于推力（拉力），飞行员可以通过加减油门来控制其大小。当功率增加时，推力（拉力）大于阻力，使飞机加速。然而，在加速的同时，阻力也随之增加。当阻力再次与推力（拉力）相等时，飞机就不在增速而保持恒速运动，不过此时的空速比原来的大。减小油门时，推力（拉力）、阻力使飞机减速，阻力也随之减小。当二者再次相等时，飞机就不再减速，飞机再次处于恒速运动状态，此时的空速比原来小。

重力的作用方向是不变的，它总是铅直地指向地心。但飞机的重量不是一成不变的，它随着装载的设备、旅客、货物和燃油的变化而变化。通常由于燃油的消耗，飞机的总重量在减小。

但是当飞机的航迹不水平时，升力、重力、推力和阻力每一个都会分解为两个分力。如图5-1所示，当飞机存在仰角时，推力（拉力）会产生升力分量，重力和升力会产生阻力分量。这里就要讨论升力和阻力的问题。

5.2　升　力

5.2.1　迎角的概念

简单地说，对于固定翼飞机，相对气流的方向和翼弦（与机身轴线不同）之间的夹角叫迎角（Angle of attack），也称为攻角，通常用 α 表示，如图 5-2 所示，它是确定机翼在气流中姿态的基准。

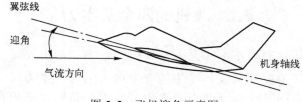

图 5-2　飞机迎角示意图

根据气流的指向不同，迎角可分为正迎角、负迎角和零迎角。当气流指向下翼面时，迎角为正；当气流指向上翼面时，迎角为负；当气流方向与翼弦重合时，迎角为零。

5.2.2　升力的产生

对于固定翼的飞机，当它在空气中以一定的速度飞行时，根据相对运动的原理，机翼相对于空气的运动可以看作是机翼不动，而空气气流以一定的速度流过机翼。如图 5-3 所示，当气流流过翼型时，由于翼型的上表面凸些，这里的流线变密，流管变细。相反翼型下表面平坦些，这里的流线变化不大（与远方的流线相比）。根据连续性定理和伯努利定理可知，在翼型的上表面，由于流管变细，即流管截面积减小，气流速度增大，故压强减小；而翼型的下表面，由于流管变化不大使压强基本不变。这样，翼型上下表面产生了压强差，形成了总空气动力 R，R 的方向向后向上。根据它们实际所起的作用，可把 R 分成两个分力：一个与气流速度 v 垂直，起支托飞机重量作用，就是升力 Y；另一个与流速 v 平行，起阻碍飞机前进的作用，就是阻力 Q。总空气动力 R 与翼弦的交点叫做压力中心，好像整个空气动力都集中在这一点上，作用在机翼上。

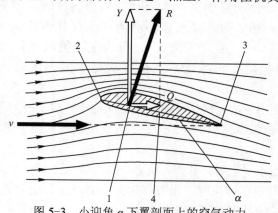

图 5-3　小迎角 α 下翼剖面上的空气动力

1—压力中心；2—前缘；3—后缘；4—翼弦。

当飞机的机翼为对称形状，气流沿着机翼对称轴流动时，由于机翼两个表面的形状一样，因而气流速度一样，所产生的压力也一样，此时机翼不产生升力。但是当对称机翼以一定的迎角在空气中运动时，就会出现与非对称机翼类似的流动现象，使得上下表面的压力不一致，从而也会产生升力。

翼型产生升力的现象很容易演示，如果用手拿着一张纸条，让其下垂，当在上表面水平向外吹气时，因为上面气流速度快，下面气流没有速度，从而产生升力，纸条就会向前伸直。

根据翼型上下表面各处的压强，可以绘制出机翼的压强分布图（压力分布图），如图 5-4 所示。

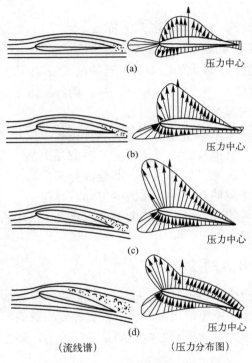

图 5-4　迎角对机翼压力分布的影响

(a) 零迎角；(b) 小迎角；(c) 大迎角；(d) 失速迎角。

图 5-4 中机翼表面上各点的压力大小，用箭头长短表示，凡是箭头方向朝外，表示比大气压力低的吸力（负压力）；凡是箭头方向指向机翼表面的，表示比大气压力高的正压。从图 5-4 可以看出，由于机翼上表面的压力所形成的升力在总升力中占 60%～80%，而下表面的压力所形成的升力，只占总升力的 20%～40%。靠近前缘处稀薄度最大，即这里的吸力最大。

由图 5-4 可知，机翼的压强分布与迎角有关。在迎角为零时，上下表面虽然都受到吸力，但是总的空气动力合力 R 并不等于零。随着迎角的增加，上表面吸力逐渐增大，下表面由吸力变成压力，于是空气动力 R 迅速上升。与此同时，在机翼上表面的气流就不再沿着机翼表面流动，而脱离机翼上表面产生气流分离，出现涡流。随着涡流的扩大，机翼上表面的吸力减小，升力会突然降低，而阻力迅速增大，这种现象称为失速。失速刚刚出现时的迎角称为临界迎角，又称为失速迎角。飞机在飞行中一旦进入失速状态，将导致整架飞机失去升力，如果发动机没有足够的动力，或飞行员操作不当，飞机有可能进入极其危险的尾旋，处置不当就有可能发生重大飞行事故，所以飞机不应以大于或接近临界迎角的迎角飞行。

由于 R 是随着迎角的增加而上升，那么它在垂直迎面气流方向上的分力 Y——升力，也应具有相似的变化规律。为了研究问题方便，我们采用无因次的升力系数 C_y，即

$$C_y = \frac{Y}{\frac{1}{2}\rho v^2 S}$$

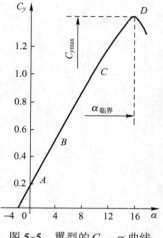

图 5-5　翼型的 $C_y - \alpha$ 曲线

来表示其与迎角的关系。

由 $C_y - \alpha$ 曲线（图 5-5）上可以发现几个特点：

（1）$C_y = 0$ 的迎角（以 α_0 表示）一般为负值（$0° \sim -4°$）。

（2）$C_y - \alpha$ 曲线上在一个较大的范围内是直线段。

（3）C_y 有一个最大值 $C_{y\max}$（约为 1.1～1.5），而在接近 $C_{y\max}$ 前曲线上升趋势就已减慢。

需要说明的是，飞机上不但机翼会产生升力，还有平尾和机身都可以产生升力，其他暴露在气流中的某些部分也都可以产生少许的升力，不过除了机翼以外，其他部分产生的升力都是很小的，而且平尾的升力又经常改变方向，忽向上忽向下。所以通常用机翼的升力来代替整个飞机的升力。换句话说，机翼的升力就是整架飞机的升力。

5.2.3　飞行员对升力的控制

以上仅从飞机设计角度来讨论升力。现在，我们将从操纵的角度来讨论对升力的控制。飞行员可以改变迎角和空速，也可以放下襟翼改变机翼的形状。但是，当采取某种操纵方式改变升力时，阻力也会受到影响。如果增加升力，阻力也随之增加，阻力总是升力的副产品。

1. 改变迎角

迎角是可以直接控制的。在正常的飞行速度下，如果增加迎角，升力也增加。飞行中任何时候前后移动驾驶杆，迎角都会改变，同时也改变了升力系数。

2. 改变空速

空速是影响升力产生的重要因素之一。机翼在空气中运动越快，升力就会越大。升力与飞机速度的平方成正比。例如，如果迎角和其他因素不变，一架飞机以 400km/h 的速度获得的升力是它以 200km/h 速度获得的升力的 4 倍。

3. 迎角和空速

升力依赖于空速和迎角的配合结果。要保持相同的升力，当速度减小时，必须增加迎角；反之，当速度增加时，必须减小迎角。

4. 使用襟翼

恰当地使用襟翼，会起到增加升力并减小失速速度的作用。这就使飞行员能在保持

升力和对飞机充分控制的情况下作减速飞行，这一点对进近和着陆阶段尤其重要。

5.3 阻 力

通过对升力的叙述可知，阻力与升力紧密相关。对飞机周围平滑气流的任何扰动和改变都会产生阻力。弯度高、面积大的机翼比面积小、中弯度的机翼产生的阻力大。增加空速和迎角的同时也增大了阻力。阻力与飞行方向相反，即与推（拉）力的方向相反，它限制了飞机向前的速度。从产生阻力的不同原因来说，飞机所受的阻力可以分为摩擦阻力、压差阻力、诱导阻力、干扰阻力、激波阻力等。

5.3.1 摩擦阻力

当两个物体相互滑动的时候，在两个物体上就会产生与运动方向相反的力，阻止两个物体的运动，这就是物体之间的摩擦阻力。当飞机在空气中飞行时，飞机也会受到空气的摩擦阻力，飞机的摩擦阻力是由空气的黏性造成的。

摩擦阻力大小与附面层的流动情况有很大关系，从大量的实践证明，对于层流流动，物体表面受到的摩擦阻力小，而紊流流动对物面的摩擦阻力大得多。在普通的机翼表面，既有层流附面层，又有紊流附面层，所以为了减小摩擦阻力，人们就千方百计地使物体表面的流动保持层流状态，例如通过在机翼表面上钻孔，吸除紊流附面层，这样就可以达到减阻的目的。另外，提高加工精度，使层流附面层尽量长，延缓转捩点的出现，甚至抑制它的出现，也可以起到很好的效果。这些都是飞机设计中的层流机翼的概念。

物体表面受到的摩擦阻力还跟物体的表面积有关系，面积越大，阻力也越大。因此在人们试图减小飞行阻力的时候，减小飞机的尾翼或者机翼的面积也是一个有效的方法。当然前提条件是保证产生足够的升力和控制力。例如使用推力矢量技术的飞机，由于有了发动机推力直接用于飞行控制，飞机的尾翼就可以减小或者去除，这样就可以大大减小摩擦阻力。

5.3.2 压差阻力

压差阻力的产生是由于运动着的物体前后所形成的压强差所形成的。压强差所产生的阻力就是"压差阻力"。压差阻力同物体的迎风面积、形状和在气流中的位置都有很大的关系。

用刀把一个物体从当中剖开，正对着迎风吹来的气流的那块面积就叫做"迎风面积"。如果这块面积是从物体最粗的地方剖开的，这就是最大迎风面积。从经验和实验都不难证明：形状相同的物体的最大迎风面积越大，压差阻力也就越大。

物体形状对压差阻力也有很大的作用。把一块圆形的平板，垂直地放在气流中。它的前后会形成很大的压差阻力。平板后面会产生大量的涡流，而造成气流分离现象。如果在圆形平板的前面加上一个圆锥体，它的迎风面积并没有改变，但形状却变了。平板前面的高压区，这时被圆锥体填满了。气流可以平滑地流过，压强不会急剧升高，显然这时平板后面仍有气流分离，低压区仍然存在，但是前后的压强差却大为减少，因而压差阻力降低到原来平板压差阻力的大约 1/5。

如果在平板后面再加上一个细长的圆锥体，把充满旋涡的低压区也填满，使得物体后面只出现很少的旋涡，那么实验证明压差阻力将会进一步降低到原来平板的大约 4%～5%。这样前端圆钝、后面尖细，像水滴或雨点似的物体，叫做"流线形物体"，简称"流线体"。见图 5-6，在迎风面积相同的条件下，它的压差阻力最小。这时阻力的大部分是摩擦阻力。除了物体的迎风面积和形状外，物体在气流中的位置也影响到压差阻力的大小。

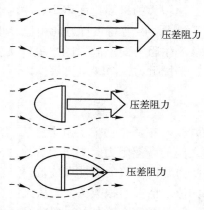

图 5-6　各种物体形状的压差阻力示意图

对于飞机来说，机体各部分的形状和相互关系对压差阻力的大小起着决定性的作用。为了减小飞行过程中的压差阻力，必须尽量降低机体各部分的最大迎风面积，使物体的形状尽量具有流线型，防止在前部对气流产生强烈的阻滞，并避免在后部产生气流分离。

飞机上的摩擦阻力和压差阻力合起来称为"迎面阻力"。对于机翼而言，因为这二者与升力无紧密联系，所以合称"零升阻力"。一个物体，究竟哪一种阻力占主要部分，这要取决于物体的形状和位置。如果是流线体，那么它的迎面阻力中主要部分是摩擦阻力。如果形状远离流线体的式样，那么压差阻力占主要部分，摩擦阻力则居次要位置，而且总的迎面阻力也较大。

5.3.3　诱导阻力

诱导阻力是伴随着机翼升力的产生而产生的。如果没有升力，诱导阻力也就不存在。这个由升力诱导产生的阻力，称为诱导阻力（又叫感应阻力）。飞机的诱导阻力主要来自机翼。当机翼产生升力时，根据作用与反作用定律，必然有一个反作用力，由机翼作用到气流上，它的方向向下，所以使气流向下转折一个角度，使原来的迎角减小。因而导致升力也向后倾斜一个角度，此升力在水平方向有一个投影分量，即为诱导阻力（见图 5-4，小迎角 α 下翼剖面上的空气动力）。

当飞机飞行时，下翼面压强大，上翼面压强小。由于翼展的长度是有限的，所以上下翼面的压强差使得气流从下翼面绕过两端翼尖，向上翼面流动。当气流绕流过翼尖时，在翼尖那里不断形成旋涡。旋涡就是旋转的空气团。有限翼展的横向气流不但直接影响了翼面的压强分布，而且在机翼后面形成一个涡流面，并很快卷成两根翼尖涡束向后延伸出去，这两束涡流称为自由涡。随着飞机向前方飞行，自由涡产生了向下的下洗速度（w）。下洗速度在两个翼尖处最大，向中心逐渐减小，在中心处减到最小。这是因为旋涡可以诱导四周的空气随之旋转，而这又是由于空气黏性所起的作用。空气在旋转时，越靠内圈，旋转得越快，越靠外圈，旋转得越慢。空气的黏性会消耗尾涡的旋转能量，因此，离翼尖越远，气流垂直向下的下洗速度就越小，见图 5-7。

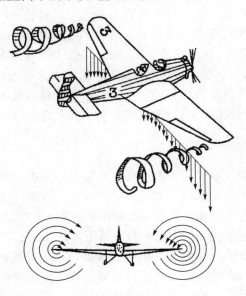

图 5-7　机翼下洗

　　相对于翼型流动情况来说，这时气流流过机翼每一个剖面的流动情况也都有了变化。如图 5-8 所示，当气流以速度 v_∞、迎角 α 流向机翼时，由于翼尖自由涡的影响使得在该处剖面处的气流附加了一个下洗速度 w。这样，该切面处气流的有效速度 $v_e=v_\infty+w$，迎角变为 α_e，$\alpha_e=\alpha-\varepsilon$，$\varepsilon$ 称为下洗角。按照升力是和相对气流方向垂直的气动力定义，该剖面的升力 $\mathrm{d}Y_i$ 将垂直于 v_e，即与不考虑自由涡引起下洗情况相比，升力方向向后倾斜了一个下洗角 ε。机翼各个剖面处气流的下洗速度不同，下洗角也不同，因此各个剖面升力后倾的情况也不同。但是，总的机翼升力仍是垂直于远前方来流 v_∞ 方向的空气动力，因此，机翼各剖面上气动力 $\mathrm{d}Y_i$ 在 v_∞ 方向的分量之和，即为考虑自由涡引起气流下洗而增加的切向气动力，称为诱导阻力 X_i。和升力系数 C_y 类似，在空气动力学中常用诱导阻力系数 C_{xi} 来表示，即

$$C_{xi} = \frac{X_i}{\frac{1}{2}\rho v_\infty^2 S}$$

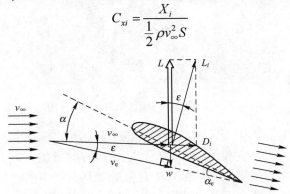

图 5-8　下洗速度与诱导阻力 X_i 的形成

诱导阻力与机翼的剖面形状和迎角的大小有关。中小迎角时，诱导阻力一般比较小，飞机的阻力主要来自迎面阻力；迎角增大时，诱导阻力也跟着增大。机翼的展弦比越小，诱导阻力越大。

重型或大型喷气式客机、运输机、轰炸机在起飞、着陆过程中，由于飞行速度相对较小，飞机必须尽量增大迎角以保持足够的升力，结果使上下翼面的压力差增大，产生的尾涡增强。比如，质量为 28t 左右的大型飞机，向后拖出的尾涡长度可长达 8km 左右，产生下洗速度可达到 3m/s 左右。小型飞机如果不慎进入大型飞机的尾涡区中，强烈的旋流会使其产生意想不到的扰动，如果处置不当，就有可能造成飞行事故。因此，在机场附近空域，必须进行交通管制，小型飞机和大型飞机之间必须保持足够大的起落间隔。

5.3.4　干扰阻力

飞机上除了摩擦阻力、压差阻力和诱导阻力以外，还有一种"干扰阻力"值得我们注意，实践表明，飞机的各个部件，如机翼、机身、尾翼等，单独放在气流中所产生的阻力的总和往往小于把它们组成一个整体时所产生的阻力。所谓"干扰阻力"，就是飞机各部分之间由于气流相互干扰而产生的一种额外阻力。

如图 5-9 所示，气流流过机翼和机身的连接处，由于机翼和机身二者形状的关系，在这里形成了一个气流的通道。在 A 处气流通道的截面积比较大，到 C 点翼面最圆拱的地方，气流通道收缩到最小，随后到 B 处又逐渐扩大。根据流体的连续性定理和伯努利定理，C 处的速度大而压强小，B 处的速度小而压强大，所以在 CB 一段通道中，气流有从高压区 B 回流到低压区 C 的趋势，这就形成了一股逆流。但飞机前进不断有气流沿通道向后流，遇到了后面的这股逆流就形成了气流的阻塞现象，使得气流开始分离，而产生了很多旋涡。这些旋涡表明气流的动能有了消耗，因而产生了一种额外的阻力，这一阻力是气流互相干扰而产生的，所以叫做"干扰阻力"。不但在机翼和机身之间可能产生干扰阻力，而且在机身和尾翼连接处，机翼和发动机短舱连接处，也都可能产生。

图 5-9　干扰阻力

从干扰阻力产生的原因来看，它显然和飞机不同部件之间的相对位置有关。如果在设计飞机时，仔细考虑它们的相对位置，使得它们压强的增加不大也不急剧，干扰阻力就可减小。另外，还可以采取在不同部件的连接处加装流线型的"整流片"的办法，使连接处圆滑过渡，尽可能减少旋涡的产生，也可减少"干扰阻力"。现代飞机则大量采用了翼身融合技术，彻底打破了机翼和机身的传统分界。

5.3.5 激波阻力

空气在通过激波时，受到薄薄一层稠密空气的阻滞，使得气流速度急骤降低，由阻滞产生的热量来不及散布，于是加热了空气。加热所需的能量由消耗的动能而来。在这里，能量发生了转化——由动能变为热能。动能的消耗表示产生了一种特别的阻力。这一阻力由于随激波的形成而来，所以就叫做"波阻"。从能量的观点来看，波阻就是这样产生的。

从机翼上压强分布的观点来看，波阻产生的情况大致如下；根据对机翼所作的实验，在超声速飞行时，机翼上的压强分布如图 5-10 所示。在亚声速飞行情况下，机翼上只有摩擦阻力、压差阻力和诱导阻力。它的压力分布如图 5-10 中虚线所示。对图中两种不同的飞行情况压强分布加以比较，可以看出：在亚声速飞行情况下，最大稀薄度靠前，压强分布沿着与飞行相反的方向上的合力，不是很大，即阻力不是很大，其中包括翼型阻力和诱导阻力。

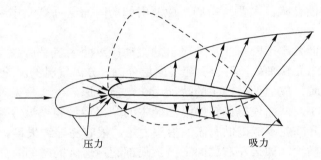

图 5-10　亚声速和超声速下的压力分布

可是在超声速飞行情况下，压强分布变化非常大，最大稀薄度向后远远地移动到尾部，而且向后倾斜得很厉害，同时它的绝对值也有增加。因此，如果不考虑机翼头部压强的升高，那么压强分布沿与飞行相反方向的合力，急剧增大，使得整个机翼的总阻力相应有很大的增加。这附加部分的阻力就是波阻。由于它来自机翼前后的压力差，所以波阻实际上是一种压差阻力。当然，如果飞机或机翼的任何一点上的气流速度不超过声速，是不会产生激波和波阻的。

阻力对于飞机的飞行性能有很大的影响，特别是在高速飞行时，激波和波阻的产生，对飞机的飞行性能的影响更大。这是因为波阻的数值很大，能够消耗发动机一大部分动力。例如当飞行速度在声速附近时，根据计算，波阻可能消耗发动机大约全部动力的四分之三。这时阻力系数 C_x 急骤地增长好几倍。这就是由于飞机上出现了激波和波阻的缘故。

很明显，马赫数越大，激波越强，波阻也就越大。在飞行马赫数不变的情况下，激波的形状又主要取决于飞机的形状，特别是头部的形状。就激波的形状而言，正激波的波阻要比斜激波大，因为在正激波下，空气被压缩得很厉害，激波后的空气压强和密度上升得最高，激波的强度最大，当超声速气流通过时，空气微团受到的阻滞最强烈，速度大大降低，动能消耗很大，这表明产生的波阻很大；相反的，斜激波对气流的阻滞较小，气流速度降低不多，动能的消耗也较小，因而波阻也较小。斜激波倾斜得越厉害，波阻就越小。正是为了降低超声速飞行时的激波阻力，超声速飞机的前部都设计得特别尖锐，机身也比较细长。

一般说来，飞行速度稍大于临界马赫数时，机翼上部会首先产生局部激波；如果速度继续增大，机翼下部也将产生局部激波。局部激波系会产生产生巨大的激波阻力，激波与附面层之间的相互干扰会造成附面层过早分离，实质上引起机翼压差阻力的大幅度攀升，使得飞机的激波阻力大大增加，并且会引起飞机产生一系列跨声速时的特有的现象。

（1）自动俯冲。在飞行员没有进行任何操纵的情况下，飞机就自动低头俯冲。这一现象与局部激波在飞机表面上的向后移动有关。

（2）飞机抖振。局部激波与附面层的相互干扰，不仅引起附面层分离，而且会引起局部激波前后跳动，从而引起机翼抖振；分离的气流如果撞击到舵面上也会引起舵面抖振。

（3）飞机操纵面翁鸣。主要是指局部激波引起的附面层分离流作用在操纵面上引起的高频振动。

（4）飞机操纵面效率下降。亚声速飞机的气动操纵面大多是后缘式操纵面，如果局部激波正好处在操纵面转轴处，将会引起附面层分离，分离气流的流速下降，动压减小，加上局部激波的阻隔，舵面偏转产生的扰动无法向前传递，也就是说对机翼的流场不会造成影响或影响很小，从而使得偏转操纵面产生的升力增量和操纵力矩大大下降。当飞机自动俯冲以后，升降舵不能提供所需的抬头力矩，很容易导致失事。

（5）飞机自动横滚。如果左右翼面上产生局部超声速区的时间有先后之别，就会产生横滚力矩，引起飞机滚转。

5.4　影响升力和阻力的因素

升力和阻力是飞机在空气之间的相对运动（相对气流）中产生的。影响升力和阻力的基本因素有：机翼在气流中的相对位置（迎角）、气流的速度和空气密度以及飞机本身的特点（飞机表面质量、机翼形状、机翼面积、是否使用襟翼和前缘翼缝是否张开等）。

5.4.1　迎角对升力和阻力的影响

在飞行速度等其他条件相同的情况下，得到最大升力的迎角，叫做临界迎角。在小于临界迎角范围内增大迎角，升力增大：超过临界迎角后，再增大迎角，升力反而减小。迎角增大，阻力也越大，迎角越大，阻力增加越多：超过临界迎角，阻力急剧增大。

5.4.2　飞行速度和空气密度对升力阻力的影响

飞行速度越大，升力、阻力越大。升力、阻力与飞行速度的平方成正比例，即速度增大到原来的 2 倍，升力和阻力增大到原来的 4 倍；速度增大到原来的 3 倍，升力和阻力也会增大到原来的 9 倍。

空气密度大，空气动力大，升力和阻力自然也大。空气密度增大为原来的 2 倍，升力和阻力也增大为原来的 2 倍，即升力和阻力与空气密度成正比例。

5.4.3　机翼面积、形状和表面质量对升力、阻力的影响

机翼面积大，升力大，阻力也大。升力和阻力都与机翼面积的大小成正比例。

机翼形状对升力、阻力有很大影响，从机翼切面形状的相对厚度、最大厚度位置、机翼平面形状、襟翼和前缘翼缝的位置到机翼结冰都对升力、阻力影响较大。

飞机表面光滑与否对摩擦阻力也会有影响，飞机表面相对光滑，阻力相对也会较小，反之则大。

第6章　飞机基本运动参数

6.1　坐　标　系

刚体飞行器的空间运动可以分为两部分：质心运动和绕着质心的运动。描述任意时刻的空间运动需要 6 个自由度：3 个质心运动和 3 个角运动。当飞行器在大气中高速飞行时，其上作用着重力、发动机推力以及极大的空气动力和气动力矩，导致飞行器发生弹性变形和空气动力学特性变化，而弹性变形的影响将会叠加到刚体飞行器的空间运动中。此外，分布在飞行器内部的部件与质量也将发生运动和变化，因此，所谓的刚体飞行器实际上是作为一个刚体系统来描述。

作用在飞机上的重力、发动机推力和空气动力及其相应力矩的产生原因是各不相同的，因此，如何选择合适的坐标系来方便确切地描述飞机的空间运动状态是非常重要的。例如，选择地面坐标轴系来描述飞机的重力是比较方便的，发动机的推力在机体坐标轴系中描述是很合适的，而空气动力在气流坐标轴系中描述就非常方便。

由此可见，合理地选择不同的坐标系来定义和描述飞机的各类运动参数，是建立飞机运动模型进行分析和设计的重要环节之一。

6.1.1　假设条件

在一般情况下，由于飞机均在大气层内飞行，其飞行高度有限，为了简化所研究问题的复杂性，有必要进行下列的合理假设：

（1）忽略地球曲率，即采用所谓的"平板地球假设"。

（2）认为地面坐标轴系为惯性坐标系。

6.1.2　常用坐标系

1. 地面坐标轴系

1）我国常用坐标系 S_d ——$O_d x_d y_d z_d$

地面坐标系是相对地球表面固定不动的，它的原点 O_d 位于地面的任意选定的某固定点，y_d 轴铅垂向上，x_d 和 z_d 轴在水平面内，其方向可任意指定，三轴关系符合右手定则。

2）国际标准化组织（ISO）规定的坐标系 S_g ——$O_g x_g y_g z_g$

原点 O_g 位于地面的任意选定的某固定点，而 $O_g x_g$ 轴位于地平面内并选定的任一指定的方向；$O_g z_g$ 轴垂直于地面并指向地心；$O_g y_g$ 位于水平面内并垂直于 x_g 轴，其指向按照右手定则确定。

若原点取在飞机质心，而轴平行于上述 3 个轴时，称为飞机牵连地面坐标系。

在描述飞机质心位置和姿态角以及速度和角速度时，一般取该坐标系参考基准。

2. 机体坐标轴系

1）我国常用坐标系 S_t——$Ox_ty_tz_t$

机体坐标轴系是固连与飞机并随飞机一起运动的一种动坐标系。其原点 O 位于飞机质心处，坐标系与飞机固连；Ox_t 轴与机翼的平均空气动力弦线或机身轴平行，指向机头的方向为正；Oy_t 轴位于飞机的对称面内垂直于 Ox 轴，并指向机身上方；而 Oz_t 轴则垂直于飞机的对称面，指向机身右方。

2）国际标准化组织（ISO）规定的坐标系 S_b——$Ox_by_bz_b$

其原点 O 位于飞机质心处，坐标系与飞机固连；Ox_b 轴与机翼的平均空气动力弦线或机身轴平行，指向机头的方向为正；Oz_b 轴位于飞机的对称面内垂直于 Ox_b 轴，并指向机身下方；而 Oy_b 轴则垂直于飞机的对称面，指向机身右方。

发动机推力一般按机体坐标系给出；气动力矩的三个分量即滚转力矩 M_x，偏航力矩 M_y 和俯仰力矩 M_z 是在该轴系中定义的。

3. 气流坐标轴系

1）我国常用坐标系 S_q——$Ox_qy_qz_q$

气流坐标轴系又称速度坐标系或风轴系。其原点 O 位于飞机质心处，坐标系与飞机固连；Ox_q 轴始终指向飞行速度方向；Oy_q 轴位于飞机对称面内垂直于 Ox_q 轴，并指向机腹上方；Oz_q 轴垂直于 Ox_qy_q 平面，向右为正。

2）国际标准化组织（ISO）规定的坐标系 S_a——$Ox_ay_az_a$

其原点 O 位于飞机质心处，坐标系与飞机固连；Ox_a 轴始终指向飞行速度方向；Oz_a 轴位于飞机对称面内垂直于 Ox_a 轴，并指向机腹下方；Oy_a 轴垂直于 Ox_az_a 平面，向右为正。

作用在飞机上的空气动力 3 个分量（即升力 Y，阻力 Q 和侧力 Z）就是在该轴系中定义的。

4. 航迹坐标轴系

1）我国常用坐标系 S_h——$Ox_hy_hz_h$

航迹坐标轴系又称弹道坐标轴系。其原点 O 位于飞机质心处，坐标系与飞机固连；Ox_h 轴与飞行速度 V（相对地面）重合（无风时与气流轴 x_q 一致）；Oy_h 轴位于包含飞行速度 V 在内的铅垂面内，与 Ox_h 轴垂直并指向下方；Oz_h 轴垂直于 Ox_hy_h 平面，其指向按照右手定则确定。

2）国际标准化组织（ISO）规定的坐标系 S_k——$Ox_ky_kz_k$

其原点 O 位于飞机质心处，坐标系与飞机固连；Ox_k 轴与飞行速度 V 重合一致；Oz_k 轴位于包含飞行速度 V 在内的铅垂面内，与 Ox_k 轴垂直并指向下方；Oy_k 轴垂直于 Ox_kz_k 平面，其指向按照右手定则确定。

由飞机航迹速度（相对于地面的速度）向量决定的坐标系。研究飞机的飞行轨迹时，常常采用航迹坐标系，建立飞机质心运动方程。

6.2 姿 态 角

姿态角是机体坐标轴系相对于飞机牵连铅垂地面坐标轴系的角度，如图 6-1 所示。

1. 俯仰角 θ

即飞机纵轴 Ox 与水平面 Ox_gz_g 间夹角。当 Ox 向上方抬头为正（图 6-1 所示为正）。

2. 偏航角 Ψ

即飞机纵轴 Ox 在水平面上的投影线与地面轴 Ox_g 之间的夹角。按右手法则绕 Oy_g 转到该投影线则为正（图 6-1 所示为正）。

3. 滚转角 ϕ

也称倾斜角，机体轴 z 与通过机体轴 x 的铅垂面间夹角。按右手法则绕 Ox 轴从铅垂面转到飞机对称面，即右翼下沉时 ϕ 为正（图 6-1 所示为正）。

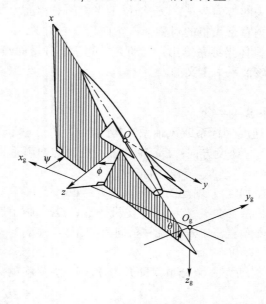

图 6-1　机体坐标轴系与地轴系之间的关系

6.3 气 流 角

气流角又称为气动角，是由飞机速度矢量与机体坐标轴系之间的关系确定的，如图 6-2 所示。

1. 迎角 α

即飞机速度矢量 V 在飞机对称面上的投影线与机体轴 Ox 之间的夹角。当投影线在机体纵轴的下方时为正。α 的范围为 $\pm180°$。

2. 侧滑角 β

即飞机速度矢量 V 与飞机对称面之间的夹角。当速度矢量 V 的投影在飞机对称面右侧为正。β 的范围为 $\pm90°$。

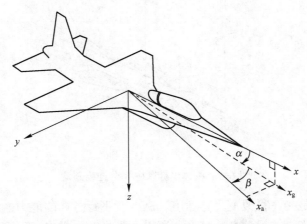

图 6-2 气流坐标轴系与机体坐标轴系之间的关系

6.4 航 迹 角

飞机的航迹角是由气流坐标轴系与地面坐标轴系之间的关系确定的。

（1）航迹倾斜角 μ

即飞行速度矢量 V 与水平面间夹角，飞机向上飞时为正。

（2）航迹方位角 ϕ

即飞行速度矢量 V 在水平面上的投影与地轴 x_g 间的夹角，投影在 x_g 轴右侧为正。

（3）航迹滚转角 λ

即速度轴 z_a 与通过速度轴 x_a 的铅垂面间夹角，飞机向右滚转时为正。

6.5 角 速 度

机体坐标轴系的 3 个角速度分量（angular-rate-dependent），是机体坐标轴系相对于地轴系的转动角速度，在机体坐标轴系各轴上的分量分别表示为 ω_x，ω_y，ω_z。

6.6 过 载

在曲线飞行中，作用于飞机上的升力经常不等于飞机的重量。为了衡量飞机在某一飞行状态下受外载荷的严重程度，引出过载（或称载荷因数）这一概念。

过载是作用在飞机上的除重力以外所有外力的合力向量与飞机重力之比，用 n 表示，是评定飞机机动性的重要参数。过载 n 为向量，其方向与除重力之外的外力的合力方向一致，其大小代表该合力与飞机重量之比，即飞机重量的倍数。它在机体坐标轴系（我国常用坐标系）3 个主轴方向的分量如图 6-3 所示。

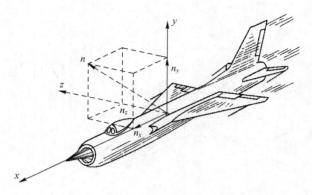

图 6-3　机体坐标系中 3 个过载分量

　　飞机的机动性是指飞机改变飞行速度、高度及飞行方向的能力。飞机速度、高度和方向改变得越快，飞机的机动性就越好。所以在飞机动力学中，研究飞机的机动性，适用于刚性物体圆周运动定理。在物体的圆周运动中，与物体运动方向一致或相反的力称为切向力，与物体运动方向垂直的力称为法向力，该方向的力与飞机重量之比，就称为飞机的法向过载 n_y。圆周运动的法向过载大小与飞行速度成正比，与圆周半径成反比，圆周半径则反映了飞机改变飞行方向的能力，所以法向过载 n_y 是评定飞机机动性的重要参数。一般情况下，x 和 z 方向的过载系数均较小，常略去不计，主要考虑 y 方向的过载。

　　飞机在飞行中，y 轴方向的过载往往较大，它是飞机结构设计中的主要指标之一，飞机的结构强度主要取决于 y 方向的过载。而其他两个方向的过载较小，它们对飞机结构强度的影响也较小。如果我们知道了飞机的过载系数，就能很方便地求得飞机实际载荷的大小和方向，这便于设计飞机的结构，检验其强度、刚度。过载越大，表明飞机结构的承载越大，要有足够的刚度、强度，则结构重量大。过载的选择影响因素众多，要依据技术性能要求综合确定，并不是越大越好，对运输机或客机则没有太大的必要。

　　n_y 的正、负号与升力的正、负号一致，而升力的正、负号取决于升力与飞机 y 轴（立轴）的关系。如果升力的方向与 y 轴相同，则取正号；反之则取负号。在不同的飞行状态下，飞机重心过载的大小往往不一样。过载可能大于 1、小于 1、等于 1、等于零甚至是负值，这取决于曲线飞行时升力的大小和方向。飞机平飞时，升力等于飞机的重量，n_y 等于 1；曲线飞行时，升力经常不等于 1。飞行员柔和推杆使飞机由平飞进入下滑的过程中，升力比飞机重量稍小一些，n_y 就小于 1；当飞机平飞时遇到强大的垂直向下的突风或在垂直平面内做机动飞行时，驾驶员推杆过猛，升力就会变成负值，n_y 也就变为负值；当飞机以无升力迎角垂直俯冲时，过载就等于零。

　　飞机各部位的局部过载沿飞机长度是按直线规律变化的。部件距离飞机的重心越远，或飞机绕重心转动的角加速度越大，该部件的附加过载也越大。只有当飞机绕重心的角加速度为零时，飞机上沿纵向各点处的过载才相等，都等于飞机重心处的过载。过载的载荷作用，不仅对结构有作用，而且对机载设备及乘员有载荷作用。过载越大，对它们的作用越强，要视它们的承受能力而定。

　　在航空领域，一般用 g 表示飞机的过载。例如，过载为 6，表示升力达到飞机重量的 6 倍，用 $6g$ 表示。

第 2 篇　飞机气动布局设计

20 世纪 50 年代后，飞机进入超声速时代，飞机的速度越来越快。飞行速度的提高，除了归功于喷气发动机技术的发展外，还应归功于超声速空气动力学的突破，飞机的外形随着空气动力学的发展而不断变化。优良的空气动力特性是战斗机获得高机动性和机敏性、在作战效能上达到新高度的保证。民机也一直在为增大升阻比和减小阻力（民机空气动力问题的核心）而不懈努力着。

气动布局设计任务是：选择飞机的气动布局形式（全机外形），确定总体和各主要部件的几何尺寸、气动参数以及有关气动特性的综合设计。它属于总体设计的工作范畴。

飞机的气动力设计包括飞机布局设计和部件气动力设计。

部件气动力设计是在气动布局的最初设计阶段，根据全机三面图，进行各主要部件，如机翼、机身、水平尾翼（平尾）、垂直尾翼（垂尾）、增升装置和操纵面等气动力设计，较之总体布局设计的部件外形及性能要更具体和细致。

从全机的飞机性能和飞行品质来评估，两者是不可分割的，必须不断协调、有机结合。部件设计要服从总体布局。各单独部件的最佳设计组合不一定得到整机的最佳性能。但总体布局要考虑部件设计的种种约束条件，包括技术水平的可能。没有最佳的部件设计技术，也不会有一架最佳性能的飞机。

第 7 章　机翼与尾翼设计

当飞机在空中飞行时，作用在飞机上的空气动力主要是由机翼产生；而机翼上的空气动力的大小和方向，在很大程度上又取决于机翼的翼型形状、平面形状、前视形状等参数。

7.1　翼型的选用和设计

沿着与飞机对称面平行的平面在机翼上切出的剖面称为机翼的翼型，又叫翼剖面。

7.1.1　翼型的几何尺寸

翼型是由中弧线（或弯度线）和基本厚度翼型叠加而成的，如图 7-1 所示。

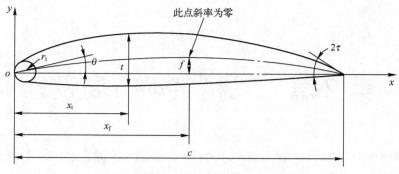

图 7-1　翼型的构成

定义翼型的具体参数主要有：中弧线，前、后缘，弦线，弦长，弯度，厚度，前缘半径，后缘角。

1. 弦长

连接翼型前缘（翼型最前面的点）和后缘（翼型最后面的点）两点的直线段的长度，称为弦长，用 c 表示。

2. 相对厚度

是垂直于翼弦上下表面之间的直线段长度，以 t 表示。翼型最大厚度 t_{max} 与弦长 c 之比称为翼型的相对厚度 $\overline{t}$，并常用百分数表示，即

$$\overline{t} = \frac{t_{max}}{c} \times 100\%$$

现代飞机翼型相对厚度为 3%～14%。

3. 最大厚度位置

最大厚度的 x 坐标称为最大厚度位置，以 x_t 表示。最大厚度位置与弦长之比称为最大厚度的相对位置 $\overline{x}_t$，并常用百分数表示，即

$$\overline{x}_t = \frac{x_t}{c} \times 100\%$$

现代飞机的翼型，最大厚度位置为 30%～50%。

4. 相对弯度

翼型弯度系指翼型中线的弯度，而翼型中线乃是各翼型厚度中点的连线。翼型中线与翼弦之间的垂直距离，称为翼型的弯度 f，而最大弯度与弦长的比值，称为相对弯度 $\overline{f}$，通常用百分数表示，即

$$\overline{f} = \frac{f_{max}}{c} \times 100\%$$

翼型的相对弯度，说明翼型上下表面外凸程度的差别。相对弯度越大，翼型上下表面弯曲程度相差也越大；如果 $\overline{f}=0$，则中线和翼弦重合，翼型将是对称的。现代飞机翼型的相对弯度约为 0～2%。

7.1.2　典型翼型简介

翼型具有各种不同的形状。翼型按照使用的速度范围，可分为低速翼型、亚声速翼型、跨声速翼型和超声速翼型，应根据飞机和使用速度范围来选用相应的翼型。

在翼型的设计中，可以通过对现有的翼型进行选择借鉴，以满足飞机设计要求，例如对美国的 NACA 系列翼型（National Advisory Committee for Aeronautics，美国国家航空咨询委员会），俄罗斯的 ЦАГИ 系列翼型，英国的 RAF（Royal Air Force，英国皇家空军）和德国的 DVL 系列翼型以及其他国家已研究成功的翼型进行选择。下面给出一些典型翼型的图形。在飞机设计中，应用最广泛的是 NACA 系列翼型，见图 7-2。

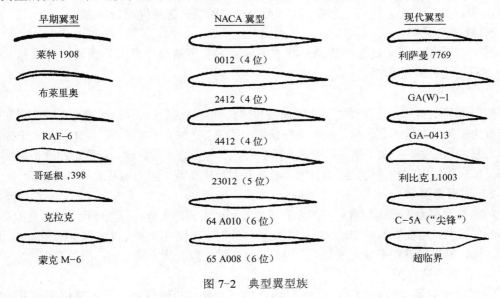

图 7-2　典型翼型族

1. 低速翼型

对于低速飞机选择翼型，要求升阻比大，最大升力系数高，最小阻力系数低，低阻范围宽，失速过程缓和。它的外形特点是头部丰满，最大厚度靠前。典型的低速翼型有 CLARK-YH，NACA 4 位数字和 5 位数字翼型，美国新研究的 GA（W）-1（General Aviation Wing）和 GA（W）-2。

1）早期翼型

20 世纪初各国先后开展对翼型的研究，在这些早期翼型的研究中，具有代表性的是美国 1922 年研究出的 CLARK-YH 翼型。其特点是下翼面为平的，构造方便，苏联的雅克-18 等飞机都用这种翼型。

2）NACA 四位数字、五位数字翼型族

NACA 使用多位数字表示其理论的气动特性和几何特性。例如第 1 位数字表示设计升力系数的倍数，第 2 位数字表示最大弯度点相对位置的 10 倍数值；第 3 位数字表示后段中弧线的类型等。

与 4 位数字翼型比较而言，5 位数字翼型最大弯曲位置前移，使最大升力系数提高，最小阻力系数降低，这是 5 位数字翼型的优越之处。

2. 亚声速翼型

亚声速翼型与低速翼型没有质的区别，只是由于速度提高，更突出地要求降低最小阻力系数，并提高临界马赫数。层流翼型能满足这些要求，是比较理想的亚声速翼型。最著名的层流翼型有 NACA6 系列翼型。

NACA 继 4 位和 5 位数字翼型之后，先后共提出 8 个系列层流翼型，即 NACA1～NACA8 族翼型，其中以 NACA6 族翼型是最成功的。它的外形特点是前缘半径较小，最大厚度靠后。从阻力上看，NACA6 族翼型是层流翼型，在小迎角亚声速飞行时，其摩擦阻力比普通翼型（4 位和 5 位数字翼型）的小很多。从升力角度看，由于 NACA6 族翼型前缘半径较小，所以它的最大升力系数一般不如 4 位和 5 位数字翼型，但是对于较厚的带弯度的翼型，它们之间的差别很小。NACA6 族翼型失速特性也较缓和。

3. 跨声速翼型

跨声速翼型，要求在超临界流动状态下能减弱甚至消除上翼面的激波。尖峰翼型和超临界翼型是跨声速翼型。

1）尖峰翼型

尖峰翼型的特点是力图使翼型上表面的前部具有明显的负压值，从而避免激波所引起的严重升力损失及其他不利现象，故名尖峰翼型，见图 7-2 中 C-5A 翼型。突出优点在于提高了阻力发散马赫数，扩大了临界马赫数和阻力发散马赫数之间的区域，使翼型在这个超临界状态区域内可以很好地使用。阻力发散马赫数是指出现激波、阻力骤增的那个马赫数。

2）超临界翼型

超临界翼型比尖峰翼型有更高的临界马赫数和更大的超临界马赫数使用范围，见图 7-2 中超临界翼型。超临界翼型在相同的阻力发散马赫数下，相对厚度可以提高 30%～50%，这样对运输机机翼可以在不加大重量下，提高强度和刚度以及增大展弦比，提高升阻比。

3）自然层流翼型

现代自然层流（Natural Laminar Flow，NLF）翼型和机翼是在跨声速超临界飞行条件下依靠在翼面上建立适当的顺压梯度区域，有效地抑制层流边界层的不稳定因素，推迟转捩的发生，见图 7-2 中 GA-0413 翼型。

4. 超声速翼型

超声速翼型通常有双弧形、菱形和六面形 3 种剖面，如图 7-3 所示。双弧形剖面是由两段曲率相同的圆弧构成的，气动效果较好，刚度也好，所以在个别飞机上早有应用，对超声速飞机最主要的是通过减小翼型相对厚度来减小波阻，因为波阻正比于相对厚度的平方，翼型在小展弦比机翼上的作用并不突出。另外，飞机在低速仍要使用，超声速尖前缘翼型，造成前缘分离，低速性能不好。所以，多采用小钝头的亚声速翼型。

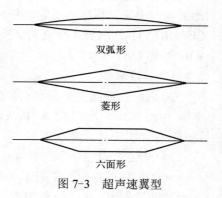

图 7-3　超声速翼型

5. 尾翼翼型

作为翼型，不论它是用在机翼上、尾翼上还是鸭翼上，它的气动特性都是相同的，所不同的是它处的环境不同，例如后置水平尾翼处在机翼的尾迹区内，感受机翼的下洗和速度阻滞。同样，如果是鸭翼布局，则机翼又处在鸭翼的尾迹区。另一个不同是机翼、尾翼、鸭翼所担负的气动任务不同，决定了对翼型的选择有所不同。例如后置水平尾翼，特别是战斗机的全动水平尾翼，它作为一个升力面，一般对飞机提供一部分负升力，但是它更重要的任务是为飞机配平，保持稳定性和获得操纵性。当然，要完成这样的任务不完全是翼型选择的问题，还有其平面几何参数的选择，水平尾翼相对机身、相对机翼的位置选择，实际上是一个综合优化的选择，所以这些选择遵循的原则都是相同的。翼型的选择在其中占据很重要的位置。显然，在相同的气动效率下，如果选择升力线斜率高的翼型就会使水平尾翼面积减小。为了使飞机在飞行包线范围内任何状态下水平尾翼都具有足够的操纵能力，水平尾翼翼型的失速迎角要比机翼翼型的大得多。在飞行中一切可能的情况下，如果出现水平尾翼接近其最大升力的潜力，也就是紧靠近失速迎角，这是设计中的一个很大失误。

对于垂直尾翼，提供足够的稳定性要求就更突出一些。个别飞机使用全动垂直尾翼，这时也要有足够的操纵能力。有侧滑时，垂直尾翼处在机翼和机头的侧洗流中，特别是在大迎角时，不对称的尾涡对垂直尾翼的作用还是很大的，要求垂直尾翼的位置在这些状态下仍保持较好的气动特性，因而能满足稳定性要求。对超声速飞机，特别是马赫数大于 2 左右做大空速飞行时，气动弹性会使垂直尾翼气动效率大幅度下降，翼型的选择在满足其他要求的同时还要尽量减小这种损失。

升降舵和方向舵翼型的选择应保证有足够的舵面效率，还要能保证有足够的空间供操纵机构使用。

7.2　机翼的平面形状

机翼的平面形状，是指从飞机顶上看下来机翼在平面上的投影形状。按照平面形状的不同，常见机翼可分为矩形翼、梯形翼、后掠翼、变后掠翼、三角翼、S 形前缘翼等，如图 7-4 所示。前两种主要用于低速飞机，后 4 种主要用于高速飞机。

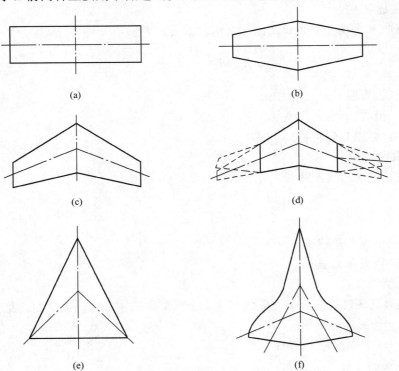

图 7-4　几种机翼的平面形状
(a) 矩形翼；(b) 梯形翼；(c) 后掠翼；(d) 变后掠翼；(e) 三角翼；(f) S 形前缘翼。

7.2.1 机翼的平面参数

机翼的平面形状通常用 3 个参数，即展弦比、梢根比和前缘后掠角来描述，这样确定的平面形状是一系列几何相似的机翼。要惟一地确定机翼平面形状尺寸的大小，通常再选用机翼面积，这样可以惟一地确定机翼的根弦长、尖弦长、展长、前后缘或 1/4 弦线的后掠角，如图 7-5 所示。

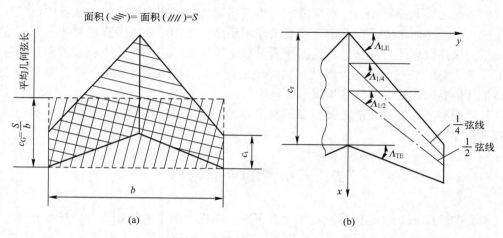

图 7-5　机翼平面参数的定义

1. 展弦比（A）

机翼展长和平均几何弦长之比，常用以下公式表示

$$A = \frac{b}{c_G} = \frac{b^2}{S}$$

式中　b——机翼展长；

　　　S——机翼面积；

　　　c_G——平均几何弦长，$c_G = S/b$。

2. 梢根比（λ）

机翼翼梢弦长与翼根弦长之比

$$\lambda = \frac{c_t}{c_r}$$

式中　c_t——机翼翼梢弦长；

　　　c_r——机翼翼根弦长。

3. 后掠角（Λ）

机翼上有代表性的等百分比弦线与垂直于对称面的轴线之间的夹角，见图 7-5。

图中：Λ_{LE}——前缘后掠角；

　　　$\Lambda_{1/4}$——1/4 弦线后掠角；

　　　$\Lambda_{1/2}$——1/2 弦线后掠角；

　　　Λ_{TE}——后缘后掠角。

4. 平均气动弦长（C_A）

平均气动弦长是确定机翼气动中心位置和计算纵向力矩系数常用的一种基准翼弦。它是把给定机翼的展向各剖面的气动力矩特性，加以平均而计算出来的等面积矩形，相当机翼的弦长。该矩形翼各剖面的力矩特性不变，矩形翼的力矩特性与给定机翼的力矩特性相同，如图7-5所示。

5. 机翼平面面积（S）

机翼面积通常是指所谓全面积，即将机翼前后缘延伸到飞机对称面所围成的面积。如果不包括延伸到机身内的那部分面积，应特别注明为"机翼外露面积"，如图7-6（a）所示。

机翼相对机身可能有安装角和上反（或下反）角，所谓机翼面积是指机翼弦平面内计算的面积，即按安装角和上反（下反）角为零时计算的面积。相应的机翼展长也是在机翼弦平面内计算的，如图7-6（b）所示。

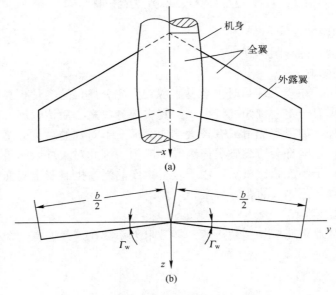

图 7-6　机翼平面面积

如果机翼弦面不是平面而是某种曲面，如几何扭转或锥形扭转等，则机翼面积应按其基准平面内的图形计算。这里的基准平面是指扭转前的（或消除扭转后的）机翼平面图形。

在气动力设计计算中，常用机翼面积（S_W）作为一架飞机的参考（或特征）面积。它是机翼平面面积（S）在机翼基准平面内的投影面积。

7.2.2　机翼平面形状对气动特性的影响

1. 展弦比

1）对升力的影响

从图7-7中可以看出，机翼升力线斜率随着展弦比A值增大而增加，展弦比小于2

或 3 的机翼，明显地较早出现非线性。随机翼展弦比增大，机翼的最大升力系数增加，但失速迎角却在减小。

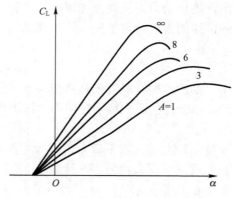

图 7-7　展弦比对升力的影响

2）对阻力的影响

展弦比增大会使诱导阻力减小。

3）对力矩的影响

对于大展弦比，在较大迎角时，容易出现翼尖先分离，这会使机翼提早失速，升力减小，而且在机翼有一定后掠角的情况下，翼尖部分离重心后边较远，使飞机可能会产生上仰趋势。另外，如果有侧滑或有较大侧向突风，不对称的翼尖分离又产生一个较大的滚转力矩增量。这些都会给驾驶员操纵带来麻烦，因此对大展弦比机翼常采取措施避免翼尖先分离。对于小展弦比机翼，由于较早出现的涡卷控制着上翼面的流动，其力矩变化比较平缓，较展弦比大的要好得多。

4）对马赫数的影响

飞行马赫数从亚声速增加到超声速，零升阻力系数在跨声速有一个飞跃的变化，如图 7-8 所示。

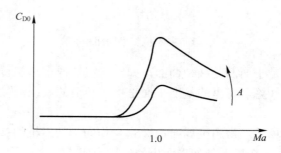

图 7-8　零升阻力系数 C_{D0} 随马赫数的变化

大展弦比机翼不仅在跨声速的零升阻力系数较小展弦比增加的量大，而且开始突变的马赫数要比小展弦比为小，即大展弦比的阻力发散马赫数较小展弦比为小。

总之，随着展弦比的增大，升力线斜率增大，最大升力值也增大，升致阻力减小，升阻比增大，这些气动特性会提高飞机的各方面性能。特别是对强调巡航性能的飞机，

60

如运输机和轰炸机，速度较低，升力系数较大，这时升致阻力在总阻力中占主导作用，所以，常选用大展弦比，提高巡航性能。现代亚声速运输机的展弦比为8～9。增大展弦比还可以改善飞机的上升性能，提高静升限，所以高空侦察机的机翼也常选用大展弦比。

从图7-7中还可以看出，小展弦比机翼的失速迎角比大展弦比机翼大。正是利用这一点，为了保证适当的操纵性，需要把尾翼的失速推迟到机翼失速以后很久才出现，所以尾翼的展弦比应比机翼的小。而对鸭翼来说，却需要选取比机翼更大的展弦比，使其在机翼之前失速，使驾驶员能避免机翼失速。

一个在跨声速使用的飞机，要突出解决的问题是减小气流的压缩性影响，提高临界马赫数，缓和气动特性随马赫数的急剧变化。用减小展弦比和加大后掠角相结合的方法可以实现这些要求，所以现代跨声速运输机和轰炸机的展弦比约为7。

超声速战斗机着眼于减小波阻和减轻重量，在高速飞行情况下，升致阻力相对地已经变得不那么重要了，所以常选用小展弦比和薄机翼，一般展弦比在3以下，战斗机展弦比上限是3.5。

展弦比增大，一个突出问题是机翼重量随之增大。对一个给定机翼面积，展弦比增大使展长按其平方根增长，也使气动载荷增大，所以对翼根的弯矩加大。另一方面，对相同的机翼面积，展弦比增大又使翼根弦长减小，在相同的翼型相对厚度条件下，翼根绝对厚度变小。这样，为使机翼有足够的抗弯能力，必然导致机翼重量增加。因此，展弦比将在大展弦比的气动力收益和增重代价的权衡研究中确定。

2. 梢根比

梢根比的突出作用是影响机翼的展向升力分布。升力沿展向为椭圆分布时诱导阻力最小。图7-9中给出了梢根比对展向升力分布的影响。

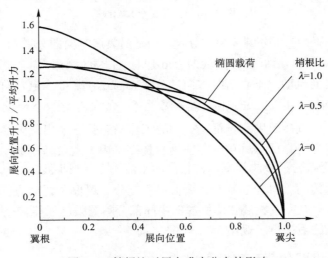

图7-9　梢根比对展向升力分布的影响

在相同的展弦比下，矩形翼的诱导阻力会比椭圆形机翼大7%左右，但是梢根比对诱导阻力的影响远不如展弦比大。当梢根比为0.45时，其升力沿展向分布非常接近理想的椭圆升力分布。大部分低速飞机的梢根比为0.4～0.5，大部分后掠翼的梢根比为0.2～0.3。

梢根比也是控制展向失速发展的一个主要参数，因为它可以调节升力沿展向的分布。

在跨、超声速飞行时，波阻成为阻力组成中的主要部分。一个小的梢根比与大的后掠角组合会使超声速阻力趋向最小，因为梢根比适当减小会帮助调整大后掠引起的机翼外侧过分增大的载荷，使之更有效减阻。

梢根比减小会提高机翼的抗弯扭刚度。对给定的机翼面积和展弦比，则展长为确定的，这时梢根比减小，则根弦长度增加，若相对厚度不变，则根弦剖面的绝对厚度增大，从而提高翼根的弯扭刚度。与此同时，由于梢根比减小，半翼展的压心内移，由升力产生的对根部的弯矩也相应减小。因此，若取同样的刚度，则随梢根比减小其机翼重量可减轻。

对小型飞机，梢根比的实际下限是由翼尖处的结构高度决定的，应为副翼和操纵元件提供所需的空间。

3. 后掠角

机翼后掠角的效果，可以从斜置翼相对平直翼的斜置效应看出，如图 7-10 所示。

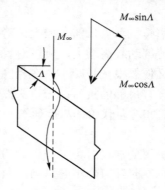

图 7-10　斜置翼及其流线

对斜置翼，来流 M_∞ 可分解成两个分量，一是沿翼展方向的分量 $M_\infty \sin\Lambda$，二是垂直前缘方向分量 $M_\infty \cos\Lambda$。沿展向的分量 $M_\infty \sin\Lambda$ 只产生表面摩擦力，不影响压力分布，因为这股气流只沿展向流动。垂直前缘方向的分量 $M_\infty \cos\Lambda$ 既可确定表面摩擦力，也可确定机翼剖面压力分布，其压力分布值比马赫数为 M_∞ 的平直翼的小 $\cos\Lambda$ 倍。因此，斜置翼相对平直翼有两个直接效果：一是在更大的来流马赫数下才出现局部声速，即提高了临界马赫数（来流方向）$1/\cos\Lambda$ 倍，相应地也提高了阻力发散马赫数；二是压力分布值减少 $\cos\Lambda$ 倍，从而减弱了激波强度，在相同的来流 M_∞ 下减小波阻。

有限翼展后掠翼的"斜置效应"表现得很不充分。翼根和翼梢的三维效应使"斜置效应"明显减小，只有在较大展弦比机翼的中间部分斜置效应才能较充分显露出来。

现代高速飞机的后掠角一般在 35°～60° 之间。

7.2.3　几种机翼的平面形状的特点

在飞机的设计中，机翼平面形状选取的依据一般为：

（1）飞机的设计技术要求。

（2）已有的技术储备。

（3）在飞行包线范围内有满意的飞行特性，特别是失速性。

（4）结构装载要求。

下面介绍几种常见平面形状的机翼的特点，见图7-4。

1. 矩形翼

矩形翼是沿展向弦长不变的直机翼。矩形翼的优点是外形简单，工艺简化，制造容易，成本低廉，在飞机发展初期常采用它。现在一些轻型飞机，包括农业、林业、邮政、体育、教练等方面使用的飞机也常有用矩形翼的。

2. 梯形翼

梯形翼是从翼根向翼尖弦长逐渐减小，其平面形状为梯形的机翼。

梯形翼比矩形翼有更低的诱导阻力，当梯形翼的梢根比为 0.3～0.5 时，它沿展向的环量分布也接近椭圆形机翼，其诱导阻力也接近理论上的最小值。

梯形翼的梢根比小于 0.3 以后，翼梢的有效迎角比翼根的大，当迎角增大时，翼梢容易首先发生分离，这对横向稳定性和操纵性是不利的。

3. 后掠翼

在实际使用中，如果矩形翼和梯形翼的机翼弦的 25% 和 70% 之间的任何一个展向等百分弦线的后掠角为零，则说明该机翼为非后掠翼，否则是后掠（或前掠）翼。平直翼是 50% 等百分弦线的后掠角为零。

低速飞机一般不采用后掠翼，因为它没必要利用后掠来解决气动力的问题。低速飞机若采用后掠翼也主要是利用后掠来调配重心和焦点的相对位置，以便确保飞机纵向稳定度。

后掠翼能提高机翼的临界马赫数，所以高亚声速飞机常用后掠翼来扩大飞机的马赫数使用范围。

后掠翼能降低翼面上局部超声速值，从而降低激波强度，使波阻有很大的减小，使波阻随马赫数的变化的峰值减小，并使峰值位置向后推移，提高了阻力发散马赫数，并且随后掠角增大，这种作用增强，如图 7-11 所示。

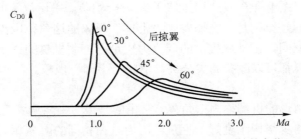

图 7-11　后掠翼的零升阻力系数 C_{D0} 随马赫数变化

后掠翼气动中心随马赫数的变化较小且平缓，可以减小配平阻力。

后掠翼可扩大抖振边界。

后掠翼可减小超声速阻力。在超声速飞行时，当机翼后掠角大到使机翼是亚声速前缘时，其前缘绕流表现出亚声速流动特性，所以可以大大减小波阻和升致阻力。

增大后掠角和减小翼型的相对厚度都是减小跨、超声速波阻的有效手段，因此，在保持相同的阻力水平条件下，常用增大机翼后掠角来换取增大翼型的厚度，以便使机翼获得更大的刚度，从而减轻重量并能得到更大的机翼内部使用空间。

上述这些好处，使跨声速和低超声速飞机多使用后掠翼，其后掠角在 35°～45° 之间。超声速飞机使用后掠翼时，要看机翼设计是超声速前缘还是亚声速前缘而定，对最大飞行马赫数为 2 一级的亚声速前缘翼，其前缘后掠角在 60° 左右。

后掠翼的不足之处是它的升力线斜率比直翼小，一般最大升力系数也较小，如图 7-12 所示。

后掠翼的俯仰力矩特性呈非线性，容易产生局部不稳定，如图 7-13 所示。

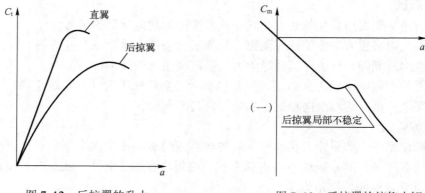

图 7-12　后掠翼的升力　　　　　　图 7-13　后掠翼的俯仰力矩

后掠翼的另一个较突出的问题是，机翼后掠角的选择不应大于最小需要值。这是因为，在迎角增加到一定程度，后掠翼首先在翼尖分离，可导致俯仰力矩的剧烈变化，并随展弦比增大更加严重，这是后掠翼的"上仰"现象。具有这种特性的机翼，在接近失速迎角时，飞机会突然而又不可控制地增加迎角，使飞机继续上仰，直到失速，完全失去控制。F-16 战斗机就安装了一个由计算机控制的迎角限制器，以防止在大约 25° 迎角时出现过度上仰问题。

"上仰"现象是由于机翼的后掠角和展弦比组合不合理造成的，所以，只要减小后掠角或减小展弦比，使之组合合理，"上仰"自然就会消除。平尾位置的选择很重要，包括前后位置和上下位置。原则是，在要发生"上仰"现象的迎角范围内，使平尾能处于机翼下洗流场很弱的空间，使平尾提供的低头力矩足以抑制机翼的"上仰"现象。安装翼刀或者使用机动襟翼都可以改善翼尖分离，消除"上仰"现象。

4. 三角翼

平面形状为三角形的机翼称为三角翼。常用的是"切尖三角翼"。与后掠翼相比，在相同的后掠角下三角翼结构刚度好，重量轻，而且在相同的翼型相对厚度下，由于根弦长，故其绝对厚度大，使其抗弯能力强。这样，在相同的载荷下，机翼的结构厚度小，相对厚度小，有利于减小机翼的厚度波阻，使其超声速阻力小，而且有利于克服颤振等气动弹性引起的不利影响。同时气动中心随马赫数变化小，所以大后掠小展弦比的三角翼具有良好的超声速气动特性。

三角翼在亚声速飞行时，其升力线斜率较小，要求在更大的迎角下才能达到起飞着陆所需的升力。这样，如果没有好的增升装置，会给擦地角、驾驶员视角限制和起落架的设置等设计带来困难。

在大迎角达到最大升力以后，升力下降比较缓慢，失速特性较好，见图 7-14。

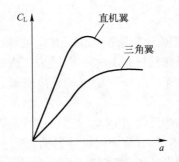

图 7-14　直机翼和三角翼的升力曲线

　　由于机翼刚度较好，所以大空速副翼效率较后掠翼为好，更容易避免因气动弹性引起的副翼反效问题。

　　小展弦比三角翼的跨声速气动力变化柔和，不会出现突起的峰点且峰值也小。

　　三角翼由于展弦比小，其升力线斜率一般较小，因此失速迎角大，最大升力系数小。

5. 变后掠翼

　　后掠翼在飞行中可以改变的机翼称为变后掠翼。

　　高速和低速气动特性对飞机的要求是相互矛盾的。对低速飞行，要求展弦比大，后掠角小或无后掠的机翼，以便提高升阻比，增大升力线斜率和最大升力系数，减小着陆速度，缩短起飞和着陆距离，增大航程和留空时间，提高机动性。但到超声速飞行时，要求机翼具有小展弦比，大后掠角，以便减小波阻，提高超声速性能。变后掠就是为了实现这种要求而设计的。变后掠翼从气动力上表现为后掠翼的特性。它与后掠翼不同处是其内翼是固定的，外翼是可变后掠。从气动力上考虑就是如何选择转轴位置把内外翼连接起来，特别要考虑的是外翼转动时不要使气动中心移动太大。

　　变后掠翼无疑是较理想的一种气动布局。其最大的缺点是机翼的结构复杂，重量大，一般要增加机翼结构自身重量约 19%。

　　变后掠翼在 20 世纪 60 年代才开始应用到飞机上，超声速战斗机、强击机、轰炸机都有采用变后掠翼的。典型的变后掠翼机型 F-14 的三面图见图 7-15。

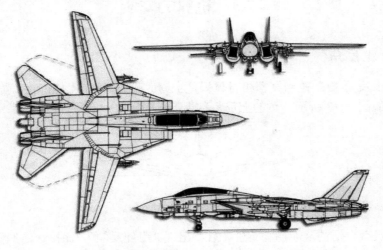

图 7-15　变后掠翼机型 F-14 飞机的三面图

6. S 形前缘翼

机翼前缘呈 S 形的细长翼称为 S 形前缘翼。S 形前缘机翼的设计原理基本上与双三角翼相同，但将外翼和内翼用曲线连接起来。同时为了提高亚声速飞行时的升阻比，将翼梢区的后掠角减小，翼尖修圆。这样，整个机翼前缘就呈 S 形了。所以，S 形前缘翼实际上有 3 个前缘后掠角。

曲线前缘可以控制前缘涡的发生和运动方向，前缘涡在翼面上方向后拖出的方向基本上是沿着前缘形状的走向。S 形的前缘涡对外翼的影响范围大，增升作用强。20 世纪 60 年代，首次出现 S 形前缘翼的超声速客机"协和"号，如图 7-16 所示。

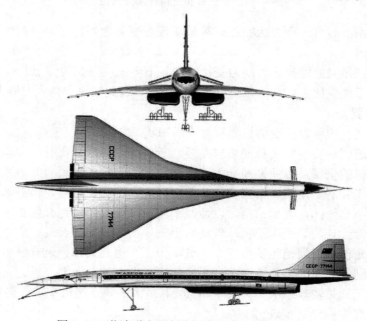

图 7-16　英法联合研制的协和超声速客机三面图

7.3　机翼的安装

7.3.1　上反角

机翼的上反角（$\varGamma$）是当翼梢相对翼根往上翘时，机翼基准面与飞机对称面的垂线之间的夹角。如图 7-17 所示，负的上反角称为下反角。

图 7-17　上反角定义

为使飞机有合适的横航向稳定性，且不出现"蹬舵反倾"，保持一定的侧滑角升力系数，需要有上或下反角。一般平直翼用上反角，后掠翼用下反角。上下反角的选择还取

66

决于机翼在机身的上下位置。一般高置机翼上反效应强，要用下反角，低置机翼则需用上反角。

7.3.2 安装角

机翼安装角 ψ 是指机翼根弦与机身轴线间的夹角，如图 7-18 所示。

图 7-18 机翼安装角定义

机翼在机身上安装角的选择，主要使巡航时飞机处于最有利升阻比状态。对于大型运输机和轰炸机，要求巡航状态下机身轴线与气流方向一致，以减少机身阻力，其安装角一般在 2°～6° 之间。安装角不能选得过大，否则会引起很大的零升力矩，如图 7-19 所示。另外 ψ 并不等于零升迎角 α_0，安装角对零升迎角的影响见图 7-20。全机零升迎角需要对机身、平尾等升力影响因素综合考虑，机翼安装角仅是影响比较大的一个因素，一般 ψ 要小于 α_0。

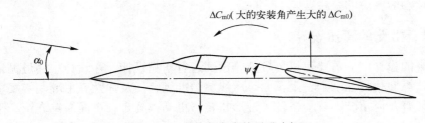

图 7-19 安装角产生的零升力矩

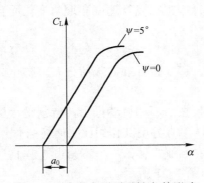

图 7-20 安装角对零升迎角的影响

7.4 翼型配置与弯扭设计

7.4.1 翼型的展向配置

1. 气动考虑

翼尖应具有相当高的最大升力系数及逐渐失速的特性，以防止翼尖区域首先失速和产生大的滚转力矩。

内段机翼剖面在襟翼放下时应具有高的最大升力。

对运输类飞机而言,希望在约 40%半展长处开始机翼失速。失速从根部发展到翼尖应该需要几度的迎角增量,这样可以防止整个机翼同时失速和防止副翼操纵突然失效。

2. 结构考虑

为了减轻机翼的结构重量,运输机根部翼型的厚度应具有良好的悬臂比。悬臂比的定义是机翼结构半展长与最大根部厚度之比。运输机悬臂比的最佳范围是 18～22。对于给定的梢根比,这意味着翼根相对厚度随展弦比成正比增大,当采用相对简单的后缘增升装置时,翼根相对厚度在 15%～20%之间能兼顾结构和气动两方面的要求,当相对厚度高于 20%时,剖面型阻增加,最大升力下降,使总的收益降低。

为了达到高的最大升力系数,翼尖剖面的相对厚度应在 10%～15%之间。这种相对厚度对于根部剖面减小时减轻结构重量也是有利的。

整个机翼的翼剖面后段应具有足够的厚度,以满足操纵面连接刚度的要求。

3. 系统和容积的考虑

机翼应具有足够的容积以满足油箱布置的要求。机翼内段应具有足够的厚度以满足起落架支柱和各系统的安排。

7.4.2 机翼的弯扭设计

在机翼的设计中,需要对机翼各部分剖面进行弯扭设计。在设计中需遵循最小诱导阻力准则、纵向稳定性准则、上翼面等压线图谱准则、计及弹性变形准则等要求。常见的弯扭设计有几何扭转、气动扭转、锥形扭转、机动襟翼等。下面简单介绍一下机动襟翼设计。

机动襟翼是一种能在飞行中根据飞行速度和迎角变化而自动调整偏角的前、后缘襟翼装置。

原理:前、后缘襟翼放下,相当于改变翼型弯度,恢复前缘吸力,翼表面压力向下转折而得到向前的推力分量,可以拉开展向载荷分布,防止或延缓大迎角的气流分离,增加升力,减小阻力。

作用:能提高升阻比、抖振边界和机动推力,特别是盘旋性能。减阻,主要是前缘襟翼,后缘仅及前缘的一半,二者并用其作用比二者各自作用之和小。

机动襟翼的使用马赫数在高亚声速,一半不超过 $Ma=1$。

F-5E 飞机的机动襟翼如图 7-21 所示。

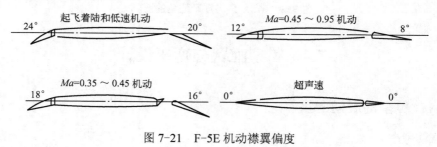

图 7-21　F-5E 机动襟翼偏度

7.4.3 翼根和翼梢的修形

在具体设计中，为了改善翼根和翼梢的结构特性和气动性能，需要对翼根和翼梢进行修形。包括加大翼根剖面弦长、增加内翼前缘后掠角、修改翼根剖面相对于机身轴线的安装角和翼根剖面外形、修改翼梢平面形状等。下面简单介绍一下翼梢小翼设计。

机翼的一个大问题就是翼尖绕流。由于机翼靠下翼面压力高于上翼面压力产生升力，翼尖作为机翼的尽头，下翼面的高压气流可以侧向绕过翼尖，向上翼面卷过来。这个"漏气"的通道不仅造成了升力损失，还形成拖在飞机后面的涡流。翼尖涡流就是飞行阻力的一个重要组成部分。增长机翼展长是减小其诱导阻力的最简单方法，但是这会增加翼根弯矩和结构重量。为此，需采用特殊的翼梢装置来减小机翼的诱导阻力，翼梢小翼就是一个解决方法。

如图 7-22 所示，翼梢小翼就是竖立在翼梢的小翼面，向上折起则形成上小翼，向下折起则形成下小翼。减阻的机理在于小翼本身所诱导的洗流能抵消机翼翼梢自由涡的强度，从而使机翼的诱导阻力下降。在气动上，翼梢小翼相当于延长了有效翼展，增加了升力，但翼梢小翼也带来了自身阻力和重量，还带来了翼面转接处的气动干扰阻力，二者之间的选取自然是增升和减重、减阻之间的权衡。翼梢小翼实际上也是有翼尖绕流的问题，不过扰流发生在翼梢小翼的顶尖而已，强度远远低于通常的翼尖绕流。翼梢小翼主要设计参数有布局、高度、平面形状、剖面、安装角和扭转角、外倾角等。

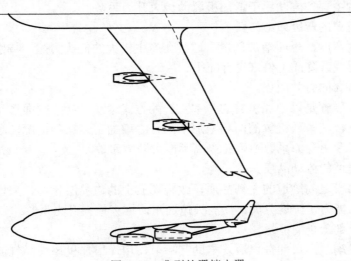

图 7-22　典型的翼梢小翼

第 8 章　增升装置设计

飞机机翼的气动力设计,一方面要考虑高速飞行和机动作战的要求;另一方面在起飞和着陆时,又要尽可能降低飞行速度,缩短滑跑距离,以最小的巡航性能损失来达到要求的场域性能,通常这意味着着陆时有高的最大升力系数,而起飞时不仅要求有高的最大升力系数,还要有高的升阻比。因此必须在原有机翼上采用各种活动面措施,即增升装置。

增升装置一般在低速时使用,属于低速空气动力学设计范畴,其设计状态一般取在 $Ma=0.15\sim0.20$,高度 $H=0km$。通常根据它们所处机翼上的位置而分为前缘增升装置和后缘增升装置。

8.1　增升装置的增升机理

有以下 4 种主要的方法用于增加机翼的最大升力系数。

(1)增加机翼的弯度效应。

增加机翼的弯度,也即增加环量,这时会产生较大的低头力矩,特别是在着陆进场时,这需要平尾或升降舵上偏来进行配平。

(2)增加机翼的有效面积。

大多数增升装置是以增加机翼的基本弦长的方式运动。在与剖面形状没有改变时相同的名义面积下,其有效机翼的面积增加了,升力增加了。这种情况,名义面积不变,相当于增加了零迎角升力系数,因此提高了最大升力系数。

(3)改善缝道的流动品质。

通过改善翼段之间缝道的流动品质,改善翼面上的边界层状态,来增强翼面边界层承受逆压梯度的能力,延迟分离,提高失速迎角,增大最大升力系数。

(4)增加外部流场的能量。

通过引出发动机出口部分气流,借助其喷射作用,增加机翼表面气流的能量,更有效地进行边界层控制或增加机翼环量,从而在更大程度上提高最大升力系数。这就是所谓的"动力增升"。

8.2　后缘增升装置

8.2.1　简单襟翼

简单襟翼(Plain Flap)的剖面外形见图 8-1。

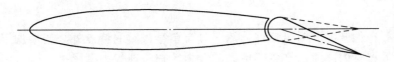

图 8-1　简单襟翼

这种襟翼主要是由弯度效应增加最大升力系数。但是由于流动很容易从产生吸力的一侧分离，尾迹并不稳定，在中等偏角下襟翼上就发生流动分离，所以最大升力并不可观，阻力却较高。尤其在着陆状态下不能提供足够的升力。

8.2.2　开裂襟翼

开裂襟翼（Split Flap）的剖面形状见图 8-2。

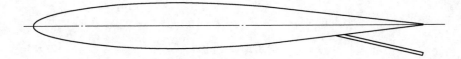

图 8-2　开裂襟翼

随着襟翼的偏转，机翼弯度增加，这时，在襟翼前部下翼面的压力增加，而襟翼与翼型固定部分之间形成低压区，并从后缘传到翼型的上表面，使上表面的吸力增加，增加了升力。在翼型后上部造成顺压梯度，从而推迟了后缘分离的发生，增大了最大升力系数。

8.2.3　单缝襟翼

单缝襟翼（Single Slotted Flap）的剖面形状见图 8-3。

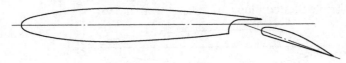

图 8-3　单缝襟翼

它的铰链轴略低于基本翼的弦线，利用襟翼偏转后机翼弯度加大，襟翼上新生边界层，使襟翼上的附着流能保持到很大的襟翼偏角，这种带缝的襟翼比简单襟翼能产生大得多的最大升力。

8.2.4　富勒襟翼

富勒襟翼（Fowler Flap）的剖面形状见图 8-4。

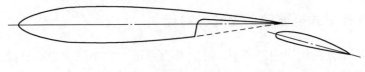

图 8-4　富勒襟翼

这种襟翼在偏转的同时又后退,除了具有单缝襟翼的特点外,还增加了几何弦长,因此增加了机翼有效面积,产生了更大的升力。它是现代大型民机广泛使用的一种后缘增升装置。

8.2.5　双缝襟翼

双缝襟翼(Double Slotted Flap)是单缝襟翼的发展,主要有两种形式,见图 8-5。

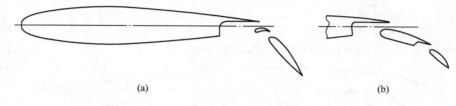

(a)　　　　　　　　　　　　　　　　　(b)

图 8-5　双缝襟翼

(1)带有导流片和主襟翼的双缝襟翼;

(2)带有主襟翼和后襟翼的双缝襟翼。

由于这两种双缝襟翼都能产生较大的增升效果,因此在现代大型民机上使用得较多。对于第一种双缝襟翼,在实际应用中,起飞时通常利用双缝襟翼的单缝状态,此时它的升阻比较大;着陆时,双缝襟翼全打开,并偏到最大角度,此时它的阻力最大,对减少滑跑距离有利。

8.2.6　三缝襟翼

三缝襟翼(Triple Slotted Flap)其剖面形状见图 8-6。

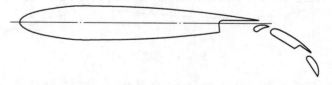

图 8-6　三缝襟翼

一般由主翼、导流片、主襟翼和后襟翼组成,它相当于在后一种双缝襟翼(图 8-5(b))之前又增设了一个导流片。这种襟翼由于缝道和机翼有效面积的增加,增升效果更好。但其结构复杂程度是可想而知的。因此,它的使用远不如单缝襟翼和双缝襟翼来得广泛。

8.2.7　各种形式襟翼的剖面升力对比

如图 8-7 所示,在相同的迎角下,最大升力系数的大小依次为多缝襟翼、富勒襟翼、单缝襟翼、开裂襟翼、简单襟翼。

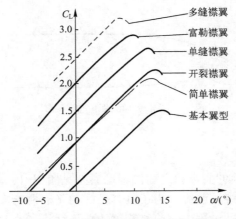

图 8-7　各种形式襟翼的剖面升力曲线

8.3　前缘增升装置

这里主要介绍目前飞机上常见到的几种机械式前缘增升装置。

8.3.1　前缘襟翼

前缘襟翼是指无缝道的简单式前缘襟翼（Plain Leading-edge Flap），见图 8-8。它与简单式后缘襟翼的形式有些相似。但是前缘襟翼下偏时，除襟翼与主翼段外，还有一个上表面的过渡曲面（或称关节段）。

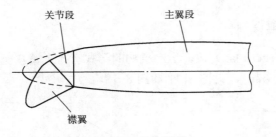

图 8-8　前缘襟翼

前缘襟翼下偏时，由于增加了头部附近的弯度而降低了吸力峰值，使得临界迎角有一个极大的增加，因此增加了最大升力系数。这种形式的增升装置是基于"紧靠前缘的压力分布决定了最大升力系数的增量"这一前提。

前缘襟翼的最佳偏角大约是 25°，更大的偏角会因弯曲过渡区（关节段）的吸力峰而引起分离。

8.3.2　机翼前缘下垂

机翼的前缘下垂（Dropped Leading-edge）的机理与前缘襟翼是相同的，如图 8-9 所示。不过，前缘下垂是固定的，不能随飞行状态的变化而改变外形。因此，它要受到其他飞行状态（如高速飞行）的限制而只能作较小的外形修改，又称为固定的前缘修形。

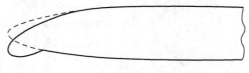

图 8-9　前缘下垂

8.3.3　前缘缝翼

前缘缝翼（Slat）是前伸到翼型之前的辅助翼型见图 8-10。它用以帮助气流在高升力状态平滑地（无分离）绕过前缘。为了具有良好的飞机性能，前缘缝翼必须是可收起或自动收放的。在整个飞行过程中，前缘缝翼随着飞行状态的改变而不断改变前缘缝翼的位置，使翼剖面的几何形状（弯度）不断调整，把飞机设计成在整个飞行范围内都具有最佳的机翼外形，在机翼上产生接近最佳状态的压力分布，从而使得飞机在各种状态下都能得到最佳的性能——这就是机翼的可变弯度概念。当前缘缝翼在空中随飞行速度和迎角自动收放时，属于机动襟翼。

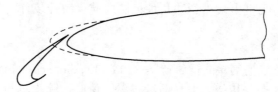

图 8-10　前缘缝翼

8.3.4　克鲁格襟翼

克鲁格襟翼（Krueger Flap）按其运动机构的形式有"上蒙皮延伸式克鲁格襟翼"和"沿前缘旋转式克鲁格襟翼"，见图 8-11 和图 8-12。

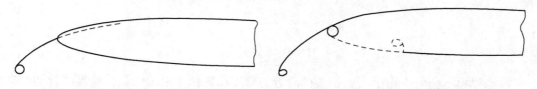

图 8-11　上蒙皮延伸式克鲁格襟翼　　　　图 8-12　沿前缘旋转式克鲁格襟翼

与前面提到的三种前缘增升装置相比，克鲁格襟翼有许多细节的变化。比如，它的前缘半径可以不受基本翼的约束，而设计得更大，对给定的前梁位置，它可以获得更大的面积延伸量。再如，它可以做成头部折叠型，甚至采用柔性壁板和一套变形机构，则可使襟翼本身能按飞行状态的需要而改变弯度，即所谓"可变弯度的克鲁格襟翼"（Variable Camber Krueger Flap）。这些都对最大升力系数产生很大的影响，因此，克鲁格襟翼给设计者提供了更多、更自由的选择。

8.4 动力增升

机械式增升装置的增升效果总有一定的限制。例如,过大的襟翼偏角,增加机翼的弯度,会引起气流分离;后退量过大,增加机翼的有效面积,会受到结构强度、刚度的限制。动力增升主要是为满足短距起落的飞机。短距起落一般指在 300m 的起落距离内飞越 15m 的障碍物。必然要求很低的起飞、进场和着陆速度,必须要求具备很大的最大升力系数。这是机械式增升装置无能为力的,只好借助于动力增升了。

8.4.1 边界层控制

边界层控制(BLC)主要是利用吹气或吸气的方法,来增加机翼表面边界层的能量,改变表面压力分布,延迟分离的发生。

防止流动分离最早的方法是:通过缝道从边界层将已减速的气流吸入机翼。它使主流从边界层外向下贴近翼壁。这种方法的机理如图 8-13(a)和(b)所示。从图(b)可见,吸气以后,边界层状态即可改善,完全可以恢复正常。吸气可以在机翼的前缘吸气,也可以在襟翼铰链轴处的开缝吸气。吸气的能量由专门的动力装置提供。

对于装有喷气发动机的飞机,用吹气边界层控制有明显的优点,这种吹气装置的高压空气可以直接用喷气发动机的压缩机提供。一股高速稀薄喷流,从平行于壁面的窄缝中吹出进入边界层,使壁面已减速的气流加速,消除了反流。因而避免了分离,见图 8-13(c)。常见的有内吹式襟翼、外吹式襟翼。

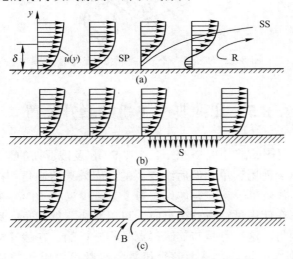

图 8-13 边界层分离与吹吸防止

(a) 边界层分离;(b) 吸气防止边界层分离;(c) 吹气防止边界层分离。

δ—边界层厚度;SP—分离点;SS—分离线;R—反流。

8.4.2 喷气襟翼

喷气襟翼就是在机翼后缘处的一个缝道中,吹出一股稀薄、高速喷流层造成超环量而产生升力增量,如图 8-14 所示。

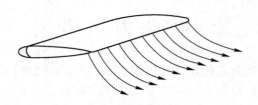

图 8-14　喷气襟翼

8.4.3　展向吹气技术

展向喷气射流对周围流体的引射作用，使来流产生一个附加扰动速度场，这种扰动速度使大后掠、尖前缘机翼上形成的前缘集中涡比无射流时自然形成的集中涡具有更大的轴向速度和涡量，从而使前缘涡的强度增大，破裂得到延迟，在大迎角情况下，增升效果十分可观。展向射流与前缘涡相互作用如图 8-15 所示。

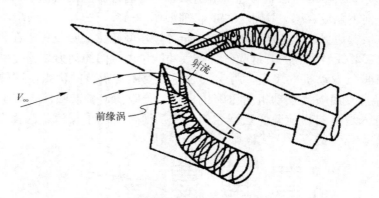

图 8-15　展向射流与前缘涡相互影响示意图

8.5　几种典型飞机的增升装置

在现役飞机上，美国的战斗机 F-5E、F-16、F-18 及俄罗斯的米格-29 等都将后缘襟翼与前缘机动襟翼组合使用。单独偏后缘襟翼的减阻效果随迎角和襟翼偏度的变化趋势与前缘襟翼类似，但其效果较差，大体只相当于前缘襟翼的 50%左右。后缘襟翼增加升力的作用比较明显，在使用后缘机动襟翼时，可以减少飞行迎角。后缘襟翼的减阻作用主要在于减小飞行迎角，这一点是与前缘襟翼是不一样的。在战斗机上有一种用扰流板或差动平尾来代替副翼的设计，从而整个机翼后缘都可以用于增升装置。这种设计在 F-111、苏-24、美洲虎、狂风和 F-14 上都可以看到。

前后缘襟翼的组合使用虽然提高了减阻能力，但并不等于二者减阻效果的叠加，与单独应用前缘襟翼相比，改善的幅度不太大。因为后缘襟翼减小了飞行迎角，因此也减小了前缘襟翼的减阻效果。此外，后缘襟翼下偏增大机翼环量，使气流更容易从前缘分离，也影响了前缘襟翼的减阻效果。是否采用后缘机动襟翼，需要综合考虑其对飞机性能的改善和操纵系统复杂性和增加重量的影响。

几种典型飞机的前、后缘增升装置形式见表 8-1。

表 8-1　几种典型飞机的增升装置

	机型	前缘增升装置	后缘增升装置
民用飞机	波音 707-320	简单式克鲁格襟翼	双缝襟翼 （固定式子翼+主襟翼）
	波音 727	前缘襟翼 （内侧：简单式克鲁格襟翼）	三缝襟翼
	波音 737	前缘缝翼 （内侧：头部折叠式克鲁格襟翼）	三缝襟翼
	波音 747	可变弯度克鲁格襟翼	三缝襟翼
	波音 757	前缘缝翼	双缝襟翼
	波音 767	前缘缝翼	内侧：双缝襟翼
			外侧：单缝襟翼
	波音 777	前缘缝翼	内侧：双缝襟翼
			外侧：单缝襟翼
	MD-80	前缘缝翼	双缝襟翼 （固定式子翼+主襟翼）
	A-300	前缘缝翼	双缝襟翼
	A-310	前缘缝翼	内侧：双缝襟翼 （铰链式子翼+主襟翼）
			外侧：单缝襟翼
	A-320	前缘缝翼	单缝襟翼
	A-321	前缘缝翼	内侧：双缝襟翼
			外侧：单缝襟翼
	A-330/340	前缘缝翼	单缝襟翼
军用飞机	F-4	前缘缝翼	简单吹气襟翼
	F-5	简单前缘襟翼	单缝襟翼
	F-14	前缘缝翼	单缝襟翼
	F-15	无，但往翼尖方向剖面弯度增加	简单襟翼
	F-16	前缘襟翼	简单襟翼 （无副翼，襟翼作为襟副翼使用）
	F-18	简单前缘襟翼	简单后缘襟翼
	F-104	简单前缘襟翼	简单后缘襟翼（着陆时吹气）
	幻影	无	简单襟翼（兼有副翼和升降舵功能）
	米格-21	无	单缝襟翼
	米格-25	无	简单襟翼

第 9 章　操纵面设计

飞机操纵面是用来保证飞机对三个轴的平衡与操纵，满足飞机平衡与机动性要求。操纵面设计的步骤，通常，首先是对参考机种操纵面统计分析，做初步的形式选择，然后做理论分析和相关的风洞试验，再做原型机的飞行试验。在此基础上，根据记录数据、驾驶员评语做修改设计，最终达到驾驶员满意的感觉和良好的飞行品质为止。

9.1　纵向操纵面

纵向操纵面的形式有多种。对于正常布局的军用战斗机，可以采用升降舵或全动平尾。但是对于机动要求高的战斗机，法向过载大于 8，当飞机从亚声速过渡到超声速时，焦点大幅度后移，纵向稳定力矩剧增，需要相当大的操纵力矩，来满足飞机机动要求，只能采用全动平尾。现代干线飞机上，通常采用带升降舵的可调水平安定面。三翼面布局的飞机使用鸭翼和全动平尾保证高机动性。对于无尾三角翼的超声速飞机，其纵向和横向操纵面在机翼后缘采用升降副翼来满足俯仰和滚转的机动操纵。

纵向操纵面设计和飞机重心前限的确定密切相关，主要考虑下述几方面。

（1）起飞和着陆的操纵。飞机在地面起飞滑跑阶段，对起飞构型，在最前重心位置，要求俯仰操纵面能产生足够的抬头力矩，使飞机在给定的滑跑速度下抬起前轮，达到起飞迎角。在着陆时要满足着陆配平的要求，并留有一定的操纵余量。

（2）达到飞行包线中的过载要求，特别是超声速机动能力。

（3）大迎角低头控制。飞机在低速大迎角飞行时，尤其是对于放宽静稳定度的战斗机，大迎角时的俯仰操纵控制能力的要求成为纵向操纵面设计的主要要求。

9.2　横向操纵面

横向操纵面主要有副翼、扰流板和差动平尾。表 9-1 给出了这三种操纵类型的比较。

对横向操纵面设计的一般要求有两个方面：一是平衡非对称飞行状态的能力；二是飞机的滚转性能要求。

（1）满足战斗任务要求的滚转性能。

飞机在作滚转机动时，需要的滚转能力与飞机类别有关。飞机的滚转性能用给定时间内滚转角的变化来表示。

（2）起飞和着陆的滚转能力。

在飞机起飞着陆时，为了保证操纵能力和飞行安全，飞机应有一定的滚转机动能力（特别是对舰载机）。

（3）平衡非对称飞行状态的横向操纵能力。

非对称飞行状态主要有不对称外挂装载，双发飞机的单发停车及侧风着陆，横向操纵面必须平衡因此产生的滚转力矩。

（4）失速和尾旋改出。要求飞机在失速或进入尾旋时，应有一定的横向操纵能力，以便从失速或尾旋中改出。

表 9-1　三种横向操纵面的比较

操纵类型	优点	缺点	克服缺点的方法
副翼	积累了丰富的经验；线性特性好，小迎角时偏航力矩小	在大后掠角/大迎角时效率低；大迎角有不利偏航；对襟翼可用的展长要减小	采用不同偏度，但在后掠翼上会产生抬头俯仰力矩；采用下垂副翼，但这会加剧不利偏航
扰流片	能采用全翼展襟翼；随襟翼下偏效率增加；对侧风着陆有利；可做减升装置	接近失速时效率损失，在大后掠角效率低；过分小的偏转角度无效；襟翼下偏小角度偏转会过分灵敏；在后掠翼上产生抬头力矩	采用前缘下垂或前缘缝翼；在扰流片上开孔；选择合适的展向位置
差动平尾	能采用全翼展襟翼；在大迎角保持较高效率；线性特性好；大迎角有利偏航加速滚转	对小后掠角大展弦比机翼效率不足；有利偏航大，在小迎角不利	方向舵交联

9.3　航向操纵面

飞机航向操纵通常采用方向舵。对特种用途的大型飞机，如机背驮运大尺寸货物的运输机以及机背上有圆环形天线的预警机，也采用双垂尾或多垂尾，操纵面仍然是方向舵。超声速飞机除采用带方向舵的垂直安定面外，考虑到航向稳定性和舵面效率随马赫数增加而大大下降，可以采用双垂尾或全动垂尾。

航向操纵面设计必须注意以下问题：

（1）侧风着陆。起飞着陆过程中，平衡侧风保持航向的能力是方向舵控制能力中最常应用的判据。

（2）临界发动机停车。要有平衡因非对称推力产生的偏航力矩的能力。特别是当起飞滑跑过程中，临界发动机突然停车，有可能使用气动力主操纵（即方向舵操纵）来恢复对飞机操纵，并使飞机保持直线轨迹，继续起飞或中断起飞。

（3）非对称外挂。此要求是在所有飞行条件下，方向舵都应具有平衡由机翼非对称外挂引起的偏航力矩和因副翼偏转而产生的偏航力矩的能力。特殊情况还要考虑非对称武器在机上发射时产生的偏航力矩。

（4）协调机动。在飞机作绕速度轴滚转时，方向舵必须具有平衡偏航力矩的能力。这一要求在低速大迎角状态尤为突出。

（5）超声速操纵效率。由于在超声速时方向舵效率总是下降的，因此应仔细选择方向舵的几何形状和尺寸，以保证飞机在超声速飞行的方向舵效率。若不满足，可采用带舵的双垂尾。

（6）尾旋改出要求。要求飞机在失速或进入尾旋时，应具有从失速或尾旋中改出的航向操纵能力。

第 10 章 机 身 设 计

10.1 机 身 主 体

10.1.1 机身主体的设计要求

（1）机载人员、货物。无论是民机还是军机，机身都是主要的装载部件，包括机组人员、乘客、商载货物，飞机的设备、装备、武器、弹药、动力装置和燃料等。

（2）连接各部件。机身是把飞机各部件连成整体的部件，包括机翼、尾翼、起落架、发动机等。所以，机身除了承受它自身的载荷外，还承受了其他与之连接的部件传递到机身上的载荷。

（3）气动阻力最小。机身产生的升力很小，但产生的零升阻力却很大。对民机，它占飞机零升阻力的 30%～40%，对战斗机还大，常在 50%～60%。原则是，首先要有尽量小的机身最大横截面积，因为超声速阻力大小与之呈正比。其次是表面浸润面积也应尽量小。另外就是外形有光滑的表面，凸出物少。当然，最终还是要用全机一体化的机身面积分布。

浸润面积：即飞机的外露表面积，可以看作是把飞机浸入水中会变湿的那部分面积，对摩擦阻力影响最大。

10.1.2 机身主体的几何参数

机身的几何参数有长度 l_F，直径 d_F，最大横截面积 A_F，如图 10-1 所示。

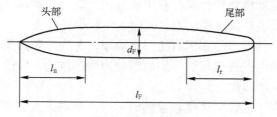

图 10-1　机身参数

经常使用长细比来表示：机身长细比 $\lambda_F=l_F/d_F$，头部长细比 $\lambda_n=l_n/d_F$，尾部长细比 $\lambda_r=l_r/d_F$。对截面不是圆形的机身，它的特征尺寸是最大宽度和最大高度。还常用机身的最大截面积决定的等效直径作为重要参数。

1. 机身截面积

机身的最大截面积及其面积是根据具体的装载要求确定的。但从气动要求则应尽量小。

机身的截面积形状为圆形为最有利。圆形保证在容积一定时机身表面积最小，因而摩擦阻力最小。如果布置条件不允许用圆形截面或者出于某些考虑用圆形截面不利时，也要尽量取近似于圆的截面或者采用圆弧来形成所要求的截面。

从飞机的静稳定性看，机身横截面为横椭圆对航向稳定有利，机身横截面为立椭圆对俯仰稳定性有利。

2. 机身长细比

对亚声速飞机主要从控制浸润面积考虑，对超声速飞机则长细比应大些。

10.2 机身头部

10.2.1 机身头部的设计要求

机身头部设计取决于使用要求，从气动上则应力求阻力小。

机头外形应尽量采用交弧或西亚斯-哈克（Sears-Haack，S-H）线性，少用直线，以减少超声速波阻。民机则用抛物线或对称翼型头旋转而成。

10.2.2 驾驶舱外形的设计

1. 外形对阻力的影响

战斗机座舱外形的设计影响飞机跨声速阻力和临界马赫数。从气动力看，设计应尽量减小座舱处的最大横截面积。但作战视线要求应该使驾驶员的肩高出舱口，因此舱盖横截面积减不下来。舱盖阻力将占全机超声速零升阻力系数的约 10%。

超声速飞机舱盖外形的关键是侧视图外形，即前部的倾角 γ 和后部的收缩角 β。如图 10-2 所示，对超声速战斗机 $\gamma=25°\sim30°$，$\beta=5°\sim10°$。

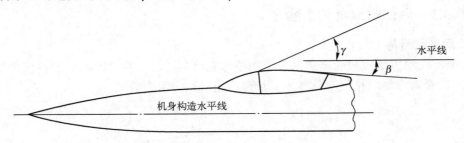

图 10-2　舱盖的前倾角 γ 和后收缩角 β

现在新一代飞机都用圆弧形风挡，头部长细比也较大，后部收缩角则应更小，俯视外形也尽量流线，这取决于结构。对亚声速民航飞机，则主要从视线要求，适当进行流线即可。

2. 驾驶员视野要求

为了满足驾驶舱视野条件的要求，现代飞机机身侧视图的特点是：机头的下部前伸。这个特点是各种大小的民用或军用飞机所通有的。如果取其中心线则有个向下偏角，或向下弯曲。

驾驶舱前视野必须保证飞机在各种状态具有足够的视界。一般以驾驶员眼位为参考点，军用规范对运输机和轰炸机前视界标准的要求是 17°，对战斗机和攻击机的要求是 11°～15°，在军用教练机上，教员坐在学员之后，要求后座越过前座椅顶上有 5° 视界，如图 10-3 所示。

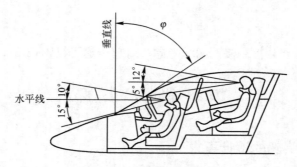

图 10-3 视野与座舱设计

民用运输机常需要有大的前视角，如 L-1011 三星飞机的前视角为 21°。

现代战斗机，由于采用细长机头，往往在 $\alpha > 45°$ 后，在无侧滑情况下有不对称机头涡，产生很大的侧力。由于此侧力距飞机重心远，所以会产生很大的偏航力矩，这个偏航力矩甚至会超过飞机可能提供的操纵修正力矩。随着前机身长细比的增大，前机身不对称涡会在更低的迎角下产生，并且涡的强度也会增强。这也是现代战斗机大迎角气动特性必须解决的问题之一。

10.3 机 身 后 体

10.3.1 后体收缩角和上翘角

1. 后体收缩角

影响尾段阻力最重要的是尾部收缩角或称船体角 β_F，如图 10-4 所示。该角最好在 12° 以内，否则容易引起气流分离，引起跨声速抖振和阻力增大。

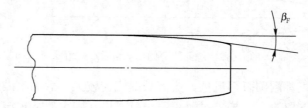

图 10-4 机身尾部收缩角 β_F

2. 后体上翘角

很多货机和军用运输机，在机身尾部有很大的舱门，带有可以下降到地面的货桥，能自动装卸货物和技术装备，而不需要使用地面设备。这些飞机的机身尾部的选型有两种发展趋向，原来的解决方法是使机身平的底部急剧地向上倾斜，以便在开口长度最小的情况下保证货物所要求的开口尺寸，并利用舱口盖的大部分作为装卸货桥。这种做法的缺点是增大了机身阻力约 15%。军用运输机，如美国洛克希德公司的 C-130、法国与德国联合研制的"协同"C-160 等飞机的机身尾部的形状都属此类。大多数近代飞机，如伊尔-76、C-141A 和 C-5A，为了减小气动阻力，加长了机身尾部并使其弯曲。结果它的下表面以最小角度向上倾斜，减小了阻力，但所需开口的长度增大了，如图 10-5 所示。

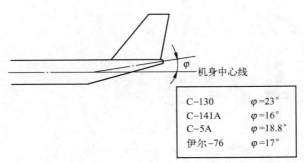

C-130	$\varphi=23°$
C-141A	$\varphi=16°$
C-5A	$\varphi=18.8°$
伊尔-76	$\varphi=17°$

图 10-5　机身尾部上翘

10.3.2　后体与喷管的综合设计

外露喷管与后体的阻力可能占全机总零升阻力的 45%～55%，甚至会更高。这种比例远超过它们的浸润面积占全机的比例。造成阻力增大主要来源于气流分离和相互干扰。不同的后体，不同的喷管形式，不同后体和喷管组合，双喷管的不同间距及其不同的整流形状，水平尾翼和垂直尾翼的不同位置等都会有不同的阻力增量，而且它们之间的影响是相互交错的，因此需要进行综合设计，设法减少阻力，获得尽量大的可用推力。

1. 喷管的布置

喷管相对机身后体有内置和外露两种形式。

1）内置喷管

机身后体包容喷管，如图 10-6 所示，这样就少了喷管这部分的浸润面积，对于固定面积的喷管，自然减小阻力。

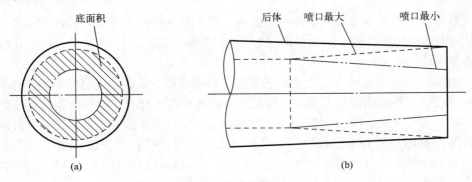

图 10-6　内置喷管

2）外露喷管

现代超声速战斗机，为适应大范围的马赫数和高度的不同飞行状态，喷口面积随不同的飞行状态而变化，当喷口面积为最大时，可以使喷口和后体最后切面大小相接近；当喷口面积收缩到最小状态时，就会形成很大的底面积，对双喷口面积会更大，使底阻猛增，甚至可以达到全机阻力的 30%。因此，现代超声速战斗机多采用外露喷管，如图 10-7 所示。

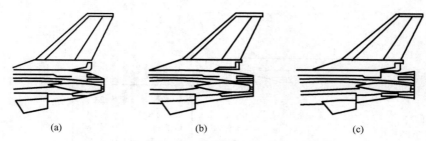

(a)   (b)   (c)

图 10-7　F-16 飞机的可调喷管（外露喷管）

(a) 巡航状态；(b) 加力燃烧；(c) 最佳状态。

3）光滑连接

机身、后体与喷管之间的连接应尽量融为一体，不要出现棱角和台阶，保证良好的流线，使外部气流不受阻碍地流过表面，如图 10-8 所示。

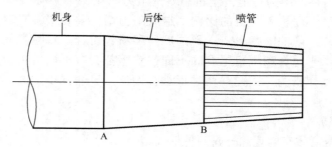

图 10-8　机身、后体与喷管之间的连接

2．双喷管的间距和整流

1）双喷管的间距

双喷管的间距是由发动机的间距决定的。双发动机间距是战斗机总体布局的一个重要参数，要综合考虑总体布局的各种因素，而双发喷管间距对后体/喷管性能的影响应是这些因素中的一个部分。

双喷管间距对后体/喷管阻力影响的量值，与喷管的形式、发动机的不同工作状态，还与双喷管中间整流的情况有关。一般说来，在亚声速飞行时，喷管间距增大，后体截面积也随之增大，对后体/喷管阻力是不利影响，但量值都不太大。在超声速飞行时，减少喷管间距有明显的好处，现役的一些超声速双发战斗机，其发动机多为窄间距的。F-14A 为了能安排机身下的外挂物，采用宽间距，但也为此付出较大超声速阻力的代价。

研究发动机间距的影响，不仅要从后体/喷管对阻力影响角度看，还应考虑安装推力损失，最终有实际意义的是要得到最大剩余推力值（推力减阻力的值）。

84

2）双喷管的整流

在双喷口之间存在着底部面积，所以需要整流。适当的整流方案可以显著地降低阻力。

图 10-9 给出不同整流对阻力的影响。图 10-9（a）是未加整流的，其阻力增量可占全机零升阻力的 50%左右。而图 10-9（e）是良好整流的，只占 2%左右。

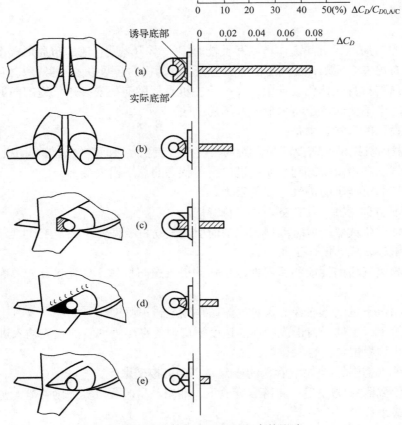

图 10-9　喷管间底面积对阻力的影响

整流设计要求是：

（1）尽量减小底部面积，改善气流流动，减小气流分离，使喷管表面压力得到恢复，从而减小阻力。

（2）整流体应结束在喷口之前，整流体应无底部面积。

（3）如果采用楔形整流，水平楔形比垂直楔形好。如果用收缩性整流，椭圆形中间整流最好。

3）喷管与尾翼的相互影响

当水平尾翼、垂直尾翼布置在喷管附近时，尾翼对后体/喷管阻力的影响是不容忽略的。一般来说，双垂尾比单垂尾干扰阻力大。而双垂尾正好安排在喷管外侧干扰阻力最大，如果水平尾翼安排在此处，则必须要尾撑，尾撑的设计也是很重要的。一般平尾和垂尾前后错开安排，干扰阻力较小。

当然，喷流对尾翼表面压力分布也有影响，如果出现激波分离，还可能影响飞机安全。

第 11 章　进气道布局形式

进气道的布局形式对其工作环境和性能有很大影响。进气道的布局形式主要取决于飞机的总体布局综合要求、飞机的性能和使命、发动机的台数以及隐身等其他特殊要求。虽然在进气道与机身一体化设计中存在一个在机身周围何处安装进气道的问题，但是并不存在一种固定不变的评定布局形式好坏的办法。

进气道设计的基本要求是：

（1）向发动机提供所需要的稳定而均匀的空气流量，保证进气道与发动机良好匹配。

（2）空气从自由流状态到发动机进口所需状态的总压损失最小。

（3）均有尽可能小的进气道安装阻力。

（4）对于隐身飞机应具有良好的隐身特性。

（5）必须避免武器发射时因气流扰动而引起发动机喘振和不稳定工作。

（6）重量轻、成本低、工作可靠。

为了提高进气道的性能和适用性，最佳的进气道与机体一体化设计应具有下列特定的目标：

（1）将相对于进气道前缘的入射气流倾角减至最小程度。

（2）以等于或者低于自由流状态的速度把均匀的高压力恢复的气流输入进气道。

（3）防止边界层进入进气道。

（4）把外来物损坏/热燃气吞入的概率减小到可接受水平。

（5）要使武器悬挂/发射、起落装置放下、油箱、吊舱或者其他硬件等对流场干扰的可能性减至最小程度。

同样，进气道与机体的一体化设计也应该使其对升力面、起落装置、航空电子设备的设计/适用性，或者说这些分系统怎样与飞机结构集成等问题，可能产生的任何不利影响减至最小程度。

11.1　超声速战斗机进气道的布局形式

现代超声速战斗机要求能在亚声速、跨声速和超声速状态下进行机动，并且具有良好的亚声速巡航效率。进气道在飞机上的布局及所采用的形式对飞机的性能和使用影响很大，因此，在进行飞机总体气动布局和进气道设计时，对发动机进气道与机体进行恰当的一体化设计已成为高性能战斗机设计的一个关键性问题。进气道与机体一体化设计不仅必须提供高的压力恢复，以保持所希望的推力水平，而且还必须使其出口流场畸变小，以保证发动机的工作稳定。对飞机总体性能的影响方面还必须要考虑外部阻力和隐身要求（低的雷达散射截面积），另外还必须避免影响其他任何分系统的设计和性能。

现代超声速战斗机的进气道布局形式多种多样，主要有机头进气、机身侧面进气、机身腹部进气、机身背部进气和机翼边条下进气等形式。

11.1.1 机头进气形式

机头进气布局形式在早期的超声速战斗机上采用过，如苏联的米格-21 系列飞机、我国的歼-8 原型战斗机和英国的 F1"闪电"战斗机。其优点是进口流场不受机体干扰，因此其进口流场均匀，进气道设计比较简单；小机动范围内的进气道性能和出口流场比较好；受武器发射的影响也比较小。其主要缺点是进气道占用了大部分前机身容积，影响机载雷达、电子设备和其他设备的安置和使用；不能充分利用机体的有利屏蔽作用，大迎角特性差。因此，现代超声速高性能战斗机已不采用这种进气形式。机头进气形式通常采用轴对称进气道，见图 11-1。

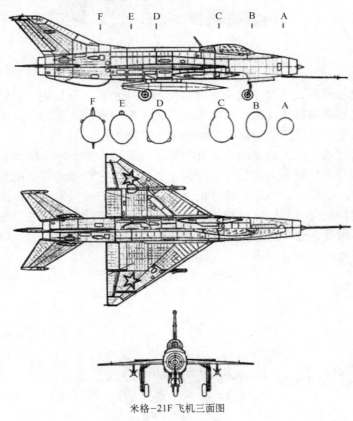

米格-21F 飞机三面图

图 11-1　机头进气布局形式

11.1.2 机身侧面进气形式

机身侧面进气布局形式可以采用轴对称的半锥形进气道，如美国的 F-104 系列战斗机和法国的"幻影"系列战斗机；也可采用二维进气道。二维进气道还可以有压缩面靠机身侧面或者压缩面在进口上部水平放置两种形式。我国的歼-8 II、苏联的米格-23 和美国的 F-4 等战斗机采用压缩面靠机身侧面的二维进气道；美国的 F-14、F-15 战斗机和A-5A 强击机，以及苏联的米格-25、米格-31 等战斗机采用压缩面在进口上部水平放置的二维两侧进气道。图 11-2 示出了 F-4C 机身侧面进气道布局形式。

图 11-2　F-4C 飞机机身侧面进气布局

这种进气道布局形式克服了机头进气布局形式的缺点，但其进气道的迎角特性和背风一侧进气道的侧滑角特性比机头进气形式差。压缩面水平放置的二维两侧进气道其大迎角特性虽然尚可，但是其负迎角特性和侧滑角特性仍差。

前机身形状对进气道入口平面流场环境的品质有很大的影响，特别是前机身下部形状和曲率，因为当飞行器在大迎角和侧滑角下飞行时，它们影响着由机身产生的并进入进气道的上洗流。法国的"阵风"战斗机采用机身侧下方进气形式。在进口附近，机身上部变得扁而宽，机身下部则比较窄，机身剖面呈"猴子脸"形，进气道就置于"猴子脸"侧下方的两腮处。进气道不可调，进气口近似半圆形（图 11-3）。从图 11-3 中可以看出"阵风"战斗机进气道的布局形式特点。

图 11-3　法国"阵风"战斗机进气道位置示意图

11.1.3　机身腹部进气形式

机身腹部进气形式的典型代表是美国的 F-16 战斗机，其进口形状呈橘瓣形，进口上部外形曲率与当地机身下部外形的曲率保持一致，称为保形进气口，见图 11-4。F-16 进气道是简单的固定几何形状正激波进气道，位于机身下侧距机头 3.9m 处，这种位置安排可以保证在机动飞行包线内所有迎角 α 和侧滑角 β 组合情况下提供较均匀的流场，并且利用机头的屏蔽作用来提高机动性，使亚声速时压力恢复直至 30° 迎角仍不会恶化，并可稳定工作于 40° 迎角；在超声速时压力恢复将随迎角增大而提高。其侧滑角特性也比机身侧面进气形式好。

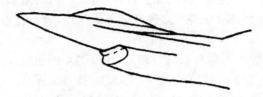

图 11-4　F-16 战斗机腹部进气布局形式

美国罗克韦尔国际公司与德国 MBB 公司联合研制的"增强战斗机机动性验证机"X-31A 也是采用机身腹部进气形式，采用鸭式布局，进气口位于座舱下方，进口呈长方形，后接单发动机。进气道有一个可移动的下唇，它大大减少了大迎角时的畸变，X-31A 主要用于验证过失速机动性概念，可以一直飞到 70° 的迎角，并具有快速机头指向和射击的能力。图 11-5 是 X-31A 验证机进气形式示意图。

图 11-5　X-31A 验证机机身腹部进气形式

英国、德国、意大利和西班牙四国共同研制的欧洲战斗机（EFA）采用两台双轴涡轮风扇发动机，进气道也是机身腹部进气形式，进气道在座舱下方，呈弯曲形固定几何形状矩形进口。进口弯曲是为了减少雷达散射面积。从进口开始就用隔板分成两个通道，见图 11-6。

图 11-6　欧洲战斗机（EFA）的进气形式

11.1.4　机身背部进气形式

将进气道安置在机身背部可以大大降低进气道的雷达散射面积，有利于飞机的隐身性能。由于隔离了进气道和武器，因而消除了武器发射时进气道与发动机的匹配问题。这种布局形式也大大减少了起飞着陆时外来物吸入进气道的危险。但是采用机背进气时，从座舱盖泻下来的尾流会进入进气道；飞机在超声速有迎角飞行时，气流绕前机身或机翼作超声速膨胀，使进气道进口流场上的马赫数增大，从而增加进口气流的激波损失；另外，迎角飞行时机身上部的分离气流也会进入进气道，对进气道的性能和发动机的工作稳定性很不利。

美国的 F-107A 试验机采用背部进气布局。F-107A 试验机在试飞过程中曾由于机身背部分离气流进入进气道造成发动机喘振，喘振时强烈的锤激波使进气道管道结构多处裂纹。由于采用背部进气布局形式的失利，一时又找不到有效的解决办法，F-107A 试验机最终中途夭折。

以后的研究表明，可以采用边条来防止机身侧面的边界层进入进气道。由边条产生的旋涡会把这些边界层气流卷走，并且从进气道正前方吸走一些从座舱盖和机身下来的低能气流。但是边条的几何形状要仔细设计，以防止在大侧滑角时边条产生的旋涡被进气道吸进去。到目前为止的研究表明，背部进气道在亚声速和跨声速范围内尚有可比的性能。

11.1.5　机翼边条下的进气形式

近代战斗机为了提高升力系数和改善大迎角性能，往往采用机翼翼根前缘边条，相应地，也往往把进气道布置在机翼边条下，甚至布置在机翼边条和机身连接处的"腋窝"位置，这在气动力上变得非常复杂。利用边条的屏蔽作用，可以使进气道在有迎角时保持良好的性能。但是要在整个飞行包线内都能很好地工作，必须对边条形状、边条和机身结合处的泄除边界层的缝隙和边界层隔道等进行仔细研究。

美国的 F-18 战斗机就是采用这种进气道布局形式（见图 11-7）。F-18 的进气道是一种单斜板外压式固定几何形状进气道，进口呈 D 形，位于机翼前缘边条之下机身头部之后 7.62m 的机身侧面处。进口离机身大约 0.13m，以避免机身边界层进入。唇口圆钝而且下部唇口向后斜切，以使亚声速大机动飞行时进气道畸变降低到最低程度。超声速飞行时，由机翼前缘边条进行预压缩，然后再通过一个 5° 单级压缩斜板产生的斜激波和一道结尾正激波进行压缩。斜板上有边界层抽吸孔以使激波—边界层干扰减至最小程度。

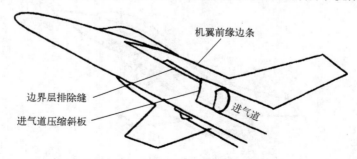

图 11-7　F-18 战斗机进气道布局形式示意图

美国的 F-111 战斗轰炸机采用可变后掠翼，机翼后掠角变化范围为 16°～72.5°，当活动外翼的后掠角小于 72.5°时，固定内翼部分就像是翼根前缘边条，其进气道就安置在固定内翼与机身连接的"腋窝"处。进气道进口外罩是四分之一圆，中心体是四分之一圆锥体，中心锥可前后移动，锥角也可调，并设有边界层隔板和扰流装置。图 11-8 是 F-111E 战斗轰炸机的进气道布局形式，图 11-9 是其进气道剖面形状示意图。

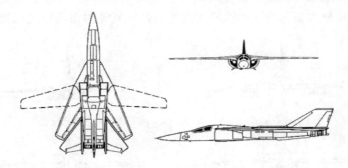

图 11-8　F-111E 战斗轰炸机的进气道布局形式

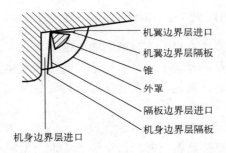

图 11-9　F-111E 战斗轰炸机进气道剖面形状示意图

苏联的米格-29 和苏-27 战斗机也都采用机翼边条下进气布局形式，进气道形式都是二维、压缩面在上部水平放置的可调进气道。图 11-10 是苏-27 战斗机的进气道布局形式示意图。这样布置可保证进气道在飞机迎角增大到最大值时具有高的特性，但是在负迎角下（特别是在 $Ma>1.7$ 时）难以达到满意的特性。为了排除机翼边条边界层对进气道工作的影响，压缩面与机翼边条之间形成 52mm 高度的隔道，隔道楔板的最大总角度为 39°，但是其顶部角只有 14°。

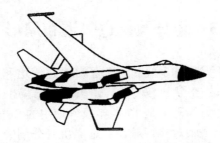

图 11-10　苏-27 战斗机的进气道布局形式

11.2 超声速运输机（轰炸机）进气道的布局形式

大型超声速运输机（轰炸机）一般都需要两台以上发动机，且发动机进气道都以短舱形式布置在机翼下。进气道有二维进气道和轴对称进气道两种，都是几何形状可变的，使各种状态下进气道性能都处于最佳值。

图 11-11 是 4 种大型超声速运输机（轰炸机）进气道的布局形式示意图。

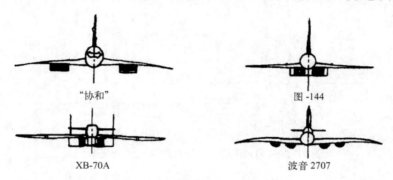

图 11-11 超声速运输机（轰炸机）进气道的布局形式

英国和法国合作研制的"协和"超声速运输机装用 4 台发动机，每两台发动机组成一个短舱，两个短舱分别对称地置于两边机翼下。每个短舱中两台发动机都有各自独立的进气道并排靠在一起。进气道是二维混合压缩式可调进气道，压缩面在上部靠近机翼下表面，水平放置。

苏联的图-144 超声速运输机也装用 4 台发动机，每两台发动机组成一个短舱，两个短舱很靠近，对称地置于中部机翼下方。每个短舱中两台发动机都有各自独立的进气道并排靠在一起。进气道也是二维可调、压缩面在上部水平放置。

美国曾经研制过的波音 2707 超声速运输机装用 4 台发动机，每台发动机组成一个独立的短舱，4 个短舱对称地分布在两边机翼下。采用轴对称超声速可调进气道。

美国的 XB-70A 超声速战略轰炸机采用 6 台发动机，6 台发动机并排组成一个短舱置于中部机翼下。采用二维可调超声速进气道，巨大的矩形进口被飞机对称面分为对称的两半，每侧进气道向 3 台发动机供气。两个进气道的楔形压缩面对称地垂直放置在飞机对称面两侧。

11.3 隐身飞机进气道布局形式

当前世界各国都致力于发展隐身飞机，为了减少进气道和整机的雷达散射面积，进气道和机体高度融合，进气道形状比较特殊，进气道的布局也花样翻新，不拘一格。

美国最早的具有隐身能力的飞机是 1966 年投入使用的 SR-71 高空高速战略侦察机，它的两台发动机各自形成一个轴对称短舱，并远离机身分别置于两边机翼的中段上。进气道是轴对称的，中心锥体压缩面按等熵压缩设计。图 11-12 是 SR-71 的进气道布局示意图。

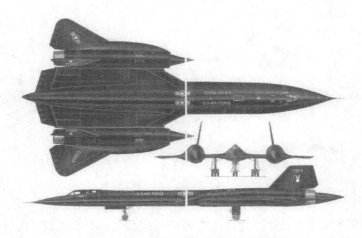

图 11-12　SR-71 战略侦察机进气道布局形式

美国在 1989 年入侵巴拿马时首先使用、继而在 1991 年的海湾战争中大显身手的 F-117A 攻击机是一种具有高度隐身能力的飞机，据称该飞机的整机雷达散射面积（RCS）只有 0.001m²。F-117A 的外形很奇特，是一种多平面多角体结构，同时采用了大量的吸波和透波材料。在发动机进排气系统方面也采取了很多措施。进气道置于机身两侧、机翼的上方，进气口呈斜置的平行四边形，几何形状不可调。图 11-13 是 F-117 飞机的三面图，图中可以清楚地显示出进气道的布局形式特点。

图 11-13　F-117 隐身攻击机三面图

1991 年 4 月，美国新研制的先进战术战斗机 F-22 被美国空军选中为 F-15 的后继机种，并作为 21 世纪初美国空军的主力战斗机。F-22 具有良好的隐身性能，其进气道置于前机身两侧，进气道外罩和内管道的上部外表面向后与机翼根部和机身融为一体，好像机翼翼根前缘的前伸边条。采用固定几何形状进气道，进气口呈斜置的平行四边形，外罩前缘后掠，见图 11-14。

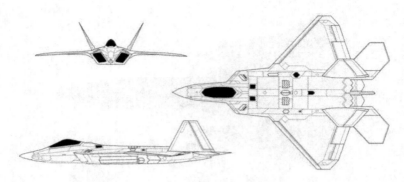

图 11-14　F-22 战斗机三面图

　　F-22 战斗机进气道的设计特点是高性能低可探测性，不用机翼屏蔽就具有良好的大迎角性能。所选用的扩散段能 100%地遮蔽雷达波，而且无内部气流分离；在机动和减速飞行时可避免进气道喘振；在负迎角时能承受前体涡发散。

　　B-2 是美国 1981 年开始研制的先进技术轰炸机（ATB），它是一种隐身战略轰炸机，用于执行突防战略轰炸任务。B-2 轰炸机采用飞翼布局，装 4 台涡轮风扇发动机，每两台一组分别置于机翼上部紧靠机身两侧的连接处，是一种机翼上部进气形式，非常有利于进气道隐身，其外形图见图 11-15。

图 11-15　美国 B-2 隐身战略轰炸机

第 12 章　战斗机的先进气动力设计

近 20 年来国内外为了进一步提高新一代战斗机的性能（既有好的过失速机动能力，又有超声速巡航能力及低的雷达、红外等特征信号强度（低可探性）），采用了复合机翼平面形状（边条翼）、翼身融合体、近距耦合鸭翼、三翼面等综合气动布局方案的设计原则。新一代战斗机都采用了主动控制技术，可以不同程度地放宽静稳定性，因此对其力矩特性的要求不像过去那样严格。

军用战斗机的气动布局形式是保证其具有良好作战性能的重要因素之一（还有发动机、武器及火控），也是提高生命力的重要保证。新一代飞机的出现都是与其具有新的气动力措施、先进的气动布局形式分不开的。如 F-16 的边条翼布局、法国"阵风"的鸭式布局、F-22 的菱形翼倾斜双垂尾布局等。具有良好的气动布局外形的飞机通过不断地更新发动机和机载设备，可使其服役期延长几十年，如 F-15、米格-21 等。因此，在飞机的设计中，气动布局设计，尤其是先进气动布局设计占有极其重要的地位。

12.1　新一代战斗机气动布局的设计要求

对于第三代先进战斗机，主要强调要具有高机动性能。高机动格斗能力的标志之一是瞬时盘旋率的提高，它为全向攻击及机头快速指向提供保证。要使飞机具有高的机动性，必须提高飞机的最大升力系数（C_{Lmax}），这是先进气动布局设计的基本要求，最大升力受到限制的根本原因是飞机在大迎角时的气流分离，如何改善或控制飞机大迎角气流分离就成为先进气动布局首先要解决的问题。

其次，在最大升力所对应的迎角范围内，飞机的纵横向气动特性还应是稳定的，即飞机是可操纵和控制的，否则不能作战。对于静不稳定飞机，为防止在大迎角飞行时上仰发散失控，要求飞机在达到最大升力迎角附近时具有恢复到平衡状态的能力，即在极限迎角范围内能产生足够的低头俯仰力矩或低头俯仰加速度。对横航向特性来说，为保证飞机在大迎角时做高机动动作，要求飞机具有足够的航向和横向稳定性。

此外，对于先进气动布局设计来说，除上述的亚声速要求外，还应保证飞机具有良好的超声速性能，包括具有小的超声速阻力及高的升阻比，以实现超声速机动。要具有短距起落能力（$L \leqslant 500\text{m}$），则应有高效率的增升装置。

对于第四代战斗机，除强调具有高的机动性外，还要求具有超声速巡航能力、高的敏捷性以及好的隐身性能。这对气动布局设计提出了新的要求，即：在外形设计中不仅要保证具有良好的气动特性，还要兼顾其具有好的隐身特性，这对先进气动布局的设计又提出了新的更高要求。

（1）要实现长时间的超声速巡航，除对发动机要求外，对气动布局设计要求有低的超声速波阻及高的升阻比。

（2）为减小飞机的雷达散射面积，对飞机的外形设计提出新的要求，如消除能够成角反射器的外形布局，采用的措施包括：翼身融合体，倾斜的双垂尾，保形或全埋外挂等；变后向散射为非后向散射，采用 S 形弯曲进气道；全部棱边都安排在少数几个非重要的照射方向上去，如机翼、尾翼的前后缘彼此平行（如 F-22），菱形翼等。

（3）高敏捷性要求飞机有以很快的速率从一种机动状态改变到另一种机动状态的能力。过失速机动是高敏捷性中的一种表现形式，这要求飞机在失速迎角以后仍是可操纵，舵面仍有效，为此，必须采用推力矢量技术。

12.2　新一代战斗机的机翼设计

以突出中低空机动性为主要设计目标的当代第三代战斗机，所采用的先进气动布局形式有以 F-16、米格-29 为代表的正常式边条翼布局，以 JAS39、"阵风"为代表的近耦合鸭式布局，以苏-35 为代表的三翼面布局。它们的共同特点都是利用主翼前方的气动面（边条或鸭翼）产生的脱体涡流，来改善大迎角时的机翼流场，产生高的非线性涡升力，推迟失速迎角，提高最大升力和降低诱导阻力。

12.2.1　边条翼

所谓边条机翼是指一种特定的混合平面形状机翼，分别由翼根边条和基本翼组成。翼根边条为大后掠的细长三角翼，基本翼为中等展弦比和中等后掠角的切尖三角翼。在低亚声速时，基本翼提供较大的升阻比，弥补了边条气动效率低的欠缺；在超声速时，边条相对厚度小，后掠角大，使激波强度大为减弱，具有小的波阻。更重要的是在低速大迎角时由边条前缘产生的强涡控制了基本翼的分离，并诱导附加的涡升力，提高了整个边条翼的大迎角气动特性。因此边条翼实际上是用混合平面形状来协调低亚声速与超声速的矛盾，具有线性气动特性机翼与非线性气动特性机翼的组合特性，其流型属于混合流型。美国的 F-16、F-18，俄罗斯的苏-27、米格-29 等都采用了边条翼布局。

1. 边条参数的选择

1）边条后掠角 Λ_{LE}

设计边条就是为了产生稳定的前缘涡系。在低、亚声速区，为使边条在大迎角下具有稳定的前缘涡，必须有足够大的前缘后掠角 Λ_{LE}。试验表明，后掠角 Λ_{LE} 小于 35° 基本上无涡升力产生，只有当 $\Lambda_{LE}>50°$ 以后才能在较大迎角范围内产生涡升力，而在 $\Lambda_{LE}>55°$ 以后才有较强的涡形成。边条翼的试验及流态观察表明，边条前缘后掠角 $\Lambda_{LE}\geqslant70°$ 以上前缘涡才比较稳定，$\Lambda_{LE}<70°$ 时前缘涡不够稳定。因此，从形成稳定涡或提高涡破裂迎角方面考虑，要求设计的边条前缘后掠角大于 70° 以上为好。

非对称涡出现的后掠角大约在 76°，非对称涡产生的旋涡在尾缘破裂的迎角之前。这种涡的不对称会引起翼面上左右两侧的升力不对称，从而引起滚转力矩，造成机翼的摇晃（Wing Rock）。从这点考虑，边条前缘后掠角不应大于 76°。

综上所述，边条的前缘后掠角应选在 70°～75° 之间为好。F-16 的边条为 75°，苏-27 的边条为 80°/70°（S 形），米格-29 边条为 70°。当然，如果出于结构和进气道设计考虑，边条前缘后掠角也可小些，如 F-22 等，但应大于 55°。

这里提出了涡和涡升力的概念，下面简要阐述一下。

涡（Vortice）是一种紊流，是流体流动不稳定性达到临界值以后的一种运动形式，流速快，表现为运动黏度大增。

涡升力：利用涡流发生器，人为地制造涡流，并使其流过机翼上表面，而获得的升力。涡流中的空气是螺旋前进的，在相同的时间内，如果和平直的气流一样流过相同的距离，则涡流中的气流流经的路程更长，也就是说，涡流中的气体流速更高，根据伯努利定理，流体在一个管道中流动时，流速大的地方压力小，流速小的地方压力大。涡流的流速高，则压力比其他流经机翼上表面的气流更小，机翼可以获得更高的升力。

如果不考虑空气的黏性，还会有涡产生吗？黏性是分子运动的一种体现，不考虑黏度，不仅涡升力没了，升力也没了。

2）边条面积及其展向位置

为方便起见，研究边条面积的影响时，采用边条本身面积（S_S）与基本翼外露面积（S_W）的比值 K_S 作为参数。图 12-1 中给出不同对升力的影响的曲线，图中基本翼为 44°后掠角，边条展向位置不变，仅变弦长（相应的前缘后掠角也变）。

从图 12-1 中可以看出，当不加边条 $K_S=0$ 时，升力与失速迎角都较低。当 $K_S=0.27$ 时，$\alpha=28°$，升力增加一倍，单位面积增升效率为基本翼的 3 倍，失速迎角从 14°增加到 28°。保持展长不变，通过增加边条前缘后掠角来加大面积，则边条涡更强更稳定，边条上受涡影响区增加，对主翼的控制作用加强。如后掠角不变，靠增加边条展向加大面积，一方面边条本身受涡流作用的区域加大，另一方面对主翼的控制区加大。

图 12-2 是边条面积对边条翼力矩特性的影响。边条面积增大，俯仰力矩非线性增加，焦点前移量大。边条位于机翼前面，本身受前缘涡的作用产生很大的升力，造成压心前移。边条使全机焦点前移是选边条面积时的主要限制因素，边条面积太大将使力矩特性不可接受。

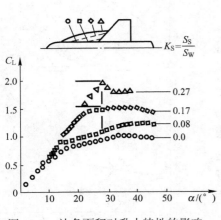

图 12-1　边条面积对升力特性的影响

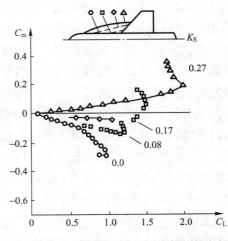

图 12-2　边条面积对力矩特性的影响

边条面积对阻力的影响：边条面积越大，使诱导阻力减少得越多。综合升力和阻力特性结果可以看出，增大边条面积可以提高大迎角的升阻比。

总之，在设计边条面积时亦不能太大（受力矩特性限制），也不能过小（边条作用发挥不出来），一般 $0.05 < K_S < 0.1$ 为好。此外，增加面积应以增加弦向为主，展向为辅。

3）边条形状的选择

选择边条前缘形状的主要原则是增大涡破裂迎角，即提高大迎角特性。选择的边条形状应能促进边条涡的稳定性。从理论分析可知，为得到稳定的前缘涡，应让涡量沿前缘向下游逐渐增强，沿前缘的吸力逐渐增强。在拱形、直三角形和 S 形三种边条中，拱形边条的前缘吸力分布最好，失速迎角最大，失速后升力变化平滑，但力矩特性在失速迎角后不理想。S 形边条虽然失速迎角小一些，但是力矩特性好，升阻比也高。直线边条的升力特性不如拱形，且力矩特性最差。

综上所述，对边条的形状，采用曲线前缘比用直线前缘为好，从最大升力系数及过失速特性考虑，选择拱形为好。如希望升阻比大些，力矩特性好些，则选 S 形边条为好，如 F-16 及苏-27 边条形状。一般不选三角形直前缘边条。为使边条涡更强和稳定，边条的前缘剖面形状应设计尖劈形而不采用钝圆前缘。

4）边条弯度的选择

计算和试验表明，如果细长翼的前缘弯扭设计得合适，可以使前缘吸力恢复 70% 以上。因此，对细长的边条可以采用适当的弯扭，即使在超声速下，它通常也是处在亚声速的状态下工作，因此边条带弯扭总可以有效产生前缘吸力，相应的诱导阻力减小。当然，弯扭会增加超声速波阻，这要综合亚、超声速要求进行合理的选取。

2. 基本翼参数的选择

设计基本翼的原则是保证亚声速和小迎角的气动特性，即提供大的升力和升阻比；充分利用边条的前缘涡来控制基本翼的流动状态，产生有利的气动干扰作用。

1）基本翼前缘后掠角的选择

基本翼的后掠角既不能太大，也不宜过小，一般在 38°～44°之间。

边条在大迎角时起主要作用，中小迎角主要靠基本翼，而中等后掠角的机翼升力特性较好，大迎角虽然发生分离，但是通过边条的前缘涡作用可控制和推迟分离。如基本翼后掠角选得较大，中、小迎角升力特性不好，大迎角下本身也产生较强的前缘涡，边条对这种基本翼不能充分发挥作用。如果基本翼后掠角太小，基本翼上只形成分离气泡，边条涡很难控制它，大迎角特性不好，从前文可以看出，后掠角 $\Lambda_{LE} < 35°$ 基本上无涡升力产生，只有当 $\Lambda_{LE} > 50°$ 以后才能在较大迎角范围内产生涡升力。图 12-3 给出基本翼后掠角变化对最大升力的影响

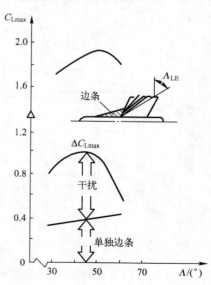

图 12-3　基本翼后掠角最佳值

曲线。试验条件是保持边条形状不变，边条与基本翼的面积比不变，改变基本翼的后掠角，测最大升力变化值。从图中看出，当基本翼 $\varLambda_{LE}=44°$ 时，边条的增升效果 ΔC_{Lmax} 最大。苏-27 的基本翼即为该值。

2）基本翼展弦比的选择

基于上述理由，基本翼的展弦比也应选择中等值，既不能太大，也不能太小，一般应在展弦比 $A=2.8\sim3.5$ 之间为好。

如选用展弦比 A 在 4 以上，边条涡很难控制基本翼上的大部分流动，因边条展向很短，控制区有限。如选用小展弦比的基本翼，它本身变得又细又长，亚声速特性很难满足。

3）基本翼翼梢的选择

三角形的基本翼不可取。因这时翼尖为一个尖点，气流容易分离，根梢比太大也如此。为改善根梢处的流动，一般取中等根梢比的切尖三角翼做基本翼，选根梢比在 $3\sim5$ 之间为好。

4）基本翼后缘后掠角的选择

一般来说，基本翼不采用后掠的后缘，避免箭形翼的形状。因在箭形翼上很容易产生外翼后缘附近的边界层堆积，形成分离，使基本翼的力矩特性变坏。为了改善边条的力矩特性和更好地发挥边条涡的作用，也基于减少雷达波的反射，采用后缘前掠的基本翼为更好。随着迎角的增加，边条涡内移，后缘前掠则基本翼有更多的区域受边条涡的诱导作用，从而增加升力，此升力在机翼尾缘，对改善力矩特性及焦点前移都有好处。当然，后缘前掠角不能太大，一般为 $5°\sim10°$ 左右。

3. 纵向气动特性与流态

在分析边条翼的气动特性时。以 $80°/30°$ 后掠角的 S 形边条翼（低速）及 $76°/30°$ 后掠角的直线边条翼（高速）试验结果为主。

1）升力特性

图 12-4 中给出了边条翼及基本翼在低速和高速时的升力特性及法向力特性与迎角 α 的关系曲线。从图中可以看出，边条翼在低亚声速中等迎角（$\alpha\geqslant12°$）以上即有增升作用，随着迎角的增加，基本翼已失速，但边条翼不但能保持小迎角下的升力线斜率所具有的线性升力，同时还产生非线性升力。它把基本翼的失速迎角提高了近 $10°$，最大升力系数 C_{Lmax} 提高了近 60%。随着马赫数的增加，边条翼的增升作用减小，在 $Ma>1$ 以后边条翼已不再有增升作用了。

边条翼的增升效率随马赫数增加而迅速下降的原因主要是马赫数的增加对分离的抑制作用，使涡的强度减弱，因而边条涡产生的非线性升力越来越小。在超声速时，边条翼已显示不出其非线性升力，除上述原因外，超声速气流绕过有迎角的机翼时，气流在上表面发生膨胀，上翼面压力已相当低，再利用边条涡来诱导上翼面低压提高升力作用已不明显；其次，边条涡本身被从边条顶点出发的激波所压迫越加扁平而强度减弱，因此边条翼在超声速不能增加升力了。

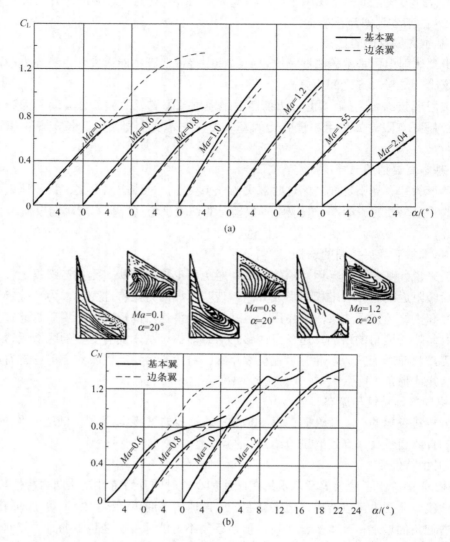

图 12-4　边条翼及基本翼在低速和高速时的升力特性及法向力特性与迎角 α 的关系曲线

(a) 边条翼和基本翼低速、高速升力特性（无平尾）；(b) 边条机翼和基本机翼亚跨声速大迎角法向力特征及表面流态。

2）阻力特性

边条翼和基本翼的典型极曲线、零升阻力及升阻比的变化曲线见图 12-5。从中可以看出，在低、亚声速时，只有升力系数 C_L 大于一定值后，边条翼的升阻比才有明显的提高，且 C_L 越大，升阻比提高得越多，在跨、超声速也稍有提高（主要是边条翼减小了零升波阻所致）。

由于边条减小了机翼内翼的相对厚度，也减小了展弦比，增大了有效后掠角，因此使边条翼的零升波阻大大下降了。边条翼的临界马赫数也比基本翼的提高了。

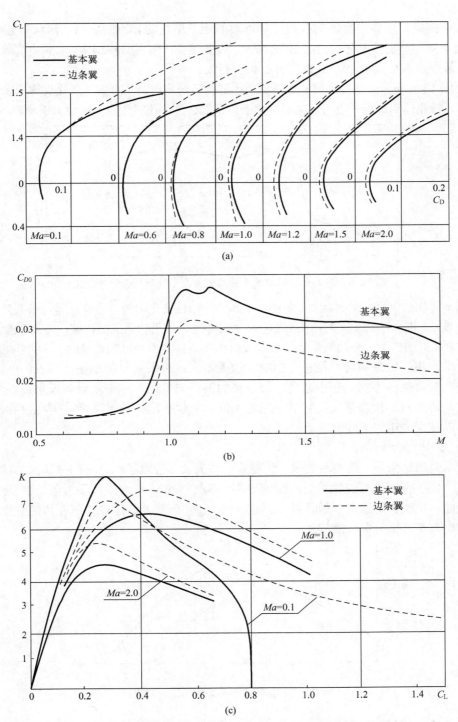

图 12-5　边条翼和基本翼的典型极曲线、零升阻力及升阻力的变化曲线

(a) 基本翼和边条翼的极曲线（无平尾）；(b) 基本翼和边条翼的零升阻力曲线（无平尾）；(c) 基本翼和边条翼的升阻比（无平尾）。

3）俯仰力矩特性

基本翼加边条后使小迎角下焦点前移，是由于翼根部分的前缘吸力峰由基本翼前缘移至边条前缘，而翼根后部的吸力比基本翼的还低造成的。不同面积、形状对焦点前移量影响不同，一般在3%～15%，面积越大，边条越长，焦点前移越多。在同样的面积下，S形边条焦点移动量较小，主要是面心靠后所致。

如图12-6所示，从基本翼和边条翼在小迎角下的焦点随马赫数的变化规律可以看出，边条翼可减小超声速配平阻力，主要是由于边条翼在超声速时焦点前移量大于亚声速所致。

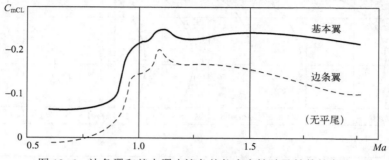

图12-6　边条翼和基本翼小迎角俯仰安定性随马赫数的变化

基本翼加边条后，在中、大迎角产生上翘的非线性变化力矩，主要是因边条的升力随 α 增加而增加，提供不断加大的抬头力矩；在大迎角下，由于边条涡的破裂，外翼前缘分离区和翼梢分离区的扩大，外翼气泡涡的破裂及机头非线性升力的影响都导致抬头力矩的增加。

边条产生的边条涡对平尾也有影响，边条不同，边条涡与平尾相对位置的不同，平尾对力矩的贡献也不同。在小迎角时边条翼的涡还未形成，对平尾影响很小；在中等以上迎角，边条涡有相当强度，它对平尾的下洗影响使平尾的效率降低，平尾位置向下和向后可以减少力矩的非线性。

4）横向气动特性

基本翼加边条后，在大迎角时产生稳定的涡升力，推迟了机翼上的分离流动的出现，因而也改善了有侧滑时的垂尾处的流场（减小不利侧洗），从而提高了边条翼的横航向静稳定特性，也改善了航向发散特性。图12-7给出了有无边条时 $C_{n\beta d}$ 随迎角的变化曲线，边条明显改善了横航向气动特性。

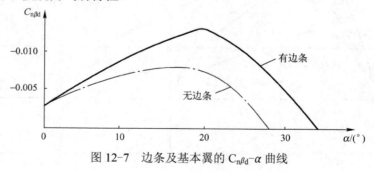

图12-7　边条及基本翼的 $C_{n\beta d}$-α 曲线

12.2.2　近耦合鸭翼

在机翼前上方很近距离处配置一副鸭翼，在大迎角时，鸭翼和机翼前缘产生脱体涡，两者相互干扰，使涡系更加稳定，更不易分离而产生很高的涡升力，它可使飞机具有高的机动性。这种布局称为近耦合鸭翼，它的特点是鸭翼与主翼之间的距离很近，鸭翼涡对主翼涡有利干扰大，属于脱体涡流型，见图 12-8。

1. 鸭翼参数的选择

选择鸭翼的目的是提高全机大迎角时的升力，减小配平阻力，有可以接受的纵横向力矩特性。鸭翼的参数包括前缘后掠角、展弦比、鸭翼面积、上下反角及偏度等。

1）鸭翼后掠角的影响

图 12-9 给出了在主翼为 44°三角翼（$A=2.5$）上选用三种不同前缘后掠角 44°、51.7°、60°的鸭翼（$S_C/S=0.28$）在 $Ma=0.3$ 时对全机升力特性的影响。从图中看出，单独鸭面的升力曲线 C_{LC} 以大后掠角的鸭翼为最大。这主要是，鸭翼后掠角越大，离机翼越近，鸭翼涡对机翼涡的干扰作用越强；大后掠角鸭翼的脱体涡越强，耦合作用越大，因此，增加鸭翼的前缘后掠角可提高全机大迎角的升力。

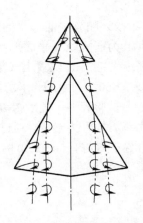

图 12-8　近耦合鸭翼的涡干扰

鸭翼不同后掠角对阻力的影响规律类似对升力影响的趋势。大后掠角鸭面距机翼越近，其气动中心的前移量比小后掠鸭面的稍小。

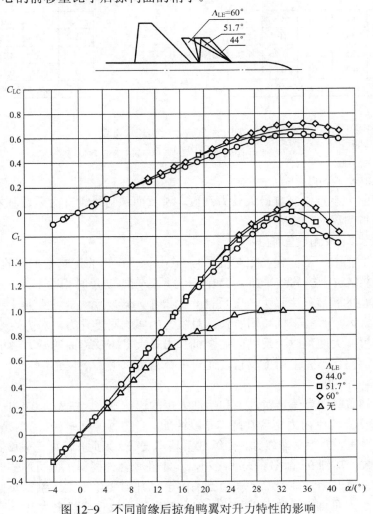

图 12-9　不同前缘后掠角鸭翼对升力特性的影响

2）鸭翼平面形状的影响

为研究鸭翼平面形状（不同后掠角、展弦比及梢根比）的影响，选用了 4 种不同鸭面配置在 50° 机翼上（见图 12-10）进行试验研究。鸭翼参数范围较宽，前缘后掠角由 25°→60°，展弦比 A 由 2.31→5.26，梢根比由 0→0.24。4 种鸭翼外露面积相同。

试验表明，大后掠 60° 三角翼鸭面的升力最大，45° 切尖三角翼次之，小后掠大展弦比鸭翼的升力最小。通过对最大升力系数与最大升阻比进行综合评价，45° 三角鸭翼的综合性能最好，60° 三角鸭翼与 45° 后掠鸭翼相近，大展弦比 25° 后掠鸭翼为最差，但是相差不大。

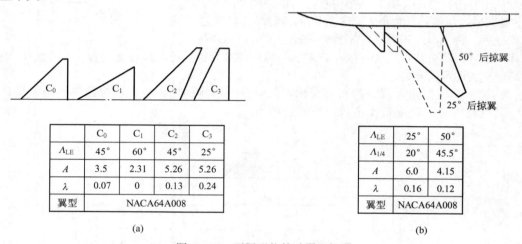

	C_0	C_1	C_2	C_3
Λ_{LE}	45°	60°	45°	25°
A	3.5	2.31	5.26	5.26
λ	0.07	0	0.13	0.24
翼型	NACA64A008			

(a)

	25°	50°
Λ_{LE}	25°	50°
$\Lambda_{1/4}$	20°	45.5°
A	6.0	4.15
λ	0.16	0.12
翼型	NACA64A008	

(b)

图 12-10　不同形状的鸭翼和机翼

(a) 四种不同平面形状的鸭翼；(b) 两种不同平面形状的机翼。

3）鸭翼面积大小的影响

鸭翼面积的大小直接影响最大升力系数，鸭翼面积与最大升力系数基本上呈线性关系。当然，还与鸭翼的位置有关。

4）鸭翼上、下反角的影响

鸭翼处于上、中、下位置（相对机翼），其上、下反角的影响是不同的。

对于上鸭翼（位于机翼弦平面之上），升力系数在小迎角时相差不大，主要是在大迎角时，0° 上反角的鸭翼升力最大，上反 18° 的最小，影响明显。主要是上鸭翼再上反后鸭翼涡离机翼太远，有利干扰减弱所致。对阻力的影响同于升力，对力矩影响不大。

对于中鸭翼，大迎角时上反鸭面的全机升力最大，下反鸭面的升力最小。

所以，对上鸭翼不宜采用上反角，而对中鸭翼可以采用上反角。

5）鸭翼偏度的影响

不同的马赫数时鸭翼偏转对升力和俯仰力矩的影响不同。在 $Ma=0.4$ 小迎角状态，鸭翼偏度在-5°～10° 范围内力矩特性基本是线性的。当鸭翼偏度≥10° 随迎角和偏度增加，鸭翼分离逐渐严重，力矩呈非线性，操纵效率基本丧失。因此，鸭翼正偏度不能用到 10° 以上。随马赫数增加到 0.9，鸭翼失速缓和，非线性减轻。鸭翼正偏可产生升力增量，但其下洗增强使机翼升力下降，二者作用抵消，全机升力变化不大。鸭翼负偏可产生低头力矩，用于补偿大迎角的纵向力矩配平，但负偏度过大也使全机最大升力下降。

2. 鸭翼位置选择

图 12-11 中给出在展弦比为 2.5，前缘后掠角为 60°及 44°机翼上鸭翼有上、中、下三种位置时对升力和力矩的影响（Ma=0.3）。从图中可见，在小迎角（α>6°）时下、上位置对升力影响已有区别，在大迎角（α>20°）差别更大，上鸭翼对升力增加最多，下鸭翼最差，中鸭翼接近上鸭翼，而失速迎角则小于上鸭翼。从力矩曲线看，小迎角时不同位置影响不大，但大迎角时由于上鸭翼改变了机翼的分离而使力矩曲线呈线性，下鸭翼则非线性很明显。

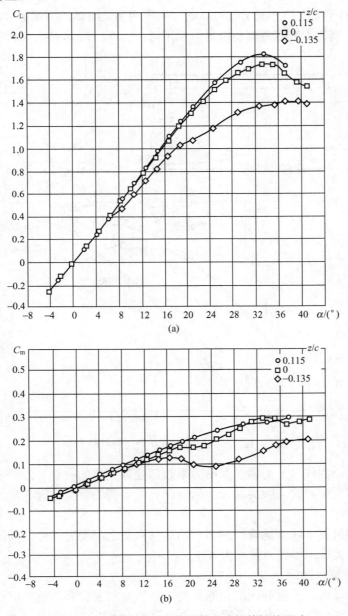

图 12-11　鸭翼高低对升力特性和力矩特性的影响

(a) 鸭翼高低位置对升力特性的影响；(b) 鸭翼高低对力矩特性的影响。

从大迎角的升力和鸭翼操纵能力两方面看，鸭翼位于机翼之上比在机翼弦平面之下更好。在机翼之上何处更好？图 12-12 给出在同一模型上选 7 中前后上下（皆在机翼弦线之上）位置的鸭翼配置方案及对升力曲线的影响。所选鸭翼为 45° 切尖三角鸭翼。C_0 的位置分别为 z/c_A=0.2、0.1、0。前后位置为 x/c_A=1.0～1.5。从图 12-12 中可见，上下不同位置主要影响最大升力值。对最上位置（z/c_A=0.2），以在 P_2 的鸭翼 C_{Lmax} 最大（x/c_A=1.25），P_1 的 C_{Lmax} 最低（x/c_A=1.50）。次上位置（z/c_A=0.1），最近机翼的 P_6 之 C_{Lmax} 最大，最远的 P_4 最低，中鸭翼 P_7 接近 P_5。综上所述，对 x/c_A=1.25 处，提高鸭翼位置可增大 C_{Lmax}，但对于 x/c_A=1.5 及 x/c_A=1.0 则作用不明显。因此，鸭翼距机翼前缘不能太近或太远。太近，鸭翼下洗和尾流使机翼升力下降；太远，脱体涡的有利干扰减弱。

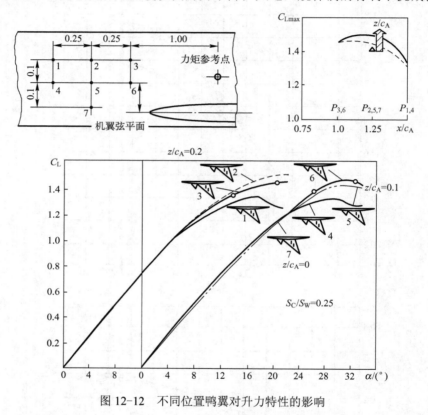

图 12-12 不同位置鸭翼对升力特性的影响

鸭翼位置对极曲线（升力系数和阻力系数随迎角变化的关系）的影响趋势与对升力的影响相同，在大迎角时，鸭翼涡控制机翼分离能力强的鸭翼位置其阻力也小。鸭翼前移使气动中心前移。

如果鸭翼与机翼前缘有重叠，则要求鸭翼与机翼之间要有一定的间隙，间隙太小，鸭翼的下洗对机翼作用增强而使升力减小。

3. 鸭翼与主翼的匹配

对于高机动飞机，为提高大迎角的升力，把鸭翼布置在靠近机翼前缘的上前方，使鸭翼在大迎角时对机翼产生有利干扰涡升力，例如 JAS39、"阵风"、"台风"（EF2000）。这些飞机大多主翼用展弦比为 3.0 以上、前缘后掠角为 40°～50° 的切尖三角翼。鸭翼后掠角在 50°～55° 范围。

为充分利用鸭翼和主翼前缘分离涡的相互有利干扰作用，使涡系更稳定，一般近耦合鸭翼布局采用大后掠角小展弦比的鸭翼及机翼。

对鸭翼与主翼之间的相对位置在前面已阐述过，总的原则为在机翼上前方不远的位置更合适。

图 12-13 为机翼对鸭翼的升力干扰值，从图中看出，机翼对鸭翼产生有利的升力干扰。在小迎角时，机翼对鸭翼的干扰表现为机翼的上洗作用；在大迎角时为机翼涡增大了鸭翼涡的能力，推迟鸭翼涡的破裂而使鸭翼升力增加。图 12-14 是鸭翼对机翼的升力干扰曲线，在中等迎角以下，鸭翼干扰（下洗）降低机翼升力；在大迎角下，鸭翼干扰增加机翼升力。因此鸭翼加机翼的全机升力大于单独机翼的升力，这是两者有利干扰的结果。

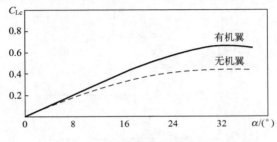

图 12-13　机翼对鸭翼的升力干扰

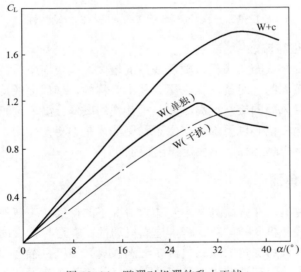

图 12-14　鸭翼对机翼的升力干扰

4. 纵向气动特性

图 12-15 中给出一典型近耦合鸭式布局方案的纵向气动特性曲线，机翼为 50° 切尖三角翼，展弦比为 2.29；鸭翼前缘后掠角为 60°，展弦比为 1.6，相对面积为 14.8%，鸭翼在机翼之上 $z/c_A=0.085$。从图中看出，$\alpha>20°$ 后，鸭翼涡升力使全机最大升力提高 30% 以上，焦点前移 $15\%c_A$ 左右。$\alpha>8°$ 鸭翼增升效果出现，$\alpha=40°$ 左右升力达到最大值，$\alpha>50°$

以后鸭翼与机翼完全失速，升力逐渐减小，有鸭翼与无鸭翼的气动中心基本相同，仅产生一抬头力矩。$\alpha = 60°$ 时鸭翼再无增升作用（有、无鸭翼升力相同）。

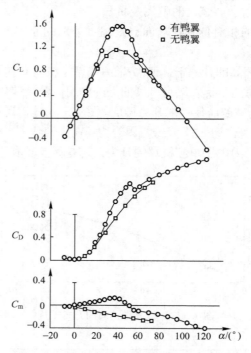

图 12-15 典型近耦合鸭式布局的纵向气动特性

5. 横向气动特性与流态

对于典型近耦合鸭式布局飞机，随着迎角的增大，鸭翼对垂尾的不利干扰影响在加大。当有侧滑时，鸭翼的一对旋涡在垂尾处是不对称的，迎风面的旋涡靠近垂尾，对垂尾的干扰作用大，背风面的旋涡远离垂尾，对其作用减弱。随着迎角增大，旋涡核心上移，迎风面的鸭翼涡在核心以下部分产生不利侧洗，是不稳定作用，而核心上部是稳定作用，迎风越大，核心越上移，不稳定作用越强。

12.2.3 双三角翼

对于新一代战斗机，在强调具有不开加力情况下的持续超声速巡航能力的同时，又要求保持同第三代战斗机一样的亚、跨声速高机动性。在这种扩大的作战包线内，气动力的差别是明显的，大后掠角的双三角翼（配涡襟翼）加机身融合体布局基本可以满足这个要求，既具有小的超声速波阻，又保持了良好的亚跨声速大迎角气动特性。这种布局方案曾用在 F-16XL 试验机上。

1. 双三角翼参数选择

为兼顾亚、跨、超声速气动特性，选择合适的双三角机翼参数是重要的，起主要作用的是内翼与外翼的后掠角及折点位置。

1）双三角翼内、外翼的选择

双三角翼属于复合平面形状机翼，具有大后掠角的内翼，展弦比小，相对厚度薄，尖前缘，超声速时可使激波强度大为减弱，波阻很小，适于超声速巡航。双三角的外翼为中等后掠角及中等展弦比，可以提供较大的升阻比，弥补了内翼气动效率不足的缺点，有利于亚、跨声速飞行。由此可见，双三角翼实际上是用复合平面形状来协调低速、亚跨及超声速之间的矛盾。从流态来看，中等后掠角的外翼是以附着流态为主，升力及力矩系数随迎角呈线性变化；大后掠内翼在较小迎角下就出现前缘涡，随着迎角的增大其涡强增加很快，对周围的流场（包括外翼）有强大的诱导作用而产生非线性升力及力矩。因此，双三角翼具有线性与非线性气动特性相结合的特点：在小迎角时，外翼起主导作用，升力线斜率及升阻比较高；在大迎角时，内翼起主导作用，升力线斜率呈非线性增加并控制外翼的分离，最大升力及失速迎角都大。双三角又兼顾了大小迎角之间的矛盾。双三角与边条翼不同之处在于双三角翼的内翼占展向的 55%～60%，而边条翼的边条仅占展向 30%以内，因而双三角翼的超声速特性更好，是满足超声速巡航要求的一种机翼。图 12-16 中示出一种典型的双三角翼布局。

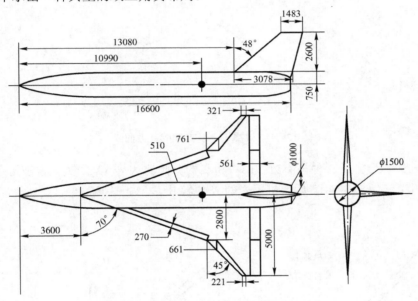

图 12-16　典型的双三角翼布局

2）双三角翼前缘后掠角的选择

内翼后掠角的选择。

图 12-17 中给出了 4 个内外翼后掠角不同组合的双三角翼的升力线斜率 C_{La} 随马赫数变化的曲线（图中符号：分子为内翼后掠角，分母为外翼后掠角，如 70°/45°表示内翼 70°，外翼 45°）。

从曲线看，4 个方案的规律基本一致，只是 I 方案（70°/45°）的 C_{La} 较 II 方案（74°/45°）大 8%左右，这是因为 I 方案内翼后掠角小，展弦比大所致。

图 12-18 中示出 I、II 两种方案低速时的 C_L-α 曲线，因机翼 II 内翼后掠角大，其前缘脱体涡更强且稳定，从流态观察看出其影响区达到整个外翼（I 影响区较小），控制分离作用强，因此 II 方案最大升力稍高于 I 方案的，失速迎角达 36°（I 为 32°），但小迎角时 C_{La} 小。

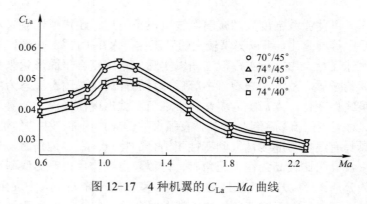

图 12-17　4 种机翼的 C_{La}—Ma 曲线

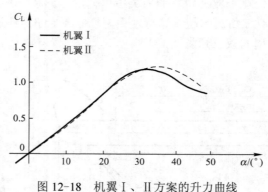

图 12-18　机翼 I、II 方案的升力曲线

图 12-19 中给出了 3 种马赫数下两种机翼的升阻比 K 与 C_L 的关系，在 $C_L \leqslant 0.15$ 时二者基本相当，当 $C_L > 0.15$ 后，机翼 I 的 K 值较 II 大 7%~10%。

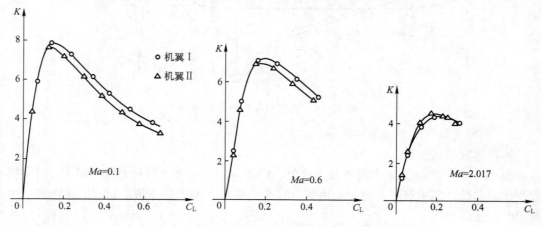

图 12-19　机翼 I、II 方案的升阻比曲线

I、II 两个方案在诱导阻力因子 A_i 值随马赫数的变化曲线中也有差异，见图 12-20，即机翼 I 的 A 值较 II 低 10%~13%。这是由于机翼 I 内翼后掠角小、展弦比大造成的，说明小升力下的诱导阻力对前缘后掠角和展弦比是敏感的。为提高中等迎角以上的升阻比，还需在前缘采用涡襟翼来减小诱导阻力。

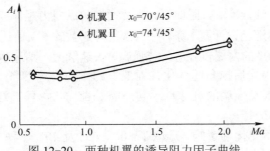

图 12-20　两种机翼的诱导阻力因子曲线

图 12-21 中给出了两种方案的零升阻力系数 C_{D0} 随着马赫数变化的关系曲线，当两种方案以机翼 I 的面积为参考面积时，机翼 II 的 C_{D0} 值稍小于 I 的，但很相近，4° 后掠角的影响不明显。

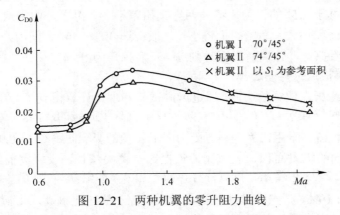

图 12-21　两种机翼的零升阻力曲线

图 12-22 中给出了俯仰力矩系数 C_m 随迎角的变化曲线。在小迎角时，两个方案有相同的不稳定度。随着迎角的增加，机翼 II 的非线性升力增加得快，因此在力矩上也表现出更大的非线性。

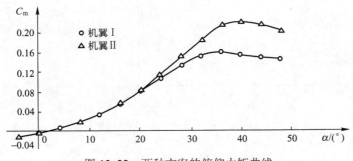

图 12-22　两种方案的俯仰力矩曲线

从低速横向试验情况看，两个方案的横向气动特性很接近，仅大迎角时机翼 II 的稳定性稍好，偏航力矩系数对侧滑角的导数 $C_{n\beta d}=0$ 的迎角高 2° 左右。

综合上述两种方案在亚、跨、超声速时的升力、阻力及纵横向的力矩特性，可以得出如下结论：

（1）内翼后掠角为 70° 的机翼 I 除低速最大升力及临界迎角较 74° 的机翼 II 小，零升波阻稍大外，在升力线斜率、升阻比、A_i值及大迎角纵向力矩非线性方面均优于机翼 Ⅱ。

（2）在满足超声速巡航设计要求条件下（巡航马赫数的C_{D0}值达到要求值），若突出亚、跨声速机动性，则选 70° 的内翼较合适；若强调过失速能力，则选 74°～76° 内翼较好。

（3）双三角翼的内翼后掠角的变化，对亚、跨、超声速的气动特性有较大影响，根据不同的战术技术要求及强调的设计点不同，需综合优化，仔细选定最佳角度。

3）外翼后掠角的选择

为比较外翼后掠角变化的影响，选取了 50°、45° 及 40° 3 种方案，通过低速试验验证，50° 外翼的升阻特性较差，因此在高速试验时只选用了 45° 及 40° 两种外翼进行比较。

从图 12-17 中给出的 4 种机翼的C_{La}-Ma曲线看出其变化规律符合升力系数随前缘后掠角的变化，外翼 40° 的升力线斜率大于 45° 的，但由于外翼的面积较小，影响量不大。相反，由于内翼面积大，影响量显著一些，即 70°/45° 的C_{La}大于 74°/40° 的。40° 外翼的升阻比稍好于 45° 的，力矩特性两方案相差不多。总之，由于双三角翼的外翼在双三角翼中占的面积不大，其影响量较小，一般应选 40°～45° 之间为好，若改善亚跨声速性能应选 40° 后掠角，强调超声速时则选 45° 后掠角为好。

4）双三角翼折点位置的选择

双三角翼前缘折点位置的选取，通过风洞试验和理论计算得到了一些规律。图 12-23 中给出了折点展向位置$\bar{\eta} = l_1 / l$（其中l_1为折点至机身中心线的距离，l为机翼半翼展长）变化对升力线斜率C_{La}、升阻比K及诱导阻力因子A_i值的影响曲线（Ma=0.9，Re=3.52×10^6，α=2°）。具有相同的机翼面积、展弦比、梢根比及翼尖弦长，仅机翼前缘折点的展向的位置不同，从图 12-23 中看出，折点外移，如$\bar{\eta}$由 0.4 移至 0.8，则C_{La}下降 6%，K值下降 5%，A_i值增加 10%。折点外移使机翼接近大后掠小展弦比机翼，其亚声速特性明显变坏，折点向内移，则接近边条翼布局的特性，虽然亚、跨声速改善，但超声速阻力加大。如兼顾亚、超声速特性，一般前缘折点选在$\bar{\eta}$=0.5～0.6 范围内为好。

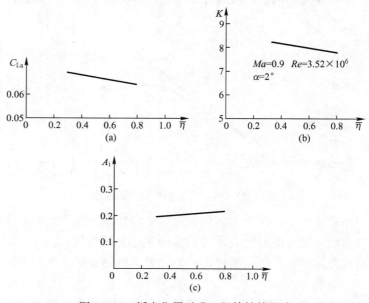

图 12-23 折点位置对升、阻特性的影响

2．双三角翼、边条翼与近耦合鸭翼气动特性比较

为说明双三角翼气动特性的优劣，以 70°/45° 的双三角翼与边条翼及近耦合鸭翼布局的试验结果进行比较。试验结果表明：

双三角翼布局的最大升力、失速迎角及升力线斜率都比鸭翼及边条翼的大。由于双三角翼内翼后掠角大，展弦比小而面积又大，因此产生的涡升力大，对外翼分离区控制作用强，能延迟分离，可以提供高升力，对提高瞬时盘旋能力有利。

对于静不稳定的飞机，为防止飞机纵向失控，要求飞机在使用最大迎角处具有控制上仰发散的能力，即保持提供一定的低头力矩，使飞机能产生一定的低头角加速度。双三角翼控制俯仰发散的能力远不如鸭式和边条翼，而双三角翼的静不稳定度并不比鸭式及边条翼的大。这主要是双三角翼仅靠机翼后缘襟副翼配平（力矩短），而鸭式有前面的鸭翼下偏，边条翼有后面的平尾上偏。因此，对双三角翼，为了纵向力矩配平，应采用推力矢量或在其前面再加鸭翼才可。

双三角翼布局的零升阻力最小，特别是在 $Ma \geqslant 1.5$ 以后比边条翼和鸭式小 30%～20% 左右，这对超声速巡航有利，这是因为双三角翼前缘尖锐、相对厚度小、前缘后掠角大。同时双三角翼可以保持较高的升阻比，对超声速巡航有利。

12.2.4 三翼面

三翼面布局是在正常式布局的基础上增加一个水平前翼而构成，因此它综合了鸭式布局和正常式布局的特点。经过仔细折中设计，有可能得到更好的性能。图 12-24（a）示出了 F-15 改装为 AFTI-15 的三翼面布局。图 12-24（b）为三翼面与二翼面飞机升力面载荷分配的比较。图 12-24（c）给出了把 F-4 和 F-15 改装成三翼面布局后，由地面及试飞测得的剩余功率增量。由（b）、（c）可见机动性的改善效果是明显的。

三翼面布局因前翼位置相对机翼的远、近而分为近耦合短间距布局及长间距布局，前者多用于战斗机。近耦合三翼面用于真实飞机是从苏-27 的改型苏-37 开始的，苏-37 的前翼更大，明显增加了升力和提高了机动性。

三翼面布局增加一个前翼，使载荷分配更合理，从而可能减小结构的尺寸；增加了一个前翼操纵自由度，它与机翼前后缘襟翼及水平尾翼结合在一起可以进行直接升力控制；改善大迎角气动特性，但对横航向特性有不利影响，增加零升阻力。

1．三翼面参数选择

对于三翼面布局，主要是选前翼的参数，包括上、下及前后位置，前缘后掠角等。

1）前翼前后位置的选择

不同前后位置的前翼对纵横向特性的影响不大。随着前翼向前移动，不稳定力矩增加，最大升力减小。前移使力臂增加，但耦合作用减弱。

2）前翼上下位置的选择

图 12-25 给出了前翼距机翼弦平面之上不同高度对气动特性的影响曲线。从 12.2.2 节的鸭翼设计分析中可知，为发挥近耦合前翼作用，前翼的位置应位于机翼弦平面或之上，而不能布置在机翼弦平面之下。由图 12-25 可以看出，前翼高度由 0 增加到 1.0cm 时（模型），其升力增加明显，对俯仰力矩系数影响不大，使未配平时的诱导阻力增加，高度变化对横航向特性影响明显，改善航向稳定性，减小横向稳定性。由 0 变到 0.5cm

气动特性变化明显，由 0.5cm 变化到 1.0cm 则不明显，表明前翼位置不宜太高。

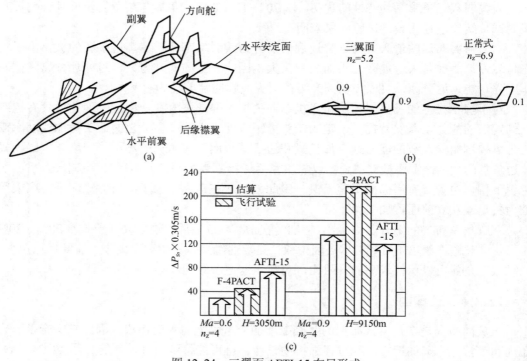

图 12-24 三翼面 AFTI-15 布局形式

(a) AFTI-15 的三翼面布局；(b) 升力面的载荷比较 $n_z=7$；(c) 水平前翼改善机动性能。

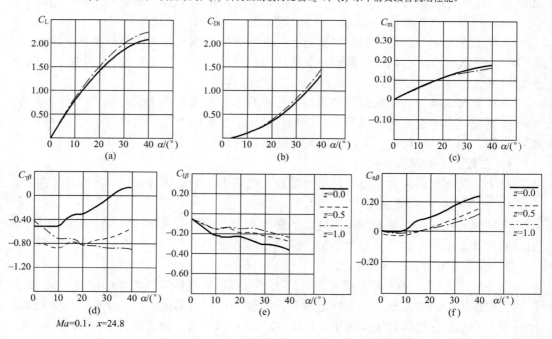

$Ma=0.1$，$x=24.8$

图 12-25 前翼上下高度对气动特性的影响

114

前翼相对机翼面积约为 8%～15%。

3）前翼后掠角的选择

后掠角是前翼的一个重要参数，随着后掠角的增加，脱体涡增强，最大升力系数增加，影响了大迎角的纵向不稳定度，改善了航向稳定性。

2．纵向气动特性

1）升力特性

图 12-26 给出了三翼面的前翼对升力的影响曲线。从图（a）看出，前翼与机翼的干扰影响的最明显效果之一是使升力显著增加，前翼的有利干扰，延迟了机翼内侧的流动分离而使升力增加。该图是 F-4 加前翼的试验结果。图（b）为未配平的 AFTI-15 的数据，$\alpha \leq 10°$ 时前翼对升力贡献很小，$\alpha > 10°$ 以后使线性升力范围增加 5°。最大升力增加，主要是亚声速的试验结果，超声速时升力增量主要是由附加前翼升力的面积所产生的。

2）纵向力矩特征

图 12-27 给出了前翼对三翼面布局的纵向力矩和纵向静稳定度的影响曲线。从图中看出，加前翼使飞机由静稳定变为静不稳定，亚声速时焦点前移 10%C_A 左右，但大迎角时静稳定度有增加。由于超声速时焦点也前移很多，因此三翼面布局的配平阻力大大减小而使机动性增加。

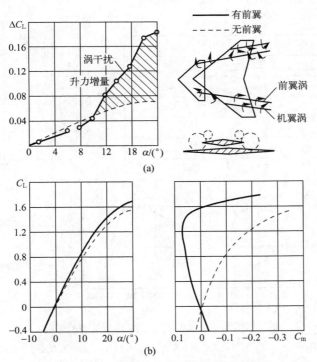

图 12-26　三翼面的前翼对升力的影响曲线

(a) 近耦合前翼升力增量；(b) 水平前翼对升力和俯仰力矩的影响。

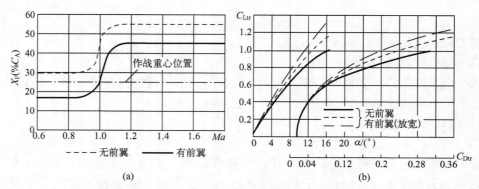

(a)   (b)

图 12-27　前翼对三翼面布局的纵向力矩和纵向静稳定度的影响曲线

(a) 水平前翼减少纵向静稳定度；(b) 水平前翼的配平阻力和阻力特性，机翼风洞数据比较（Ma=0.9）。

3）对襟翼的影响

　　三翼面的前翼也使主翼的后缘襟翼效率明显增加，图 12-28 说明了这一点。在低速时，前翼的存在增加了襟翼偏转所产生的升力增量，在 12°～24°，ΔC_L 增加 30%～50% 左右，因而也增加了配平增升能力，可使着陆滑跑距离减小近 25%。图中 Ma=0.6，0.9 的结果表明在整个亚声速范围襟翼效率都得到改善。这点很重要，因为襟翼可同前翼及尾翼组合用在整个亚声速飞机机动包线内作直接升力控制，当前翼正偏，襟翼正偏（后缘向下），平尾也正偏，则使总升力达到最大。

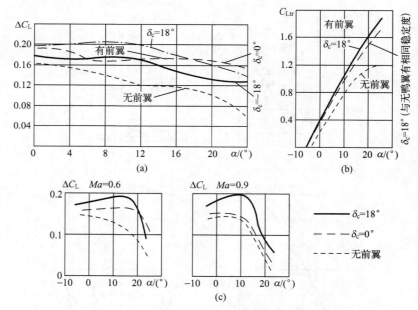

(a)   (b)

(c)

图 12-28　三翼面前翼对后缘襟翼效率的影响

(a) 机动后缘襟翼效率（Ma=0.2）；(b) 水平前翼增加高升力（Ma=0.2）；(c) 水平前翼增加机动后缘襟翼效率（δ_f=20°）。

3．横向气动特性

　　三翼面布局的无上反前翼使全机横向稳定性 $C_{1\beta}$，在整个迎角范围都增加，航向稳定性 $C_{n\beta}$ 也如此。表明水平前翼对垂尾是有利的影响。

116

在亚声速，前翼使方向舵效率增加，这是由于前翼与主翼的干扰引起垂尾处的动压增加造成的。并且前翼干扰能产生大的偏航力矩来协调滚转机动能力所允许增加的滚转操纵面偏度，因而大大提高了滚转性能。

前翼不仅对后缘襟翼，也对副翼产生有利干扰。在一定迎角范围内使副翼效率明显增加，亚声速都是如此，但超声速影响很小。

对三翼面布局来说，当水平前翼进行差动偏转时，引起机身侧向的不对称压力分布，从而产生指向前翼面负偏度那面的侧力。因前翼位于重心之前，这个侧力产生一个大的偏航力矩。而差动前翼偏转产生的滚转力矩是很小的，这是因为单独前翼上的载荷产生的滚转力矩基本被前翼在每个机翼上的下洗产生的反向滚转力矩所抵消。

当前翼差动偏转产生大的侧力和力矩，若同方向舵的能力相结合，便可作直接侧力使用，以提供飞机姿态和速度向量的独立控制。这是三翼面布局所独具的优势，它增加了一个新的控制自由度，可以不用改变飞机轨迹而直接用机身瞄准。

12.2.5　前掠翼

当飞机的飞行速度达到高亚声速时，出现压缩性影响，气流经过机翼上表面加速，局部达到超声速，产生激波和激波诱导的附面层分离，阻力急剧增长，即所谓的阻力发散现象。它阻碍飞行速度进一步增长。解决这个问题的办法就是采用斜掠机翼，推迟激波的发生，无论是前掠机翼还是后掠机翼都能起到相同的作用。

世界上最早采用的斜掠机翼是前掠机翼，而不是现在广泛采用的后掠机翼。世界上最早采用前掠机翼的是德国的轰炸机 JU-287，美国格鲁门公司研制的 X-29A 前掠翼研究机（图 12-29）和俄罗斯的苏-47"金雕"也进行了试飞。

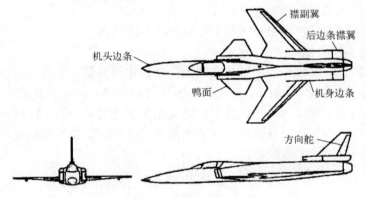

图 12-29　前掠机翼验证机 X-29A

1．前掠机翼的参数选择

前掠机翼的参数选择，如前掠角、展弦比、翼型等，原则上说与后掠机翼是一样的。在保持同样的几何参数和设计状态时，前掠机翼的前掠角相应地可以减小。从实际的设计角度来考虑，前掠机翼的前掠角也不能过大，否则其后缘前掠角就太大。这样不但翼根失速问题严重，也降低了后缘襟翼和副翼的效率，并增加结构设计上的困难。另外，前掠角太大，将使前掠机翼的翼根太靠近机身的后端，很难保证机身受力框的足够强度。前掠机翼前掠角较小将带来超声速阻力大的问题，这是前掠机翼的一个重要缺点（虽然在一定程度上能得到其优点的弥补，如面积分布较合理和结构重量较轻等）。同时也要注意到，即使对于后掠机翼的现代战斗机，一般也不选用大的后掠角，而多数采用中等后掠的机翼。

2．前掠机翼的气动特点

前掠机翼的翼尖位于机翼根部之前，在气动载荷的作用下，翼尖相对于翼根产生的扭转变形使翼尖的局部迎角增大，迎角增大又引起气动载荷的进一步增大，这种恶性循环将使机翼结构发生气动弹性发散而导致破坏。研究和使用中发现，随着前掠角的增大，前掠机翼的气动弹性发散速度迅速下降。实验表明，当机翼前掠角由 0° 增加到 28°，机翼的发散速度下降 90%。要解决前掠机翼的这种气动弹性发散问题，结构重量要大大增加，从而达到不能容忍的地步。这就是为什么后来的高速飞机从前掠机翼转向后掠机翼的原因。

自从复合材料结构出现以后，前掠机翼的发展有了转机。符合材料结构的面板铺层厚度和纤维方向可以任意变化，因此能够控制复合材料的机翼的刚度和扭转变形。由于复合材料的重量轻，只要付出很小的重量代价，甚至不付出重量代价，就可以解决前掠机翼的气动弹性发散的问题。

某轻型战斗机，结构材料为铝合金，当前掠机翼的前掠角由 14.5° 增加到27° 和 35° 时，机翼的重量由 255kg 分别增至 716kg 和 1589kg。由此可见，采用金属材料实现前掠机翼是不现实的。如采用复合材料，机翼的前掠角增大，机翼重量没有明显增加。例如，当机翼前掠角由 14.5° 增加到 35° 时，机翼的重量仅由 140kg 增加到 152kg。由此可以得出结论，合理地应用复合材料进行机翼结构的优化设计，付出不大的重量代价，就可以解决前掠机翼的发散问题。这样前掠机翼应用在高速飞机上才有可能。复合材料前掠机翼的另一个优点是展向载荷分布合理。

前掠机翼的气动特性应用在飞机上还有一些其他特点：

1）失速从翼根开始

由于机翼前掠，气流有一个平行前缘但指向翼根的分量，因此使前掠机翼的气流向机翼内侧偏转，如图 12-30 所示，附面层向翼根方向增厚，使气流首先在翼根发生分离。这点与后掠机翼完全相反，后掠机翼的分离首先是从翼尖开始的，前掠机翼气流分离从根部开始的特点，可以使副翼的效率保持到更大的迎角，不像后掠机翼普遍存在的副翼效率不足和俯仰力矩的上仰问题。

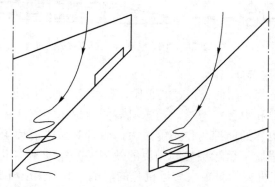

图 12-30　前掠机翼和后掠机翼气流分离的不同发展

2）前掠机翼的阻力较小

从理论上分析，前掠机翼的跨声速阻力较低，这可以从以下几个方面来说明：

如保持前掠机翼和后掠机翼的前缘斜掠角、展弦比、梢根比、机翼面积和激波的弦向位置相同，则前掠机翼激波线的斜掠角要比后掠机翼大，如图 12-31 所示，激波的位置和激波线的斜掠角决定了激波引起的压差阻力。因此，前掠机翼的压缩性影响和波阻较后掠机翼低。

如保持展弦比、梢根比、机翼面积和激波的弦向位置和激波斜掠角相同，在同样的升力系数和马赫数下比较，前掠机翼和前缘斜掠角要比后掠机翼小，如图 12-32 所示。这样在前缘未分离时，前掠机翼的前缘吸力在自由流方向的分力较大，因而阻力要比后掠机翼小。此外某些研究表明，减小前缘斜掠角，可以降低超临界机翼的型阻。

机翼的阻力由最小阻力和升致阻力构成，而升致阻力又由升致型阻和诱导阻力组成，如图 12-33 所示。在有升力和有激波的状态下，翼型的尾流加厚并且分离点前移，引起型阻的增加，增大了型阻与最小型阻的差值即升致阻力。而诱导阻力是由机翼尾涡下洗引起的。如前掠机翼和后掠机翼按相同的跨声速状态设计，前掠机翼的这两种与升力有关的阻力比后掠机翼低。

（1）升致阻力。试验表明，在跨声速机动的升力情况下（C_L 约为 0.9），超临界翼型的型阻随前缘斜掠角减小而降低。前面已经提到，在相同几何参数和设计状态时，前掠机翼的前缘斜掠角较小（见图 12-32）。

图 12-31　前掠机翼和后掠机翼的
激波线斜掠角比较

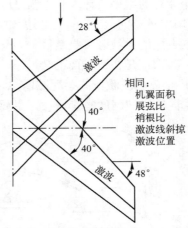

图 12-32　保持激波线斜掠角相同，前掠机翼和
后掠机翼的前缘斜掠角比较

（2）诱导阻力。由于在相同的几何参数和设计状态时，前掠机翼的前缘斜掠角较小，因而结构轴线的斜掠角也较小，所以其压心较后掠机翼更靠近根部，如图 12-34 所示。因此，前掠机翼在机身、机翼结合处的弯矩也较小。如保持两种机翼的根部弯矩相同，则前掠机翼的翼展可以加大，即展弦比可以比后掠机翼大，这样前掠机翼的诱导阻力将降低。

3）有利于近耦合鸭翼面布局

近耦合鸭式布局的气动优点前面已经提过，而前掠机翼更适合于鸭式布局特点。现代超声速战斗机的推重比大，发动机重量大。因此，飞机的重心比较靠后，前掠机翼的几何特点是机翼根部靠后。由于这两个因素，前掠机翼战斗机的机翼根部就很靠近机身的后部，使平尾很难布置。如将纵向配平和操纵面布置在机翼之前，形成鸭式布局，就是一个非常合理的解决方案。

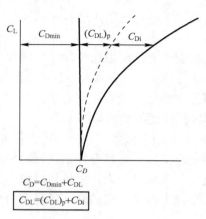

$$C_D = C_{Dmin} + C_{DL}$$
$$C_{DL} = (C_{DL})_p + C_{Di}$$

图 12-33　阻力的划分

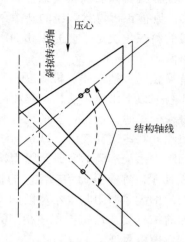

图 12-34　前掠机翼和后掠机翼的压心位置比较

对于前掠机翼，鸭面还有减弱机翼根部激波强度的好处。如图 12-35 所示，鸭面对前掠机翼展向激波强度的影响，$\Delta C_{p,th}$ 为激波前后的压力系数差值，它表征激波的强度。该图为理论计算的结果，计算状态为 $Ma=0.9$，机翼的升力系数为 0.7，相当全机升力系数为 0.8，图中黑点的 $\Delta C_{p,th}$ 与其旁边弦向压力分布的图形相对应，可见前掠机翼加上鸭面以后，内翼区的激波强度显著降低，这主要是鸭面下洗的影响，它减小了机翼内侧的局部迎角。其次，是在有鸭面的情况下，维持全机同样的升力，机翼的迎角较之无鸭面时减小约 1°。翼根区激波的强度减弱，即可降低激波阻力，同时也减轻翼根的气流分离。鸭面使外翼区的激波强度稍有增加，主要是鸭面翼展以外的鸭面上洗影响。

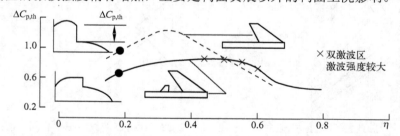

图 12-35　鸭面对前掠机翼展向激波强度的影响（理论计算：$Ma=0.9$，$C_L=0.7$）

前掠机翼的气流分离是从翼根开始，鸭面可以延缓和减轻翼根区的分离，这种影响是很重要的，它保持了产生升力的主要部分在大迎角时的有效性。

除了以上的几点以外，前掠机翼的失速特性较好，具有良好的抗尾旋性能。从飞机的总体布置来看，由于机翼的翼根靠后，飞机的主要受力结构后移，这将增大机身内可利用的容积，使内部的布置有更大的灵活性。

在一个机翼机身组合体的模型上，用机翼正反装进行前掠机翼和后掠机翼的对比风洞试验，后掠机翼的展弦比为 2.5，前缘后掠角为 60°，后缘后掠角为 32°，反装

120

则成为前缘前掠 32°，后缘前掠角为 60° 的前掠机翼，翼型为双弧线翼型，试验马赫数为 0.3。

这两种布局机翼纵向气动特性的对比如图 12-36 所示，从升力特性来看，后掠机翼的最大升力系数比前掠机翼要大得多，其原因是后掠机翼的后掠角很大，又是尖头翼型，大迎角分离涡产生的涡升力使 C_{Lmax} 增大，在 $\alpha > 30°$ 以后，旋涡破裂，升力急剧下降。但前掠机翼的升力在失速以后一直保持缓慢的增长，而且在 $\alpha > 40°$ 以后，升力比后掠机翼还稍高。可见前掠机翼的失速特性要比后掠机翼好。

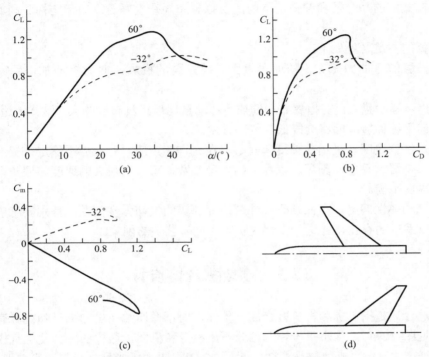

图 12-36　前掠机翼和后掠机翼的纵向气动特性比较（Ma=0.3）

(a) 升力特性；(b) 阻力特性；(c) 俯仰力矩特性；(d) 模型示意图。

前掠机翼和后掠机翼的阻力对比与升力对比类似，在升力系数 $C_L > 0.5$ 以后，由于达到同样的升力系数，前掠机翼需要更大的迎角，因此其阻力也较大。

两种布局机翼的俯仰力矩曲线线性均较好，无明显的上仰趋势。由于两种布局机翼的力矩参考点不对应，所以它们的纵向静稳定度 $m_z^{C_y}$ 有差别。

图 12-36 中所示的两种布局机翼的斜掠角不同，不是在同一基础上对比的，不能全面反映两种布局机翼的优劣，但它显示了前掠机翼布局气动性能的一些特点。

3. 前掠机翼气动特性的优缺点

前掠翼的优点如下：

（1）前掠机翼比后掠机翼的临界马赫数大（即发生波阻剧增的马赫数大一些），因此其跨声速波阻更小，空气动力效率更高，但超声速的阻力大些。若采用中等超临界薄翼型，还可以进一步减小跨声速阻力，可以比后掠机翼更容易地布置有利的沿机身轴线的截面积的分布。

（2）前掠机翼具有高的机翼阻尼特性和副翼效率。前掠机翼的根剖面比翼尖剖面的边界层厚，大迎角时，翼根处先发生气流分离，随着迎角的增大，分离的扩展比较缓和，这就容易保持外翼段的高升力系数，并保持直到大迎角时的机翼阻尼特性和副翼效率（会降低位于机翼后面的水平尾翼的效率）。

（3）最好的前掠翼布局是鸭式布局，鸭翼和机翼根部的边条可使易发生分离的前掠翼翼根不容易分离，而使机翼和翼身组合体直到大迎角时仍保持高的升力。

（4）在宽广的马赫数和迎角范围内，前掠翼布局有良好的纵向稳定性和高的侧向操纵面效率。

前掠翼的不足之处如下：

（1）机翼的弯曲力矩大。随迎角增大，前掠翼的机翼弯曲力矩增加，后掠翼的则减小。

（2）焦点移动量大。前掠翼布局的焦点移动量比后机翼布局的大，这样，超声速时，为保持纵向平衡偏转舵面将会降低其气动效率。

但大量研究表明，采用前掠翼鸭式布局在允许亚声速时存在静不稳定前提下，优化各操纵面（鸭翼、平尾、副翼、襟翼）的各种参数，可以在很大的速度和迎角范围内保持飞机的纵向平衡。

（3）气动弹性问题。需仔细研究并解决前掠翼的气动弹性问题，特别要考虑到静不稳定的操纵系统的存在，并进一步解决实际生产工艺上的困难。

12.3 翼身融合体设计

翼身融合体是指机翼和机身融合成一整体，而不像通常飞机的机身和机翼有明显的分界线，见图 12-37。从水平投影看已分不出机身和机翼，这样的融合使机身作为机翼的一部分来产生升力，典型的是苏-27，见图 12-38，平面投影呈一个复杂平面形状机翼，从侧面截取纵向切面看也是翼剖面。

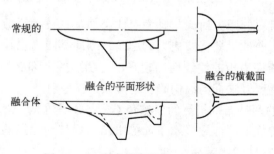

图 12-37 翼身融合体的正、俯视图

由于翼身融合体的翼根区厚度加大而使飞机的容积增加（但机翼相对厚度增加不大），可以增加载油量，结构布局更趋合理。图 12-39 中给出了 F-16 的实例，浸润面积增加不多，容积加大，可减轻结构重量达 110kg 左右。

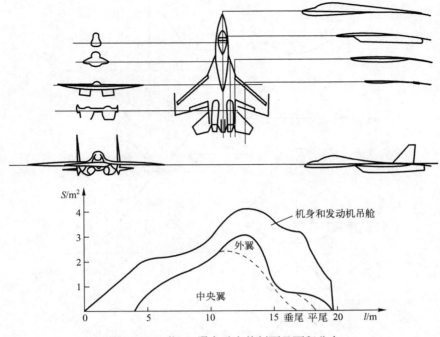

图 12-38　苏-27 翼身融合体剖面及面积分布

翼身融合体是减小雷达散射面积，提高隐身能力的一种重要外形措施。在气动力上，它可以提高飞机大迎角的升力，是新一代战斗机在气动布局设计中采用的重要措施之一。

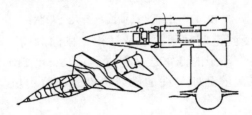

图 12-39　F-16 翼身融合体示例

12.3.1　翼身融合体设计的基本原则

设计翼身融合体主要从增大容积、提高升阻特性及改善隐身特性几方面考虑。

（1）机身尽量设计成椭圆形或扁平形的前机身，如图 12-40 所示，而不设计成圆形或有平板的侧壁形式。

（2）出于隐身考虑，机身剖面应设计成凸凹曲面型，便于机身同机翼间的融合过渡，如图 12-41 所示。对要求高空突防为主、兼顾低空飞行的飞机应选下部扁平、上部较高的剖面形式（图中的 1# 至 5#），这类剖面的翼身融合体为下单翼。对上单翼布局则采用上部扁平、下部较高的剖面形状（将 1# 至 5# 倒置过来）。对中单翼布局的空战飞机应采用上下对称的剖面形状（图中 6# 至 12#）。

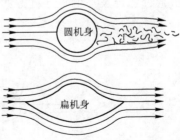

图 12-40　椭圆形或扁平形的前机身

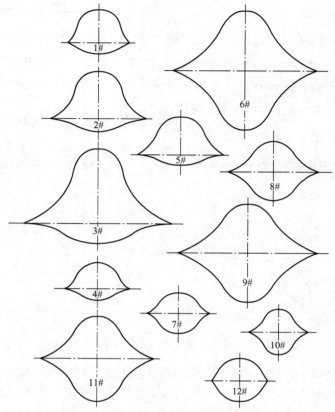

图 12-41 三维凹凸曲面机身几何形状图

（3）由于机身外形受到空间利用要求及结构安排的制约，沿机身轴的各剖面变化是复杂的，不可能用某一理想的低雷达散射面积（Radar Cross Section，RCS）剖面贯穿整个机身，有时某段的凸凹剖面的散射特性差，可用机翼遮挡及缩小该剖面的控制区。

（4）仍需按面积律控制飞机纵向截面积分布，以减小全机波阻。

12.3.2 翼身融合体的气动特性

为了解翼身融合体的气动特性，对 70°/45° 双三角翼与椭圆机身采用大半径融合、小半径融合及不融合三种方案进行了高速试验研究，其剖面图见图 12-42。

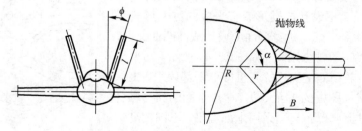

图 12-42 融合体、双垂尾示意图

图 12-43 中给出在 Ma=0.9 时测得的翼身大融合与不融合的升力随迎角的变化曲线。

124

从图中可以看出，在$\alpha>12°$以后，融合体的升力开始增加，由于风洞限制，试验迎角只做到30°，此时不融合的布局的升力已达到最大值，并开始下降，而融合体布局的升力还在增加（10%左右），表明融合体对改善大迎角升力特性有好处，主要是改善了机翼机身接合处的分离流，机身也接近是升力体。

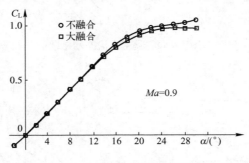

图 12-43　大融合与不融合的升力曲线

从表 12-1 中可见，由于翼身融合，减小了亚声速时翼身间的干扰阻力，使 $Ma<0.9$ 时大融合零升阻力略小于不融合的。在 $Ma>1.0$ 以后，大融合的 C_{D0} 增加 0.0005～0.0010 左右，主要是大融合从机翼前部到尾部都融合了，使得飞机纵向面积分布在机翼后缘最大处的面积又有所增加，因而波阻增加了。当按面积律修形，使机翼后缘处的融合区减小，得到了与不融合相近的波阻，说明在进行翼身融合体设计时要考虑面积分布，进行面积律修形。

翼身融合体对纵向力矩特性影响不大。

表 12-1　三种机身的零升阻力系数 C_{D0} 随马赫数变化的风洞试验结果

	Ma	0.6	0.8	0.9	1.0	1.2	1.8
C_{D0}	不融合	0.0124	0.0124	0.0130	0.0234	0.0256	0.0228
C_{D0}	大融合	0.0120	0.0121	0.0130	0.0245	0.0271	0.0243
C_{D0}	大融合加面积律	0.0121	0.0122	0.0130	0.0230	0.0258	0.0230

12.4　涡　襟　翼

对为满足超声速巡航要求而设计的大后掠角尖前缘机翼来说，在大迎角下出现前缘分离和在上翼面产生涡流，见图 12-44（a）。这种涡流使机翼升力明显加大，但尖前缘分离造成前缘吸力损失，而使阻力增加。为减小诱导阻力，使大后掠角尖前缘机翼的前缘下偏，使前缘涡移到下偏的前缘上，形成了如图 12-44（b）所示的工作状态。这种尖前缘襟翼称为涡襟翼。当前缘下偏时，在涡襟翼上产生向前倾斜的涡升力（改变了涡升力的方向），使其在推力方向上有投影，前缘吸力得到恢复，达到减小阻力，提高升阻比的目的。涡襟翼和弯扭机翼及机动襟翼的区别在于，涡襟翼不是消除分离而是有效地用前缘分离涡。

涡襟翼的种类如图 12-45 所示，可在机翼前段下、上翼面配置，有铰链式、折叠式、空腔式及调整片式。为充分发挥涡襟翼的减阻作用，应使分离涡完全锁定在襟翼上，也就是使受控涡再附着在涡襟翼的铰链上（转轴）上。

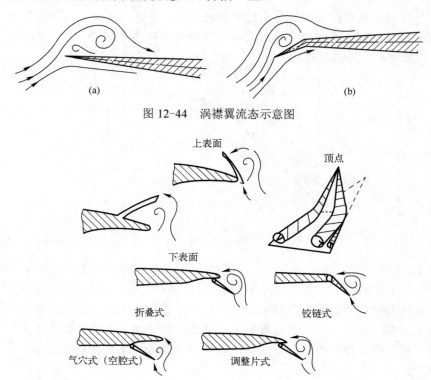

图 12-44　涡襟翼流态示意图

图 12-45　涡襟翼的种类

涡襟翼的平面形状有等弦长的、正锥形（内、外侧）、倒锥形及抛物线形的，如图 12-46 所示。增加涡襟翼弦长可以推迟涡向主翼的移动，襟翼面积增加，减小阻力，效率提高、锥形涡襟翼可以改善涡的再附着特性。切断的涡襟翼可减小襟翼的面积，但与不切的减阻效果相当。

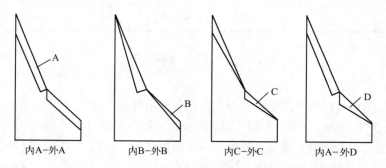

内A-外A　　　内B-外B　　　内C-外C　　　内A-外D

图 12-46　几种内涡襟翼和外涡襟翼的平面形状

前缘涡襟翼和后缘襟翼配合使用，可以改善整个飞行包线范围内的升阻特性，如图 12-47 所示。（a）为涡襟翼与后缘襟翼同时下偏，可以改善大迎角机动能力；（b）为涡襟翼不偏，利用尖前缘可获得高升力；（c）为涡襟翼上偏，可增大着陆时的升力和阻力；（d）为向下大偏角，涡出现在涡襟翼的背面，可做阻力板使用。

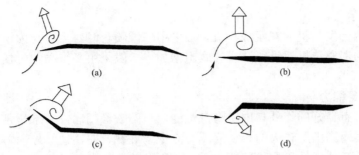

图 12-47 不同飞行条件下前缘涡襟翼的偏转状态

12.5 推力矢量技术

所谓推力矢量技术是指发动机除为飞机提供前进的推力外，还可以在飞机俯仰、偏航、滚转、反推力和前进推力方向上提供发动机内部推进力，用于补充常规由飞机舵面或其他装置产生的外部气动力来进行飞行控制。在飞机上实现矢量推力主要靠喷管转向（矢量喷管）及加燃气舵。使气流在内部转向的矢量喷管有二维（矩形截面）和轴对称（圆形截面）两种形式；使气流在外部转向的燃气舵是将一个或多个偏转舵面或叶片置于喷管出口的外部燃气中，从而产生俯仰、偏航和滚转矢量推力。至今，燃气舵这种方案只用在研究推力矢量潜力的验证机上，例如，F/A-18 大迎角研究机（HAPV）和美国、德国联合研制的 X-31 增强战斗机动验证机上，而不准备投入型号使用。

推力矢量技术在国外是从 20 世纪 70 年代开始研究的，美国开始研究二维矢量喷管，经过在 F-15S/MTD 短距起落验证机上进行试飞验证后，具有俯仰控制能力的二维喷管装在美国第四代战斗机 F-22 飞机（发动机为 F119）上使用。具有俯仰和偏航能力的轴对称矢量喷管已经进行了验证试验。

12.5.1 二维和轴对称喷管推力矢量的作用

大量的模型试验和分析、地面验证试验和飞行验证试验证明，采用多功能矢量喷管的战斗机比常规战斗机有多方面的优势：增强飞机的大迎角机动性和过失速机动能力，提高敏捷性，减少起飞着陆距离，提高作战效能及生存力，减少飞机全寿命期的费用。

推力矢量喷管的作用可概括如下。

1．增加升力

由于喷管转向而使推力转向，可使后机身的升力大大增加，升力系数增加包括三部分增量：因为喷管转向类似于机翼后缘襟翼偏转那种"襟翼"效应所产生的升力；直接推力的升力矢量增量；诱导升力增量。

在小迎角时可改善飞机起降性能，而在大迎角时，由于舵面上的气流分离，舵面的控制作用失效，依靠推力矢量可提供所需要的俯仰、偏航及滚转力矩，提高机动性。推力矢量还可以减小水平尾翼尺寸，使飞机减重。

2．提供反推力

推力矢量可实现反推力功能，在空中和着陆时，采用反推力矢量，可使飞机迅速减速，其效率高于减速板的效率。

3．巡航减阻

对于装有两台发动机的双发战斗机，当采用二维喷管时，后机身为矩形，消除了采用轴对称喷管的双发飞机尾锥所造成的底阻增加，一般采用二维喷管可使巡航阻力减小5%～7%左右。

4．提高隐身能力

二维喷管具有良好的红外与电磁隐身性能，与圆喷管相比，二维喷管具有较长的排气截面周长，因而提供了较大的热喷气流与冷空气混参表面，使红外辐射温度大幅度下降，有利于降低红外信号和雷达信号特征，提高飞机隐身能力。

为具体说明推力矢量的作用，仅以具有俯仰矢量二维喷管的 F-15S/MTD 短距起降机动性技术验证机与常规 F-15C 飞机的性能做比较：

最大升力系数 增加 78%（喷流及诱导升力）

空中减速性 改善 72%

着陆距离 减少 72%

滚转率（Ma=1.4, H=12200m） 提高 53%

爬升率（Ma=0.3, H=6100m） 提高 37%

起飞滑跑距离 减少 29%

着陆速度（相同迎角） 减小 16%

巡航距离 增加 13%

加速性（Ma=1.4, H=12200m） 提高 30%

应该指出的是，上述性能的改善仅是在现有飞机上改装矢量喷管而得到的，如果对一架新飞机，采用喷管和机体的一体化设计技术，则飞机与喷管匹配得更好，阻力更小，重量更轻，性能会有更大的改进。

此外，据法国公布的一对一近距空战数值模拟结果，具有俯仰矢量喷管的战斗机对常规战斗机的损失比在中空中速为 1：3.6，在低空低速为 1：8.1，表明作战效能大大提高。

具有矢量推力的 X-31 高机动验证机与 F-18 飞机进行了 93 次空中格斗演习，X-31 胜了 77 次，8 次不分胜负，只败了 8 次，足以证明推力矢量技术的作用。

12.5.2 二维喷管的参数选择

1．二维喷管的宽高比 *b/h*

二维喷管的宽高比变化主要对飞机的推力损失及红外辐射特性有影响，宽高比参数见图 12-48。随着宽高比的增加，推力损失系数增大。而对红外辐射特性影响正相反，随着宽高比的增加，热喷流与冷空气混参加快，红外辐射特性明显下降，同时，喷管宽高比增加，喷管变窄长，遮挡了发动机，雷达散射面积减小，因此，宽高比增加，改善飞机的红外及雷达隐身性能。

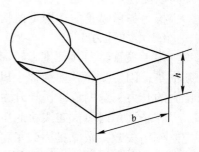

图 12-48 二维喷管的宽、高参数

对于隐身飞机，减小雷达散射面积和红外辐射特性为主要目标，推力损失可能大一些，因此尽量选取比较大的宽高比，一般大于 5 以上，例如 F-117 的尾喷管宽高比为 7 左右。对于强调高机动性的飞机，希望飞机的推力损失要小，兼顾隐身性能，一般取 1.5～3.0 左右。

2．二维喷管的偏角 δ_v

二维喷管的矢量推力偏角越大，可使后机身的升力增加得越多，同时产生大的低头俯仰力矩和增加阻力。少量的矢量推力偏角可用于亚声速巡航时的飞机配平。

一般情况下，对于在中空与鸭翼或机动襟翼配合做高机动动作时，矢量推力偏角范围在 $-20° \leqslant \delta_v \leqslant 20°$（纵向）。对于低空机动，矢量推力偏角范围在 $-10° \leqslant \delta_v \leqslant 10°$。

3．二维喷流的压力比 NPR

矢量喷管喷流压力比的变化对尾部的升力及力矩特征都有较大的影响，随着压力比 NPR 的增加，其增升效果增加，俯仰低头力矩加大。

4．二维喷管出口面积与喉道面积之比 A_{ex}/A_{th}

喷管出口面积与喉道面积之比 A_{ex}/A_{th} 主要影响推力系数及阻力系数，其影响量还与喷流压力比有关。一般来说，A_{ex}/A_{th} 增加，阻力随 NPR 变化有减小的趋势，而推力系数是增加趋势。压力比越大，对 A_{ex}/A_{th} 值应选得越大些。

12.6　隐身性能对飞机气动布局的影响

隐身技术是第二次世界大战后出现的重要军事技术之一，它的出现促使战场军事装备向隐身方向发展。隐身技术的专业定义是：在飞机研制过程中设法降低其可探测性，使之不易被敌方发现、探测到和跟踪，从而使防空武器系统不能或很难发挥应有的作用，保证飞机有高的生存力。所谓隐身能力，又称为低可探测性。

对于新一代先进的军用飞机，一般都要求具有隐身性。隐身性包括雷达隐身、红外隐身、声隐身、可见光隐身。在现代技术条件下，影响军用飞机突防能力和生存力的主要是雷达隐身和红外隐身。在超视距作战中，雷达是探测飞机最可靠方法，减弱飞机的雷达反射信号强度，成为飞机设计中提高隐身能力的最关键也是技术最为复杂的因素。

对于高度隐身的飞机，"可见度"以及与其相关的问题支配着设计。考虑到雷达是防卫系统中主要的探测设备，一般都以雷达散射截面积（Radar Cross Section，RCS）作为评定和衡量一架飞机隐身性的最重要参数。RCS 是目标的一种折算面积，用来度量目标在雷达波照射下所产生的回波强度大小。

12.6.1　影响可探测性的因素

影响可探测性的因素包括如下各项。

1．雷达散射截面积（RCS）特征因素

（1）目标的形状。

（2）目标使用的材料性能。

（3）目标表面平滑度及规则性（如鼓包、缝隙、铆钉、台阶等）。

（4）目标是否带有腔体（如进气道、尾喷口等）。

（5）目标的天线。

（6）外挂物。

2．红外辐射特征因素

（1）发动机的尾喷流及后机身热部件产生的辐射。

（2）飞机蒙皮的气动加热产生的辐射。

（3）太阳光照射目标的自然辐射（反射）。

3．可见性特征因素

（1）天气/大气状况。

（2）目标和背景的对比度。

（3）可见性放射物（如发动机喷气尾迹）。

4．声特征因素

（1）发动机的噪声。

（2）机体的噪声。

12.6.2　雷达散射截面积（RCS）

雷达散射截面积是目标的一种假想面积。确定雷达散射截面积，首先是通过测量或计算一个目标朝着观察者反射的雷达能量，然后，设计师计算出可以返回同等雷达能量的反射球体（光学上的等效物可以是一个球面镜）的尺寸。这个球体的投影面积（即圆的面积），就是该目标的雷达散射截面积。

雷达散射截面积 RCS 常用平方米[m^2]或用分贝平方米[dB（m^2）] 为单位（此时参数用 σ 表示），其转换关系是：

$$\sigma[\text{dB（m}^2\text{）}] = 10 \times \lg\text{RCS}[\text{m}^2]$$

"0dB（m^2）"等于 10 的 0 次方，即为 1m^2；"20分贝平方米"等于 10 的 2 次方，即为 100m^2。RCS 是方位角、散射体的形状、雷达波的频率、发射和接收天线极化特性的函数。

一架飞机的机体（一个非常复杂的形状）的 RCS 随着观察的角度不同而变化很大，见图 12-49。即对于每一个视角（即探测雷达所在的方位），一架飞机的 RCS 值是不同的，

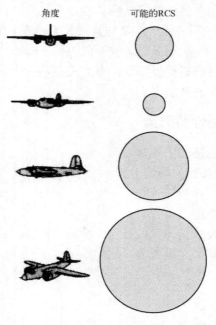

图 12-49　RCS 随观察角度的变化

如 F-16 的 RCS 值正前方为 4m^2，而侧方大于 100m^2。所以，任何 RCS 的数值都应该以一种标准的方位和高度进行鉴定。一般都以正前方±30°范围内的均值来描述一架飞机的 RCS 值的大小，即表示飞机被前向雷达探测发现的程度。RCS 值越大，表示反射的信号越强，越易被发现。图 12-50 表示了不同飞机的 RCS 值。

根据雷达方程，雷达探测距离与目标（飞机）的 RCS 的 4 次方根成正比，以 R 表示雷达探测的距离，则

$$R \propto (\sigma)^{1/4}$$

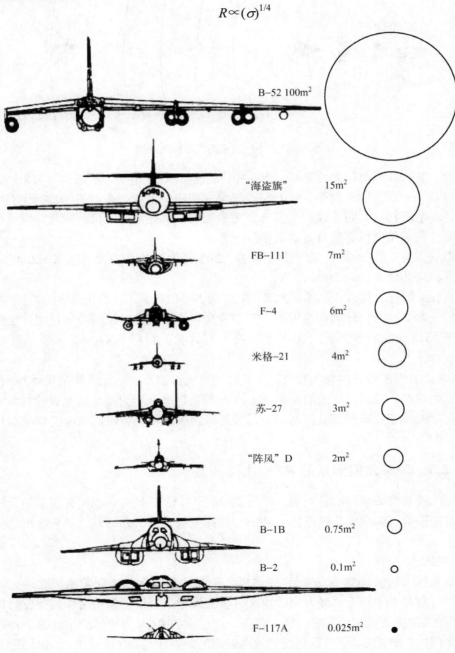

B-52	100m^2
"海盗旗"	15m^2
FB-111	7m^2
F-4	6m^2
米格-21	4m^2
苏-27	3m^2
"阵风" D	2m^2
B-1B	0.75m^2
B-2	0.1m^2
F-117A	0.025m^2

图 12-50　几种军用飞机的 RCS 值

假设飞机 σ 为 0dB（相当于 $1m^2$），其探测距离为 100km；如 σ 减小 10dB（达到 $0.1m^2$），其探测距离减小 44%，即为 56km；减小 20dB（达到 $0.01m^2$），其探测距离减小 68%，即为 32km。图 12-51 为不同 RCS 值的飞机与雷达探测距离关系的示意图。

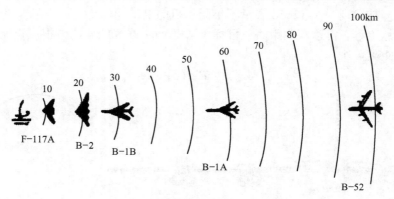

图 12-51　不同飞机的雷达探测距离

因此，具有高隐身能力的飞机在突防中，由于其 RCS 值小，不易被敌方发现，可成功地穿过其由先进雷达和高炮、地对空导弹组成的防空系统，提高了飞机的生存力。在进攻中，与敌机相迎，可实现先敌发现，先敌发射，首先消灭敌机。因此，飞机的隐身能力是新一代军用飞机必须具备的重要指标之一。

一般对于第三代战斗机，要求其正前方±30° 范围内的 RCS 值应在 $1\sim2m^2$，对于第四代战斗机则达到 $0.1\sim0.3m^2$。

隐身设计的目的是尽可能减小 RCS。RCS 的大小取决于飞机的几何面积和几何特性、雷达波的反射方向、雷达波的反射率。其中前面两个因素由飞机的外形决定，也就是隐身气动布局设计的问题。后一个因素取决于雷达吸波材料（RAM）和雷达吸波结构（RAS）。

RAM 是含有磁性铁颗粒的塑料，一般涂敷在飞机的表面。雷达波在 RAM 中传递时电磁能变为热能，减弱雷达波的反射。RAS 一般是以非金属为基体填充吸波材料的复合材料，可以制成蒙皮或蜂窝夹层结构。高频信号在表面层被吸收，下面的蜂窝结构对付低频信号。

12.6.3　简单几何形状的 RCS 比较

良好的隐身性必须将隐身气动外形与 RAM 和 RAS 相结合。在研究复杂的飞机外形之前，首先需要了解简单几何形状的 RCS，因为复杂的飞机外形是由一些简单几何外形组成的。

1．实体

简单几何形状的 RCS 比较如图 12-52 所示，其中以球体作为比较的基准，RCS=$1m^2$。入射波的方向对于平板为法线方向。由于平板的镜面反射作用和角面体的角反射作用，平板和直角两面体的 RCS 为球体的 1 万倍。圆柱体的 RCS 为球体的 100 倍。将球体变为椭圆体或尖头纺锤体，由于雷达反射波向四周的散射作用，RCS 减小。长短轴比为 2:1,

椭球的 RCS 约为球体的 1/10，顶角为 20°纺锤体的 RCS 小于球体的 1%。而平板的 RCS 为纺锤体的 100 万倍以上，可见几何形状对 RCS 的重要影响。

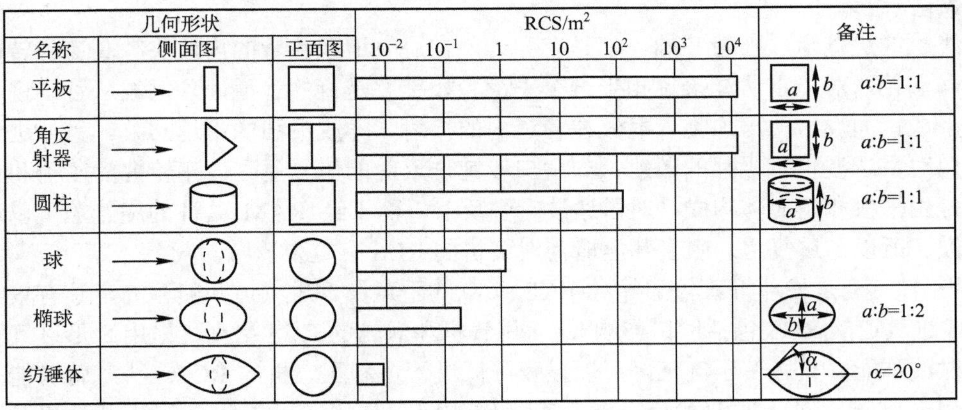

几何形状			RCS/m² 10^{-2} 10^{-1} 1 10 10^2 10^3 10^4	备注
名称	侧面图	正面图		
平板	→			$a:b=1:1$
角反射器	→			$a:b=1:1$
圆柱	→			$a:b=1:1$
球	→			
椭球	→			$a:b=1:2$
纺锤体	→			$\alpha=20°$

图 12-52　简单几何形状的 RCS 比较

　　将圆柱体机身改为截面为融合体的机身可以降低 RCS，图 12-53 所示是这两种柱体的 RCS 比较，以圆柱体作为比较的基准，其 RCS 为 1m²。对于融合柱体，当入射波为水平时，其 RCS 为圆柱体的 1%左右；当入射波为垂直时，其 RCS 在 0.1～1.0m² 之间。由于融合体截面形状不同，融合柱体的 RCS 在一定范围内变化。当入射波的 θ 角在水平方向上下一定范围变化时，融合柱体的 RCS 变化不大，对于一般融合体，θ 在 30°～40°之间。垂直方向的入射波在一定角度范围内变化时也同样如此，但变化的角度要小一些，具体取决于融合体的截面外形。融合体机身可以减小 RCS。

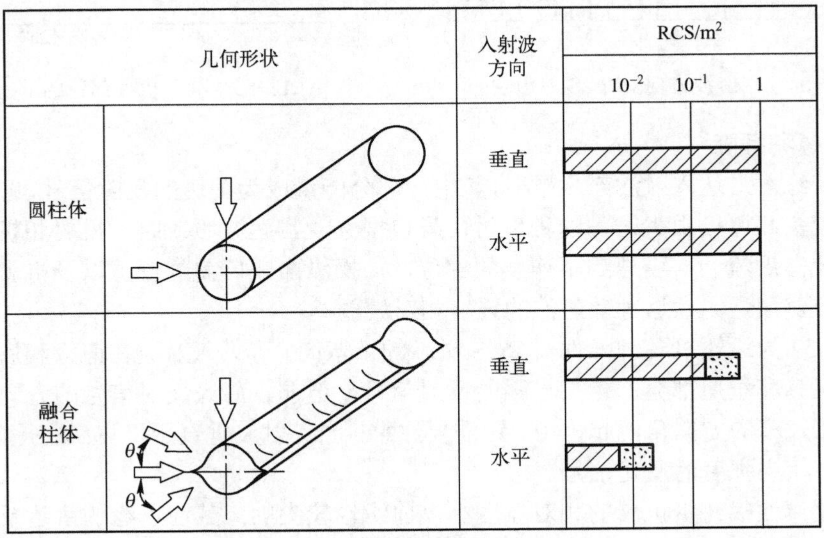

几何形状		入射波方向	RCS/m² 10^{-2} 10^{-1} 1
圆柱体		垂直	
		水平	
融合柱体		垂直	
		水平	

图 12-53　圆柱体和融合体的 RCS 比较

　　虽然入射波为法向时平面体的 RCS 很大，如入射波与平面有一斜角时，反射波向相反的方向折射，可降低雷达接收信号的强度。图 12-54 表示了入射波方位角对平板 RCS

的影响，当方位角为 10° 时 RCS 减小到 0.1%。如入射波对平板有两个方向的斜角（方位和俯仰），则 RCS 将进一步减小。

2．空腔体

飞机的进气道、喷管和舱盖都是空腔体，在进气道和喷管的内段头有高速旋转的压气机和涡轮，对于雷达波来说相当一个平板。如空腔是直的管道，入射波从管口进入管道后形成镜面反射，再加上入射波在管道内的折射，形成很强的雷达回波。另外进气道的唇口对雷达波也有极强的散射，如唇口较钝，反射的信号更强。座舱内的座椅和仪表板等是由平板和角面体构成，对雷达波有强反射，而不经 RAM 处理的座舱盖可以透过雷达波。所以，进气道、喷管和座舱盖对飞机的 RCS 有重要影响。

图 12-55 是战斗机各种部件对 RCS 贡献的示意图。进气道和喷管的空腔有较大的 RCS（进气道的 RCS 包括唇口影响），而压气机和涡轮的 RCS 更高。采用 S 形进气管道使入射波不能"直达"压气机，可以显著降低进气道和压气机的 RCS。排气管只能是直的，但二维喷管对入射波和反射波都有一定的阻挡作用，可以明显降低喷管和涡轮的 RCS，特别是宽高比很大的喷口作用更为明显。

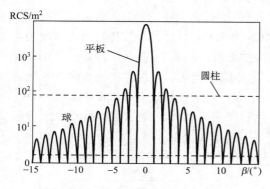

图 12-54　入射波方向对 RCS 的影响

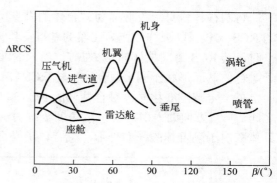

图 12-55　战斗机各部件的 RCS 示意图

3．边缘和缝隙

机翼前缘对雷达入射波产生散射，其中一部分能量成为雷达的反射信号，见图 12-56。当翼型为钝头和厚度很大时，这种反射信号也很强。雷达波照射时，机翼和机身表面吸收的电磁波向后流动，当遇到不连续的部位，如操纵面或口盖的缝隙以及机翼的后缘时亦会产生散射波，当然这种散射波的强度相对较弱。

图 12-57 为运输机各种部件对 RCS 贡献的示意图。可见入射波在前缘和后缘的法线方向时，机翼和垂尾都会产生相当强的反射信号。但前、后缘反射信号的方向性很强，只在一个比较窄的方向角内起作用。还需要注意，当入射波垂直于机翼或平尾的尖弦时，翼尖也产生相当强度的反射信号。

由于超声速战斗机机翼的相对厚度小，前缘也较尖削，其前后缘的雷达反射信号比运输机弱得多，但在隐身气动布局设计中也不容忽视。

从图 12-54，图 12-55 和图 12-57 可看出，飞机的雷达反射信号强度，也就是 RCS 的大小，有很大的方向性。即使最好的隐身设计也不可能在空间的任何方向都具有很好的隐身性，因为不同方位的隐身要求对飞机设计往往是互相矛盾的。平面部件（机翼、尾翼都可近似地视为平面部件）虽然在入射斜角大时 RCS 很小，可是在法线方向镜面反射就很强，RCS 的差别可能达到千倍或万倍。因此在隐身飞机的设计前，首先要研究可能的雷达威胁方向，在威胁的主要方向对隐身性要求应高，在次要威胁方向隐身性标准可以适当降低。例如对战略轰炸机或远程攻击机，主要威胁是前方和侧方的地面雷达波，由于飞机的飞行高度相对雷达的探测距离较小，所以重点要求在前方上下不太大的俯仰角和侧方上下不太大的滚转角范围内（上方是考虑敌预警机和战斗机的雷达）有良好的隐身性。现代空空导弹有全方位的攻击能力，而超声速巡航飞机的首次攻击一般是在前方或侧前方，因此对于战斗机同样要求前方和侧方有很好的隐身性。由于战斗机要机动作战，后向也要有较好的隐身性。另外，空中机动作战可能与敌机形成相当大的高度差，因此隐身的方向角有更高的要求。对于隐身性的方向角度要求在使用方提出的设计要求中会有明确的规定。

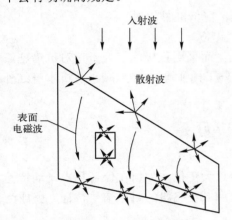

图 12-56　边缘和缝隙的雷达散射波

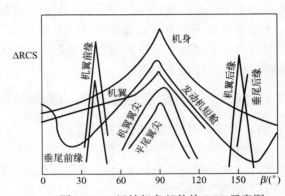

图 12-57　运输机各部件的 RCS 示意图

12.6.4　红外隐身基本概念

红外线也是一种电磁波，它的波长介于红光和无线电波之间，即 0.76～1000μm 范围。红外波段可分为近红外（0.75～3μm）、中红外（3～6μm）、远红外（6～15μm）、超远红外（15～1000μm）4 个波段。

红外辐射是一种热辐射，它与物体的温度直接有关。红外辐射的能量随物体温度的增高而急剧增大（与物体温度的 4 次方成正比），物体表面的温度越高，最大辐射能量所对应的波长越短。

1．飞机系统的主要红外辐射源

飞机上的红外辐射源主要包括发动机热部件和热喷流辐射、飞机表面蒙皮的跨声速和超声速气动力加热辐射以及飞机表面反射的太阳红外射线。

2．红外源的空间分布

飞机上红外源的空间分布如下：

（1）发动机热部件辐射来源于末级涡轮、尾喷管内的火焰筒和喷口表面。因此，要求在飞机的后半球对发动机热部件辐射加以抑制。

（2）从飞机顶部或底部看时，机体表面的辐射最强，辐射空间分布取决于总表面温度。

（3）发动机尾喷流还延伸到发动机尾喷口后一定距离，在任何方位角都能探测到，辐射值最大。迅速降低尾喷流的温度是红外抑制的主要目标。

3．减小红外辐射的一般措施

针对主要红外辐射，减小红外辐射的措施有以下几种：

（1）采用高涵道比发动机来减小发动机排气温度，也减小了热部件的温度，但可能导致飞机的重量和成本的增加。

（2）对外露发动机热部件的辐射，可采用发动机的压气机吹气冷却来减小，也可用飞机部件（如垂尾）遮挡尾喷管来减小红外辐射。

（3）喷流的辐射可采用二维喷管，使热气流与外界冷空气快速掺混而降低温度。

（4）采用添加剂，降低喷流温度。

（5）采用气熔胶技术，在喷流外形成冷气流膜，降低红外辐射。

（6）采用红外吸波涂料，降低后机身蒙皮辐射温度。

上述措施不能有效地达到抑制红外辐射的目的，而采用积极的红外干扰对抗措施，如发射引诱导弹远离目标的强红外辐射干扰源（红外干扰弹等），加上减小飞机本身红外辐射的综合方法将是有效的。

12.6.5　考虑隐身性能的气动布局原则和措施

1．考虑隐身性能的气动布局原则

隐身技术的发展和应用使飞机气动力设计产生重大变化，如何在保证基本气动特性前提下，尽量减小飞机的 RCS（即如何有效地控制和减小飞机的目标信号特征）就成为飞机设计师的重要任务。

（1）消除能构成角反射器的外形布局，如机身垂直侧面与机翼采用翼身融合体设计，单垂尾与平尾的角反射器采用倾斜的双垂尾来消除，如图 12-58 所示。

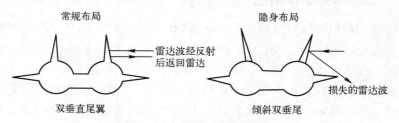

图 12-58　垂尾倾斜消除角反射

（2）变后向散射为非后向散射，如 F-22 采用带棱边的机头，将机身平侧面改成倾斜侧面，在突防时将雷达天线倾斜一个角度等，如图 12-59 所示。

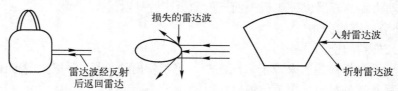

图 12-59　变后向散射为非后向散射

136

（3）采用一个部件对另一强散射部件的遮挡措施，如采用背部进气道，用机身和机翼遮挡了进气道，例如 F-117 飞机的进气道；但这样布置进气道，大迎角特性不好。利用机翼及边条对机身侧向的遮挡可减小侧向的 RCS 值。

（4）将全机各翼面的棱边都安排在少数几个非重要的照射方向上去（大于正前方40°以外），如 F-22，F-23 的机翼、平尾、垂尾的前缘和后缘都互相平行。

（5）消除强散射源的措施：

① 对于进气道，采用进气口斜切以及将进气管道设计成 S 形，既可遮挡电磁波直射到压气机叶片上，又可使进入进气道内的电磁波经过 4～5 次反射，如图 12-60 所示，使回波减弱，从而有效地减小了进气道的 RCS。F-22 即 F-18 改进型都采用了斜切进口及 S 弯形进气道。

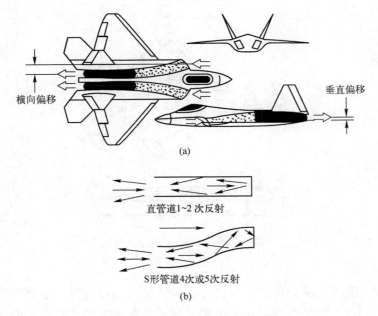

图 12-60　斜切口及 S 形进气道

② 对于外挂物，将中、近距导弹和炸弹都埋挂在机身舱内，如 F-22、B-2 那样，但会增大机身截面积而使阻力增加；也可采用保形外挂，如 EF-2000 那样，将导弹贴在机身上。

（6）结构细节设计。对于隐身飞机，在强散射源已减弱后，弱散射将起主导作用，如机身的口盖、舵面的缝隙、台阶、铆钉等都是弱散射源，都应采取措施。一般是将口盖及缝隙设计成锯齿状，如 F-22 那样。

（7）当某些部件或部位不能使用外形隐身措施时，必须采用其他措施来弥补。例如雷达波能透过座舱盖玻璃，而座舱内的仪表板和座椅等有镜面反射和角反射器效应，飞行员头盔也是一个强散射源，这些都是无法改变的。唯一的办法是在玻璃上蒸镀一层透明的薄金属膜，阻挡雷达波的射入和使电磁波产生漫反射而减小 RCS。雷达舱也是类似的情况，雷达罩是透波材料，雷达舱内的天线为镜面反射，雷达组件也形成角反射器或镜面反射。这也只能采取其他办法解决，如采用相控阵天线，组件上涂以吸波材料、智能雷达罩（只能透过自己的雷达波）等。

在关键部位（并非全部导电表面）使用吸波材料，例如在机翼、平尾等翼面前缘涂吸波材料，在进气口、S形进气道腔体使用吸波材料等均可以起到降低RCS的作用。

2. 考虑隐身性能的气动布局措施

著名的隐身飞机有对地攻击机F-117（图11-13），战略轰炸机B-2（图11-15），第四代战斗机F-22（图11-14）。它们都是美国研制的。除此之外，曾经和F-22共同参与ATF（先进技术战斗机）竞标的原型机YF-23也是一种隐身飞机，见图12-61。

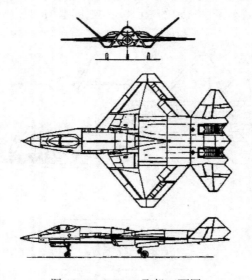

图12-61　YF-23飞机三面图

1）机翼

从隐身的角度应选用后掠大、展弦比小和梢根比大的机翼。小展弦比机翼由于展长的减小，有降低雷达信号的作用。大梢根比机翼的根弦长，对机身侧面的遮蔽效果明显，而侧面是机身反射波最强的方向。最突出的例子是F-117攻击机，它的基本机翼参数为$\Lambda_0=67.5°$，$A=2.0$，F-117是远程亚声速攻击机，从气动力观点最合理的选择应是小后掠、大展弦比的机翼，而F-117为保证良好的隐身性而牺牲气动效率。为弥补大后掠、小展弦比机翼气动效率低的缺点，在大约40%半翼展以内，机翼后缘改为前掠约50°，增大机翼面积，同时便于内翼后缘作为发动机喷口。内翼后缘前掠增大机翼根弦的长度，在侧向对整个机身起遮蔽作用。

B-2是远程轰炸机，由于技术的进展已经不需像F-117攻击机那样牺牲气动效率的设计。它的特点是去掉了平尾和垂尾，采用大展弦比的"飞翼"式布局，得到了良好的隐身性和气动效率的结合。为保证机翼后缘航向操纵面的效率，机翼前缘后掠角不大（33°）。B-2机翼的特点是多折线后缘，形成左右两个M形。这种后缘的设计是综合考虑几方面要求的结果。其特点如下：

（1）有利于隐身性。几段后缘只有两种后掠角，分别平行左右机翼前缘，使飞机的反射波形成4个波束，提高隐身性能。

138

（2）提高俯仰和航向操纵面的效率。对于"飞翼"式布局，保证后缘操纵面有足够的力臂是一个困难问题，一般的解决方法是增大机翼后掠角，但这与亚声速巡航效率有矛盾。在前缘后掠不太大的前提下，双 M 形后缘可以使靠近翼尖后缘的航向操纵面和内侧后缘的俯仰操纵面得到较大的力臂。

（3）最大限度地增大翼根弦长，既保证了座舱、武器舱和发动机的安排，又增大了根部结构高度，对结构受力和减轻重量有利。

F-22 和 YF-23 是超声速巡航战斗机，从机翼设计来看，YF-23 更富有特色。YF-23 的机翼为标准的菱形，前缘后掠 40°，后缘前掠 40°，展弦比 2.0，梢根比 0.08。"燕形"尾翼俯视投影的前、后缘后掠角与机翼相同，构成典型的接近 45° 的四反射波束。而 F-22 基本为三角机翼，从隐身的角度 YF-23 的机翼更为优越。YF-23 机翼的展弦比和梢根比均比 F-22 机翼（$A=2.23$，$\lambda=0.12$）小，因此根弦相对较长，不但对机身的遮蔽长度较大，有利于隐身性能，而且机翼的结构特性也较好。

从隐身角度要求翼型不但相对厚度要小，而且前缘要尖削，前缘半径要小，最好是尖头。F-117 攻击机就是采用平板前、后缘削尖的翼型，这种翼型虽然隐身特性好，但在小迎角时前缘即发生分离，诱导阻力大，对于亚声速远航程的飞机很不利。可以说 F-117 是为获得良好的隐身性而牺牲气动效率的一个典型。

2）机身

F-117 攻击机的机身由多面体构成，这是一种非常奇特的绝无仅有的设计，出发点还是从隐身考虑。机身的每块平面有空间倾角，垂直平面倾斜角和水平平面内的后掠角都较大，周围来的雷达波都向上折射，地面雷达和水平面上敌机的雷达都接收不到，对降低机身的雷达反射信号强度有明显的作用。但这种多棱边机身很容易产生气流分离，阻力的代价很大，结构受力也不利。

B-2 轰炸机的机身在机翼上表面类似一个流线型的大鼓包，从前到后宽度基本保持不变。机身的两侧为发动机短舱。从侧面看，机身外形接近翼形。突出机翼下表面的机身在展向与机翼下表面和缓地过渡，没有明显的界限。总的来说，机身与机翼有很好的融合，外形过渡和缓光滑，将良好的隐身性与气动外形结合在一起。

F-22 战斗机为上单翼，机身上部与机翼融合在一起。机身侧面为向内倾斜约 35° 的平面，使反射波避开雷达威胁的主要方向（一般认为侧面在 30° 以内）。机身下部基本为平面，有武器舱门。在进气口以前的前机身截面类似菱形，下部也是向内倾斜约 35° 的平面。上部略带弧度，以便于座舱盖构成融合体。座舱盖的侧面与机身也形成倾斜约 35° 的曲面。F-22 机身外形的隐身设计主要靠倾斜的平面和机身上部的融合体。F-117 和 F-22 都是洛克希德公司为主设计的，F-22 机身的隐身设计继承了 F-117 倾斜平面的思路，并且有所发展，隐身性和气动性能有更好的结合，F-22 机头倾斜的平面在两侧形成棱边，大迎角时能保持左、右旋涡的对称，对防止失控和提高大迎角的飞行品质有好处。

YF-23 的机身设计与 F-22 有明显不同。F-22 采用窄间距双喷管布局，两个发动机靠在一起，从前到后形成一个完整的机身。YF-23 采用宽间距双喷管布局，形成两个明显的发动机短舱。机身外形为一个两头尖的流线体，后端在机翼中部结束。机身和发动机短舱与机翼构成融合体外形，前机身也是一个理想的融合体外形，并且与座舱盖融合在一起。YF-23 主要利用融合体外形隐身，而且将一个机身分为三个较小的短舱也助于提高隐身性。YF-23 和 B-2 飞机都是以诺斯罗普公司为主设计的，YF-23 的机身和发动机短舱的布局以及隐身设计的思路继承了 B-2 飞机的研究成果。

3）尾翼

按照隐身的要求最好是去掉尾翼（平尾和垂尾），B-2 轰炸机就是这样做的。去掉尾翼有两个前提，一是有非常可靠的主动控制系统确保飞机的稳定性；二是飞机机动性要求不高。因此高机动性战斗机目前还不能完全去掉尾翼。

F-117 飞机取消了平尾，由于是大后掠机翼，俯仰操纵利用机翼外侧的后缘操纵面。双垂尾向外倾斜 40°，反射波避开了主要威胁的雷达方向。

YF-23 是将平尾和垂尾合并，成为"燕尾"形尾翼，同时具备俯仰和航向操纵的能力。双尾翼在发动机舱后端的两侧，相距很远，外倾 47°。尾翼前后缘俯视投影的后掠角和前掠角与机翼完全相同。从隐身性的角度看，YF-23 尾翼的布局是一个比较好的设计，特点是：①去掉了平尾；②很大的外倾角，在侧向很大范围内避开威胁方向的雷达；③尾翼前后缘分别与机翼平行，使侧向反射波成典型的 4 波束系；④对发动机短舱在侧面形成较好的遮蔽作用。

F-22 为常规的尾翼布局，双垂尾外倾 27°，能躲开大部分侧向雷达的探测（在水平面上、下 30° 范围内的雷达探测对飞机的威胁最大）。平尾与机翼在同一水平面上并与机翼后缘相邻，对机身侧面起遮蔽作用，降低 RCS。平尾的前后缘与机翼的前后缘平行，垂尾前缘俯视投影的后掠角与机翼前缘相同（后缘不相同），这有助于将翼面前后缘的反射波集中在少数几个方向，对隐身有好处。但 F-22 机翼后缘前掠角 17°，与前缘后掠角 47° 不一致，形成 8 个主要反射波束。而且垂尾后缘前掠角与其他翼面不一致，隐身性能不及 YF-23 的典型 4 波束。

4）进气道

进气道隐身性的一个重要要求是要使入射波不能"直达"压气机，避免镜面反射。F-117 采用在进气口加隔波栅板的办法。栅板由吸波材料制成，电磁波不能进入进气道。其他几种飞机都是采用 S 形的进气管道来解决这个问题，S 形管道同时有削弱雷达反射波强度的作用。

唇口也是进气道的强反射源，有两种降低 RCS 措施：一是减小唇口半径，使唇口比较尖锐，这几种飞机都注意到这点；二是使进气口边缘斜掠，这与加大机翼后掠减小回波强度的道理相同。F-117 进气道唇口边缘在俯视平面的后掠角接近机翼前缘后掠角，侧视平面的后掠角与风挡前棱边平行。F-22 比 F-117 有进一步的改进，俯视平面的唇口后掠与机翼完全相同，侧视平面唇口后掠角与垂尾后缘平行。YF-23 的进气唇口在两个方向也都有后掠角。B-2 轰炸机采取的是另一种方法，将上、下唇口做成锯齿形，锯齿边缘分别平行于机翼前缘和后缘。这样不但可以减小唇口反射波的强度，而且将反射波集中在飞机的少数几个反射波束中去，在雷达探测的主方向起到减小 RCS 的作用。

在进气道的内部安装导流片（需要一定宽度）可阻挡电磁波在管道内部的反射而降低空腔的 RCS，美国的 B-2 轰炸机就采取这种措施。

5）喷管

喷管是飞机后部雷达波的重要反射源，有两个原因：空腔反射和涡轮的镜面反射。F-117 攻击机在喷口上采取了很独特的措施，将机翼内侧后缘变成二维喷口，喷口的高度

15cm，宽度 183cm，宽高比达到 12.2。喷口的高度很小，而且在宽度方向还有很多隔板，喷管还呈 S 形弯曲。入射波不但不能直达涡轮，而且进出都受到阻挡，使喷管的 RCS 大幅度降低。喷流在喷出前有进气道多余的冷空气渗入，由于喷口的宽高比很大，喷流与外部空气有大面积的接触，喷流的温度只有 60℃，使红外信号大为减小，具有红外隐身性。采取这些措施后，F-117 的喷口有很好的雷达和红外隐身性，但推进效率显然有牺牲。

F-22 为提高过失速的操纵性，采用俯仰矢推的二维喷管，同时带来降低雷达和红外信号强度的好处。喷管的上、下缘做成锯齿形，进一步减小喷管的 RCS。

YF-23 喷管的隐身设计基本沿用了 B-2 的思路。YF-23 未采用矢推喷管，虽然发动机的喷管是圆形的，但在发动机喷口之后，飞机上有一段延伸的矩形外罩，可能有类似的二维喷管减小雷达和红外信号的作用。为减小边缘的反射信号，YF-23 的喷管上、下缘也是锯齿形的。

6）部件的互相遮蔽

利用机翼对机身的侧向遮蔽用以减小 RCS，在前面已经提到。对于远距攻击机和轰炸机，防范地面雷达的探测是主要矛盾，因此最好将机身和发动机短舱等突出物完全置于机翼之上，使整个飞机的下表面为平坦的平面。飞机的飞行高度相对雷达探测距离很小，需要考虑的雷达波入射角（相对于法线）一般不小于 45°。平坦的机翼下表面相对这么大角度的入射波会将大部分的电磁能量折射开，雷达接收到的反射信号很弱。当然，如入射波接近法线方向，机翼表面的镜面反射会使 RCS 增大很多，但这种机会和延续的时间都极小。

F-117 飞机是这方面的典范，机翼前缘延伸至对称线，将机身完全遮蔽。B-2 轰炸机也采取这种措施，虽其机身和发动机短舱有一部分突出于机翼下表面，但用非常和缓的整流过渡，与机翼下表面融合在一起。对于战斗机来说，主要是对空作战，对仰视和俯视的雷达都需要防范，因此一般不采用这种方法。

7）口盖和舱门

口盖和舱门的边缘对缝，对表面的电磁波是不连续的介质，会引起散射波。当飞机的主要部件都采取了隐身设计，反射波信号强度大为减弱的时候，这些强度较弱的散射波的危害性增大。解决的措施有两种：一是在对缝中敷设填充剂；另一种是将垂直入射波方向的对缝做成锯齿形，相对于直边缘，锯齿边缘散射波的强度减弱。如将锯齿边平行于机翼的前后缘，则缝隙反射波进入飞机的主要反射波束，危害性大为降低。现在的隐身飞机普遍采用这种方法。

8）外挂

前面已经提到，外挂是飞机的强反射源，一是外挂物本身具有较大的 RCS，二是外挂与机体形成的互反射效应，最彻底的办法是将武器内挂，前面介绍的几种隐身飞机都采用这种措施。但这要付出相当大的代价，增大飞机的尺寸和重量，而且影响武器装载的灵活性。另外一种方法是保形外挂（贴合式、半埋式和整流罩式），适当降低隐身要求，换来武器装载（类型和数量）的灵活性。假如武器本身也采取隐身措施，效果会更好些。

第3篇　飞机飞行性能

飞机飞行性能研究在已知外力（发动机推力、空气动力及飞机重力）作用下，如何确定飞机在空中及地面的各种运动特性，如最大飞行速度、飞行高度、飞行距离、各种机动性能以及起飞着陆特性等。

在研究飞机飞行性能时，所作的一个重要假设是：把飞机视为一个可操纵的质点，只要建立描述质心运动的动力学方程，就可以确定飞机的基本飞行性能及飞行轨迹；另一个重要假设是：飞机的力矩是瞬间平衡的，即性能计算中所用的升力、阻力曲线必须是配平的，动力对力矩的影响也是经配平的。研究飞行性能采用航迹坐标系，可使运动方程形式简便，便于进行飞行性能计算。

第 13 章　基本飞行性能计算

飞机的基本飞行性能计算的主要任务是研究飞机在空中定常运动和准定常运动时的运动特性。基本飞行性能与飞机构型、重量、发动机工作状态和大气条件等有关。

13.1　基　本　方　程

13.1.1　动力学方程

飞机性能计算，将飞机视为一个质点，按航迹坐标系写出飞机质点动力学方程。

在本章所讨论的基本飞行性能中，只涉及飞机在垂直平面内无侧滑飞行。作用在飞机上的力如图 13-1 所示。其动力学方程如下

$$m\mathrm{d}V/\mathrm{d}t = T\cos(\alpha + \varphi_{\mathrm{T}}) - D - G\sin\theta \tag{13-1}$$

$$mV\mathrm{d}\theta/\mathrm{d}t = T\sin(\alpha + \varphi_{\mathrm{T}}) + L - G\cos\theta \tag{13-2}$$

式中　α——迎角；

　　　V——飞行速度；

　　　T——推力；

　　　D——阻力；

L——计力；

φ_T——推力作用线与飞机迎角基准线之间的夹角；

θ——航迹倾斜角；

$m=G/g$——质量，kg；G 为重力，N；g 为重力加速度，m/s^2。

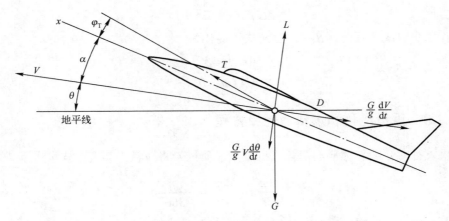

图 13-1　垂直平面内无侧滑飞行作用在飞机上的力

1. 水平直线飞行

当飞机作水平直线飞行时，$\theta=0$，$\mathrm{d}\theta/\mathrm{d}t=0$，式（13-1）和式（13-2）可简化为

$$m\mathrm{d}V/\mathrm{d}t = T\cos(\alpha+\varphi_\mathrm{T}) - D \tag{13-3}$$

$$T\sin(\alpha+\varphi_\mathrm{T}) + L = G \tag{13-4}$$

联立求解式（13-3）和式（13-4）可用于水平加减速性能计算。

若飞机作等速水平直线飞行，$\mathrm{d}V/\mathrm{d}t=0$，式（13-3）可进一步简化为

$$T\cos(\alpha+\varphi_\mathrm{T}) = D \tag{13-5}$$

式（13-4）和式（13-5）常用于计算等速平飞性能，例如最大平飞速度、最小平飞速度和巡航段的续航性能等。

2. 爬升飞行

通常，爬升轨迹接近于直线，即 $\mathrm{d}\theta/\mathrm{d}t=0$，那么式（13-2）可简化为

$$T\sin(\alpha+\varphi_\mathrm{T}) + L = G\cos\theta \tag{13-6}$$

式（13-1）和式（13-6）可用于非定常直线爬升、非定常直线下降、俯冲和跃升的直线段等性能计算。

当飞机在垂直平面内作等速直线爬升时，$\mathrm{d}V/\mathrm{d}t=0$，式（13-1）又可简化为

$$T\cos(\alpha+\varphi_\mathrm{T}) = D + G\sin\theta \tag{13-7}$$

式（13-6）和式（13-7）可用于爬升率、升限等有关等速爬升的性能计算。

13.1.2 运动学方程

计算飞机的飞行性能时，还需使用运动学方程。在垂直平面内飞行时，运动学方程为

$$\mathrm{d}x / \mathrm{d}t = V \cos\theta \qquad (13-8)$$

$$\mathrm{d}H / \mathrm{d}t = V \sin\theta \qquad (13-9)$$

若作水平直线飞行时，$\theta = 0$，上两式可简化为

$$\mathrm{d}x / \mathrm{d}t = V \qquad (13-10)$$

$$\mathrm{d}H / \mathrm{d}t = 0 \qquad (13-11)$$

13.1.3 重量变化和燃料消耗量方程

飞机飞行时，随着燃料的消耗飞机重量（质量）将减轻，其关系式可用下式表示：

$$\frac{\mathrm{d}m}{\mathrm{d}t} = -\frac{\mathrm{d}m_f}{\mathrm{d}t} = -\frac{q_h}{360°} \qquad (13-12)$$

燃料消耗量的计算公式为

$$m_f = \frac{1}{3600} \int_0^t q_h \mathrm{d}t \qquad (13-13)$$

式中：q_h——小时燃料消耗量，kg/h。

13.2 性能计算原始数据

飞机飞行性能计算是根据作用在飞机上的外力，确定其质心在空中或地面的运动规律。一般来说，除了起落性能是在地面运动外，作用在飞机上的外力主要是空气动力、发动机推力和地心对飞机的引力。众所周知，这些外力不仅直接与飞机飞行性能参数有关，同时还取决于飞机的构型和重量（装载）、大气条件发动机油门位置和燃料消耗规律以及舵面的操纵规律等。为此，这里首先给出基本性能计算时所需原始数据。

13.2.1 飞机的升阻特性

飞机的升阻特性，通常以升力系数和阻力系数及其增量的形式给出。这些数据取决于飞机的构型和飞行状态，一般应通过风洞试验和飞行试验得到。在飞机设计初始阶段，通常用工程估算结果，并经过经验修正后确定。

飞机飞行性能计算，要使用经配平后的升阻特性。为了保持全机力矩的平衡，需要操纵面偏转，必须计及由此产生的附加升力和阻力，图 13-2 为配平极曲线。

极曲线：飞机升力系数对阻力系数的曲线，曲线的最高点的纵坐标值表示最大升力系数，平行纵坐标的直线与曲线相切，可以得到最小阻力系数和迎角值。

1. 飞机常用构型

根据风洞试验方法和程序，在原始数据处理上常把它归纳为飞机的基本构型和在此构型上加上或减去各种装置引起的气动力增量。

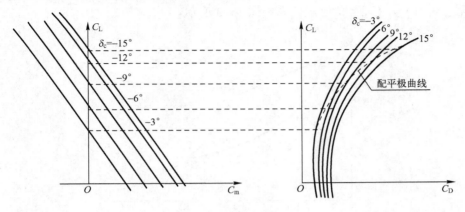

图 13-2 极曲线配平修正

1）基本构型

（1）干净构型。飞机在飞行过程中最经常出现的气动外形，即增升装置、起落架、减速板、弹舱门等都在收上位置，正常装载，进气道调节锥、尾喷口、放气活门等有关动力装置的可操纵机构都处于飞行状态和发动机工作状态相适应的位置。

（2）起落构型。是在风洞试验或试飞测定气动力特性数据时，按整机处理数据的飞机构型。例如：放下襟翼、放下起落架、带地面效应的放起落架和襟翼等构型。

2）非基本构型

在飞行中除基本构型外，还出现各种非基本构型。例如：外挂副油箱、武器（导弹、炸弹等），着陆时放减速伞、扰流片、减速板，多发动机飞机其中一台（或两台）发动机故障状态等。通常把有别于基本构型引起的气动力变化视为增量，可叠加在相应的基本构型的气动力数据上。

2. 升力特性

按照所需重心配平的升力特性数据包括以下三方面：

1）在正常迎角范围内的升力特性

升力系数和迎角是线性关系

$$C_L = C_{La}(\alpha - \alpha_0)$$

式中　　C_{La}——升力线斜率，$C_{La} = f(M, Conf)$，$Conf$ 为构型缩写；

　　　　α——迎角；

　　　　α_0——零升迎角，$\alpha_0 = f(M, Conf)$。

2）在大迎角下的升力特性

这些特性数据用于确定性能边界，主要包括：

最大升力系数：$C_{Lmax} = f(M, Conf)$，它反映了飞机的失速特性。

抖动升力系数：$C_{Lbu} = f(M, Conf)$，常常是亚声速飞行速度包线的左边界。

受操纵面最大偏角限制的升力系数：$C_{L\delta max}$，一般在超声速飞行时，要受到为保证飞机平衡所需要的平尾或升降舵极限偏角的限制，它随飞行马赫数（Ma）的增加而减小。

C_{Lmax}，C_{Lbu}，$C_{L\delta max}$ 的一般关系如图 13-3 所示。

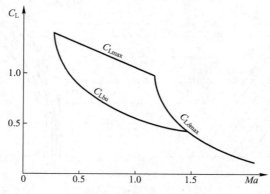

图 13-3　C_{Lmax}，C_{Lbu}，$C_{L\delta max}$ 随 Ma 的变化曲线

3）附加升力系数增量（包括外挂物、扰流片等）

考虑外挂物、扰流片等对升力系数产生的影响。

3．阻力特性

1）特定高度上基本构型的阻力特性

全机配平极曲线是航迹坐标系下的配平极曲线，有

$$C_{Dtr}=f(C_L, M, Conf)$$

解析表达式为

$$C_D=C_{D0}+C_{Di}$$

式中　C_{D0}——零升阻力系数；

　　　C_{Di}——诱导阻力系数，其解析式为 $C_{Di} = AC_L^2$；

　　　A——诱导阻力因子，$A=f(M)$。

2）极曲线的高度修正

极曲线通常是对某一特定基准高度给出的，在计算其他高度的阻力系数时，需考虑高度修正项，它一般由下式给出

$$\Delta C_{DH} = \Delta C_{D(Re, M=0)}\eta_M$$

式中　$\Delta C_{D(Re, M=0)}$——不可压缩时的高度修正量，根据不同高度的 Re 数查变 Re 数试验曲线得到；

　　　η_M——压缩性影响修正系数。

3）附加阻力增量

附加阻力指非基本构型中附加构型变化引起的阻力。大多数附加阻力项可视为只随马赫数变化，即 $\Delta C_{D\times\times} = f(M)$。

进气道溢流引起的阻力增量是随飞行高度 H、马赫数 Ma 及发动机工作状态而变化的。

146

单发停车引起的阻力增量与飞机构型、发动机工作状态、马赫数等因素有关。

13.2.2　发动机特性

目前采用的发动机有活塞式、涡轮螺旋桨式、涡轮喷气式、涡轮风扇式。发动机工作状态一般分加力状态、起飞状态、连续状态、巡航状态、慢车状态。但随着发动机类型的不同有所不同。

1．几种常用的工作状态

（1）加力工作状态：指发动机使用加力燃烧时的工作状态，又可分为全加力、部分加力和小加力。为保障发动机寿命，通常要限制它的使用时间。

（2）起飞（或最大）工作状态：指发动机不使用加力燃烧时产生的最大推力状态。

（3）连续（或额定）工作状态：指发动机能较长时间连续工作的状态，一般用于爬升。

（4）巡航工作状态：指转速或推力比额定状态小，燃料消耗最小，连续工作时间不限制的工作状态，一般用于巡航。

（5）慢车工作状态：指发动机能稳定工作的最小转速工作状态。

（6）其他工作状态：对于某些发动机还有超转速起飞、喷水加力或辅助起飞装置工作状态或反推力工作状态等。

2．发动机特性

发动机推力和燃料消耗率随发动机工作状态、速度（或马赫数）、高度和环境温度而变化。

1）速度、高度特性

在发动机转速保持不变（即给定发动机工作状态）的条件下，发动机特性随飞行速度、高度的变化。通常以下述形式给出：

转速　$n=$常数时

推力　$T=f(H, M)$（图 13-4）

小时耗油量　$q_h=f(H, M)$

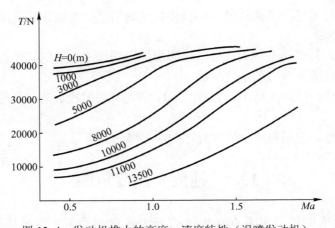

图 13-4　发动机推力的高度—速度特性（涡喷发动机）

2）节流特性

节流特性又称为油门特性或转速特性，主要研究发动机性能随转速的变化规律。通常以下述形式给出：

$H=$常数时，燃油消耗率：$C_j = f(T, M, \bar{n})$（图 13-5）

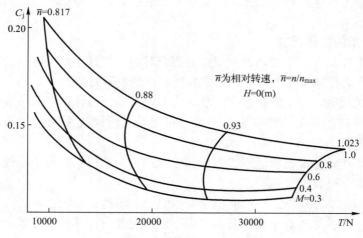

图 13-5　发动机燃油消耗率特性

13.2.3　飞机重量数据

飞机飞行性能计算需要飞机及其装载的重量作为原始数据。但军机、民机对飞行重量和装载重量的定义是不完全相同的，只须给定，并不影响计算。

1．飞机重量

（1）空机重量：飞机结构、动力装置、通用和专用设备等所构成的重量。

（2）基本重量：空机重量加固定装载重量。

（3）飞行重量：基本重量加有效装载和燃油的重量，此时的燃油是指飞行中不断变化的机内可用燃油量。

（4）平均飞行重量：飞机携带 50%机内燃油时的飞行性能计算重量。

2．装载与燃油

（1）固定装载：包括空勤人员、不可用燃油、润滑油、氧气、航炮、弹药和不可投放的挂架等，与任务无直接关系的装载。

（2）有效装载：包括人员（除空勤之外）、货物、发射投放的武器等，与任务直接有关的装载。

（3）燃油重量：包括机内燃油和外挂副油箱燃油的重量。

13.3　速度—高度范围

飞机的速度范围是指定常直线平飞的最大速度和最小速度之间的飞行范围；飞机的高度范围是指从海平面到飞机能保持定常直线平飞的最大高度之间的飞行高

度范围。飞机的速度—高速范围是以飞行速度和高度为坐标，以不同的飞行限制条件为边界所给出的飞行范围。速度—高度范围的边界线称为飞行速度包线。根据最大平飞速度、最小平飞速度、最小机动速度和理论升限可绘制出飞机的速度—高度范围。

飞机在水平面内保持直线运动的飞行，叫做水平直线飞行，简称平飞。等速水平直线飞行是最常见的运动形式之一。表征飞机等速平飞性能的主要指标有：最大平飞速度 V_{max}（或 M_{max}）和最小平飞速度 V_{min}（或 M_{min}）。

13.3.1　可用推力和需用推力

1. 飞机可用推力（功率）

飞机可用推力是发动机安装在飞机上后，可用于飞行的有用净推力。

"非装机推力"是发动机制造商提供的，它是根据某种假定的进气道总压恢复和喷口，一般还假定无畸变、无引气和功率提取。

"装机推力"是发动机装在飞机上后产生的实际推力，它是"非装机推力"进行装机修正得到的，其修正项包括：真实的进气道压力恢复、引气和功率提取及真实的喷口等。

应该注意到，全发工作和单发停车时单台发动机的可用推力是不同的，因为单发停车后，全机所需的提取功率和空调等引气将由剩余的工作发动机承担。

2. 平飞需用推力

平飞需用推力是飞机保持等速水平直线飞行所需要的推力。由式（13-5）可得平飞需用推力

$$T_{req} = \frac{D}{\cos(\alpha + \varphi_T)} \qquad (13-14)$$

给定飞机构型、重量 W、飞行高度 H 和飞行速度 V，联立求解式（13-4）和式（13-5）经迭代可得平飞需用推力 T_{req}。

由式（13-4）除以式（13-5）可得

$$\tan(\alpha + \varphi_T) = \frac{G - L}{D} \qquad (13-15)$$

当构型、W、H 和 V 已知时，L 和 D 是 α 的函数。设定迎角初值 α_0 和步长 $\Delta\alpha$（依据精度而定），利用配平升力曲线和配平极曲线计算出 L 和 D，迭代计算直至上述等式满足为止，则得出 α 和 D，代入式（13-14）就得到 T_{req}。

13.3.2　失速速度

1. 适用的条例规范

民用飞机　CCAR—23　　§ 23.49（失速速度）；
　　　　　CCAR—25　　§ 25.103（失速速度）。
军用飞机　GJB 34—85　　5.4.3（平飞失速速度）。

2．失速速度的确定

对于军用飞机，GJB 34—85 中定义的平飞失速速度，是下列速度中的最大者：

（1）以最大升力系数（指 $C_L-\alpha$ 曲线的第一个局部最大值）作等速平直飞行的速度。

（2）发生非指令性俯仰或偏转时的速度。

（3）出现难以忍受的抖振或结构振动时的速度。

（4）在某些特殊情况下，根据其他限制条件确定的最小可用速度。

可以看出，除非受到稳定性丧失的限制，或者气动抖振或结构振动的限制，或者升降舵效能等特殊条件的限制，平飞失速速度是最大升力系数下的平飞速度。

对于民用飞机，适航条例把失速速度定义为无动力、前重心条件下的最小稳态飞行速度。通常是在过载小于 1 的机动中获得这一速度的。

当飞机装有防失速装置（回杆器）时，或者受到稳定性丧失的限制时，或者受到不可接受的抖振或振动限制时，失速速度有可能增加。

适航条例所定义的在失速机动中得到的失速速度可记作 V_S，而把平飞所对应的失速速度记作 V_{S-1g}。V_S 约为 V_{S-1g} 的 94%，V_S 是民用飞机重要基准速度。由于在失速机动中对失速的识别取决于驾驶员的技术和判断，这可能造成失速速度基准的不一致性。因而美国联邦航空局鼓励用 V_{S-1g}。适航条例的使用历史表明，目前规定的使用速度提供了可接受的安全水平，因此当采用 V_{S-1g} 为基准失速速度时，可将现行的使用速度系数乘以 0.94。这实质上得到了与目前相同的使用速度，保证了相当的安全性。例如，当采用 V_{S-1g} 时，起飞安全速度由 $1.2V_S$ 改为 $1.13V_{S-1g}$。

13.3.3　最大平飞速度与最大使用速度

1．适用的条例规范

民用飞机　CCAR-23　§23.1505（最大使用限制速度）；

　　　　　CCAR-25　§25.1505（最大使用限制速度）。

军用飞机　GJB 34—85　2.3.1（给定高度最大平飞速度）和 2.3.2（最大平飞速度）。

2．发动机推力限制的最大平飞速度

通常使用图解法，对给定构型、重量、发动机工作状态和飞行高度，求得平飞需用推力 T_{req}，并将 T_{req} 和飞机可用推力 T 绘于同一图上，如图 13-6 所示，在同一高度上两推力曲线最右边交点（A、B、C、D）所对应的速度（或马赫数），即是该高度上给定发动机工作状态推力限制的最大平飞速度。

3．给定高度的最大平飞速度

给定高度的最大平飞速度，是飞机在给定高度上，以给定构型、重量和发动机工作状态（最大加力或最大不加力），进行等速水平直线飞行所允许的最大速度，它取下列速度的最小者：

（1）发动机推力限制的最大平飞速度。

（2）由结构强度、颤振限制所决定的最大速度。

（3）飞机操纵性、稳定性限制的最大速度。

（4）气动加热限制的最大速度。

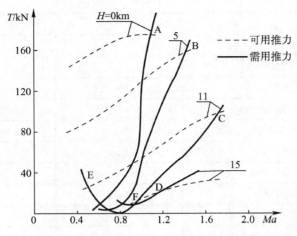

图 13-6 平飞需用推力和可用推力曲线

4．最大平飞速度

最大平飞速度是指飞机在所有飞行高度上的最大平飞速度中的最大值。

5．最大使用速度

CCAR 中的最大使用速度（V_{M0} 或 M_{M0}）是指在任何飞行状态（爬升、巡航或下降）下都不得随意超越的速度。

虽然 V_{M0}/M_{M0} 的确定不取决于飞机的最大平飞速度能力，但是计算最大巡航推力和最大连续推力状态下的飞机平飞速度往往是需要的，以便确定飞机的最大巡航速度能力和超速条件。

13.3.4　最小平飞速度与最小使用速度

1．最小平飞速度

最小平飞速度是指飞机在给定高度上以规定的构型、重量和发动机工作状态能保持水平飞行的最小速度，取下列速度的最大者：

（1）在 C_{Lmax} 时等速水平直线飞行的失速速度，即 V_S。

（2）发动机推力限制的最小速度，即平飞需用推力与可用推力曲线最左边交点（图 13-6 中的 E、F）对应的飞行速度，为该高度上推力限制的最小平飞速度。

（3）出现非指令性的俯仰、滚转或偏航时的速度。

（4）出现难以忍受的抖振或结构振动时的速度。

（5）其他限制条件（如发动机点火和稳定工作限制速度等）的最小速度。

2．最小使用速度

最小使用速度是指飞机在给定高度上，以给定的构型、重量和发动机工作状态下，完成规定使用任务的最小速度。

参考《军用飞机飞行品质规范》1.5.7 中给出的军用飞机使用飞行包线推荐值（表 13-1）。由表 13-1 可见军用飞机最小使用速度一般为 $1.2\sim1.4V_S$。

表 13-1 军用飞机使用飞行包线推荐值

飞 行 阶 段		空 速		高 度	
		V_{omin}	V_{omax}	V_{omin}	V_{omax}
战斗阶段 （A 种）	空战（CO）	$1.4V_S$	V_{MAT}	H_0	$H_{m,co}$
	对地攻击（GA）	$1.3V_S$	V_{MRT}	H_0	H_{in}
	密集编队（FF）	$1.4V_S$	V_{MAT}	H_0	$H_{m,co}$
	武器投掷或发射（WD）	V_{range}	V_{MAT}	H_0	$H_{m,co}$
	地形跟踪（TF）	V_{range}	V_{MAT}	H_0	3000m
	侦察（RC）	$1.3V_S$	V_{MAT}	H_0	$H_{m,co}$
	反潜搜索（AS）	$1.2V_S$	V_{MAT}	H_0	H_{in}
	空中受油（RR）	$1.2V_S$	V_{MRT}	H_0	$H_{m,co}$
航行阶段 （B 种）	巡航（CR）	V_{range}	V_{MRT}	H_0	$H_{m,cr}$
	上升（CL）	$0.85V_{mc}$	$1.3V_{mc}$	H_0	$H_{m,cr}$
	待机（LO）	$0.85V_{endu}$	$1.3V_{endu}$	H_0	$H_{m,cr}$
	下降（D）	$1.4V_S$	V_{MAT}	H_0	$H_{m,cr}$
	应急下降（ED）	$1.4V_S$	V_{max}	H_0	$H_{m,cr}$
	应急减速（DE）	$1.4V_S$	V_{max}	H_0	$H_{m,cr}$
	空投（AD）	$1.2V_S$	390km/h	H_0	3000m
	空中受油（RT）	$1.4V_S$	V_{MAT}	H_0	$H_{m,cr}$
起落阶段 （C 种）	起飞（TO）	最小正常起飞速度	V_{max}	H_0	3000m
	着陆（L）	最小正常着陆速度	V_{max}	H_0	3000m
	复飞（WO）	最小正常进场速度	V_{max}	H_0	3000m
	进场（PA）	最小正常进场速度	V_{max}	H_0	3000m

表中：

V_S：1g 失速速度；

V_{omin}：最小使用速度；

V_{omax}：最大使用速度；

V_{mc}：最大上升率所对应的速度；

V_{max}：给定高度的最大可用速度；

V_{MRT}：军用额定推力时的最大平飞速度；

V_{MAT}：最大加力推力时的最大平飞速度；

V_{range}：最大航程速度；

V_{endu}：久航速度；

H_{omin}：最小使用高度；

H_{omax}：最大使用高度；

$H_{m,co}$：战斗升限；

H_{in}：中间高度；

$H_{m,cr}$：巡航升限；

H_0：平均海平面。

13.3.5　飞行速度包线

飞行速度包线是由最小平飞速度，通过升限和最大平飞速度相连接构成的。除受发动机推力限制外，还要受到动力装置稳定工作条件、飞机结构强度、操纵和稳定性等的限制。通常表现在对最大平飞速度线的限制上，如对最大动压和最大飞行马赫数进行限制。

飞机的飞行速度包线：军用飞机见图 13-7（a），民用飞机见图 13-7（b）。

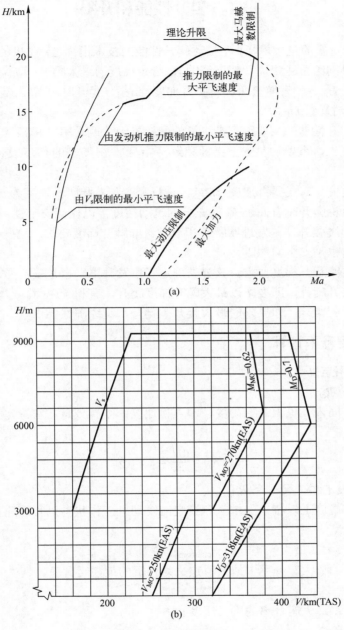

图 13-7　飞行速度包线

(a) 军用飞机的飞行速度包线；(b) 民用某客机的飞行速度包线。
EAS—当量空速；kn—节，1kn=1n mile/h；TAS—真空速。

　　民用飞机的飞行速度包线右边界是 V_{MO}/M_{MO}（最大使用速度）和 V_D/M_D（设计俯冲速度）限制线，上边界为最大使用高度限制线。这些限制取决于对飞机的结构、系统和动力装置的综合考虑，必须满足有关的适航条例要求。

13.4　爬升性能和升限

对于军机，重要的是技术指标。描述爬升性能的技术指标是：飞机的最大爬升率（对超声速飞机需分别给出亚声速和超声速的），给定高度的最大爬升率 R_{clmax} 及对应的快升速度 $V_{b,cl}$、升限 H_m、爬升航迹角 θ_{cl}、爬升梯度 $\tan\theta_{cl}$、爬升时间 T_{cl}、爬升所经过的水平距离 L_{cl} 和燃油消耗量 $m_{f,cl}$。

影响飞机爬升性能的主要因素是飞机的剩余推力（或功率）和爬升方式。

但是对于民机，重要的是安全指标和经济指标。在飞机的初步设计中，特别重要的是：

（1）爬升速度。起飞爬升速度 $1.2V_S$，进场爬升和着陆爬升速度为 $1.3V_S$。爬升速度规定是为了使飞机爬升时有高于 V_S 的充分的机动裕度，以保证安全性。

（2）单发起飞爬升、单发进场爬升和双发着陆爬升梯度要求。这些要求确定了起飞和着陆限重，这也是安全问题。

（3）单发航路爬升梯度要求。该要求确定了单发升限，也是安全要求。

（4）双发快升爬升，即要求以最大爬升梯度爬升，有利于越障。

（5）双发有利爬升，即要求的最大爬升率爬升，是经济性要求。

13.4.1　爬升率计算

1.　几个常用定义

1）爬升率（R_{cl}）

表示单位时间内飞机上升的高度，即飞行速度的垂直分量。它决定了进入预定高度的快慢。

$$R_{cl} = \frac{dH}{dt} = V\sin\theta \qquad (13-16)$$

2）给定高度的最大爬升率 R_{clmax}

飞机在给定高度上以特定的重量和给定的发动机工作状态进行等速直线爬升时所获得的最大垂直速度。

3）飞机的最大（最大）爬升率 $R_{clmax\,max}$

所有高度上的最大爬升率中最大值定义为飞机的最大爬升率。

4）快升速度 $V_{b,cl}$

飞机能够获得最大爬升率的飞行速度。

5）爬升角 θ_{cl}

飞机飞行方向与水平面之间的夹角。

6）爬升梯度 $\tan\theta_{cl}$

爬升高度和前进的水平距离的比值，反映了越障能力。越障能力是安全要求，因此适航条例对爬升性能要求皆为爬升梯度形式。爬升梯度计算主要用于单发停车爬升，包括单发停车起飞爬升（决定了起飞重量）、单发停车进场爬升（决定了着陆限重）、单发停车升限和双发着陆爬升。

154

2. 爬升率和最大爬升率

由 13.1.1 节中式（13-1）和式（13-9）可得爬升率

$$R_{cl} = \frac{[T\cos(\alpha + \varphi_T) - D]V}{G}\chi \tag{13-17}$$

式中　χ——飞机爬升时动能改变对爬升率的修正系数，有

$$\chi = \frac{1}{1 + \dfrac{V\mathrm{d}V}{g\mathrm{d}H}} \tag{13-18}$$

$\dfrac{V}{g}\dfrac{\mathrm{d}V}{\mathrm{d}H}$——此项为加速度因子。

对于爬升空速较高的飞机，即使以等指示空速爬升，动能修正仍是不可忽略的。因为在爬升中随高度增加空气相对密度减小，使得真空速增加$\left(\text{即}\dfrac{\mathrm{d}V}{\mathrm{d}H} > 0\right)$当爬升空速较大时，加速度因子产生显著影响。例如，当飞机以不变的指示空速 V_i = 600km/h 爬升，在高度 H=8000m 时，χ =0.72。

在初步设计时或确定爬升性能指标时，感兴趣的是等真速爬升，即 $\dfrac{\mathrm{d}V}{\mathrm{d}H}$ =0，或 χ =1，式（13-17）可简化为

$$R_{cl(\text{等真速爬升})} = \frac{[T\cos(\alpha + \varphi_T) - D]}{G}V \tag{13-19}$$

在求解爬升率 R_{cl} 时，通常假定是垂直平面内的等速直线爬升，即 $\dfrac{\mathrm{d}v}{\mathrm{d}t}$ =0，$\dfrac{\mathrm{d}\theta}{\mathrm{d}t} = 0$，因此可利用式（13-6）和式（13-7），稍加改写后得出

$$\begin{cases} G\sin\theta = T\cos(\alpha + \varphi_T) - D \\ G\cos\theta = T\sin(\alpha + \varphi_T) + L \end{cases} \tag{13-20}$$

在给定构型、重量和发动机工作状态的条件下，对于每一组要求计算的高度和速度，利用式（13-20）的两个方程，求解出满足所需精度要求的两个未知数 α 和 θ。然后将已确定的 α 和 D 代入式（13-19），就得出了给定条件下等速直线爬升的爬升率。

如图 13-8 所示，在给定构型、重量和发动机工作状态下，对于给定的高度、不同的速度有不同的爬升率，可求出该给定高度上的最大爬升率 R_{clmax}，它所对应的飞行速度称为最快爬升速度 $V_{b,cl}$。

在一系列给定高度上可求出各自高度对应的 R_{clmax} 和 $V_{b,cl}$，并得到如图 13-9 所示的 R_{clmax}=$f(H)$曲线。从该曲线上可得出在给定构型、重量和发动机工作状态下，亚声速飞行时飞机最大（最大）爬升率 $R_{clmax\,max}$，通常在海平面条件下获得。将式（13-20）的两方程相除可得

$$\tan\theta_{cl} = \frac{T\cos(\alpha + \varphi_T) - D}{T\sin(\alpha + \varphi_T) + L} \tag{13-21}$$

这就是爬升梯度的表达式。

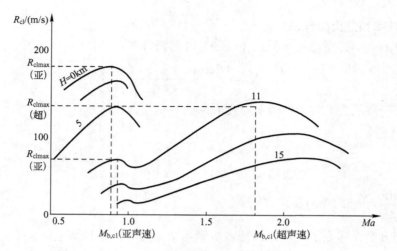

图 13-8　爬升率随 H，Ma 的变化曲线

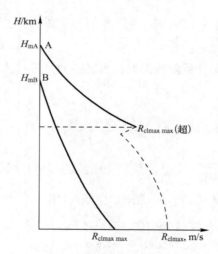

图 13-9　最大爬升率随 H 变化曲线

13.4.2　爬升梯度计算

爬升梯度定义为爬升角的正切，即 $\tan\theta_{cl}$，见式（13-21）。

一般情况下，（$\alpha+\varphi_T$）很小，在工程估算中可认为

$$\sin(\alpha+\varphi_T)\approx 0 \qquad (13\text{-}22)$$

$$\cos(\alpha+\varphi_T)\approx 1 \qquad (13\text{-}23)$$

则式（13-21）可简化为

$$\tan\theta_{cl}\approx\frac{T-D}{G}=\frac{\Delta T}{G} \qquad (13\text{-}24)$$

13.4.3　加速爬升计算

式（13-19）描述了等真速爬升的爬升率，代入式（13-17）可得到

$$R_{cl}(加速爬升) = \frac{R_{cl}(等真速爬升)}{1 + \dfrac{V\mathrm{d}V}{g\mathrm{d}H}} \qquad (13\text{-}25)$$

只要给定了速度随高度的变化 $\dfrac{\mathrm{d}V}{\mathrm{d}H}$，就可以确定出加速爬升的爬升率。显然，加速度的获得是以减小爬升率为代价的。

为了便于驾驶员爬升操作，常采用等指示空速（接近于校正空速）或等马赫数爬升。分析表明，最佳爬升率爬升相应的真速随高度变化，非常接近于等校正空速爬升。

13.4.4 升限

飞机的升限分为理论升限、实用升限、战斗升限和巡航升限。

理论升限定义为在给定飞机重量和发动机工作状态（最大加力、最大或额定状态）下，飞机能保持等速水平直线飞行的最大高度，即是 $R_{clmax}=0$ 所对应的飞行高度。

军机、民机的实用升限定义是不同的，民机当然没有战斗升限。

1．军用飞机的升限

表 13-2 中给出了各类军用飞机的升限定义。

表 13-2　军用飞机升限的定义

升限类型	发动机工作状态	速度范围	最小需用爬升率（m/s）
理论升限	最大或军用	全部	0
实用升限	军用	$Ma<1$	0.5
		$Ma>1$	5
战斗升限	最大	$Ma<1$	2.5
		$Ma>1$	5
巡航升限	最大连续	$Ma<1$	1.5
		$Ma>1$	5

2．民用飞机升限

1）全发升限

适航条例未对民机全发升限有统一要求。我国的惯例是把 0.5m/s 爬升率时的高度定义为全发升限，但这一升限高度的达到相当费时。国外有些将支线机采用 1.5m/s 的爬升率，干线机采用 2.5m/s 的爬升率，作为"实用升限"，这样处理比较合理。

支线飞机大多把最大使用高度定为 7620m（25000ft），因为超过这一高度要求有双套增压系统。也就是说，实用升限受增压系统限制。

2）单发停车升限

根据 CCAR—25.123 要求，飞机的单发停车升限定义为：飞机处于前重心，临界发动机不工作，其余发动机处于最大连续位置，达到下述爬升梯度所对应的高度：对于双发飞机为 1.1%；三发飞机为 1.4%；四发飞机为 1.6%。该条例还规定了三发或四发飞机双发停车升限所对应的爬升梯度要求，对于三发飞机为 0.3%，对于四发飞机为 0.5%。

13.5 下 降 性 能

以一定的速度、一定的下降航迹角（或下降率）和相应的发动机推力（油门位置），做降低高度的飞行，称为下降。

下降性能的计算与爬升性能非常类似，图 13-10 描述了下降时作用在飞机上的力。但是与爬升性能计算还有一定差别。在爬升中，推力状态是给定的，因此当已知速度后，爬升率、爬升梯度等都确定了。但是在下降中，推力是选定的，不选定推力则所有计算都无法进行。

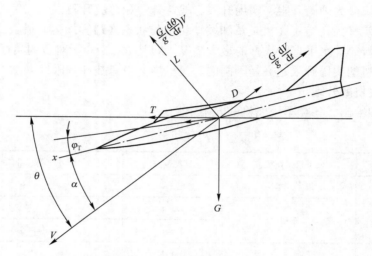

图 13-10 下降飞行时作用在飞机上的力

13.5.1 下降率、下降距离、时间和燃油消耗量

（1）下降率：类似爬升，根据式（13-17）可得下降率

$$R_{de} = \frac{[T\cos(\alpha + \varphi_T) - D]V}{G} \bigg/ \left(1 + \frac{V}{g}\frac{dV}{dH}\right) \tag{13-26}$$

（2）下降航迹角：

$$\theta_{de} = \arcsin\left(\frac{R_{de}}{V}\right) \tag{13-27}$$

（3）下降时间：

$$t_{de} = \int_{H1}^{H_2} \frac{dH}{R_{de}} \tag{13-28}$$

（4）下降所经过的水平距离：

$$L_{de} = \int_0^{t_{de}} V\cos\theta_{de}dt \tag{13-29}$$

（5）下降所消耗的燃油量：

$$m_{\mathrm{f,de}} = \frac{1}{3600}\int_0^{t_{\mathrm{de}}} q_{\mathrm{h}}\mathrm{d}t \qquad （13\text{-}30）$$

13.5.2　稳定下滑

以最大升阻比状态（保持最佳迎角），无动力，作降低高度的飞行，称为"下滑"。因此，下滑是下降的一个特例。

以固定速度，沿倾斜角不大的轨迹，作直线下滑，称为"稳定下滑"。此时，作用在飞机上的力只有总空气动力 R（分解成升力 L 和阻力 D）和飞机重力 G。可得出运动方程

$$L = G\sin\theta_{\mathrm{gl}} \qquad （13\text{-}31）$$

$$D = G\cos\theta_{\mathrm{gl}} \qquad （13\text{-}32）$$

1．下滑速度

由式（13-31）可导出下滑所需速度

$$V_{\mathrm{gl}} = \sqrt{\frac{2G\cos\theta_{\mathrm{gl}}}{C_{\mathrm{L}}pS}} \qquad （13\text{-}33）$$

对于小下滑角可认为 $\cos\theta_{\mathrm{gl}} \approx 1$，则

$$V_{\mathrm{gl}} = \sqrt{\frac{2G}{C_{\mathrm{L}}pS}} = V_{\mathrm{he}} \qquad （13\text{-}34）$$

即可近似认为：以给定迎角下滑所需速度等于同样迎角平飞所需速度。

2．下滑角

以式（13-31）除以式（13-32）可得下滑角

$$\theta_{\mathrm{gl}} = \arctan\left(\frac{1}{K}\right) \qquad （13\text{-}35）$$

由上式可看出，下滑角仅取决于升阻比 K，升阻比越大，下滑角越小。用有利迎角 α_{op}，以有利速度 V_{op} 下滑，此状态升阻比最大（$K_{\max}$），所以下滑角最小（$\theta_{\mathrm{gl,min}}$）。

3．下滑率

类似爬升由式（13-16），可得下滑率计算公式

$$R_{\mathrm{gl}} = V_{\mathrm{gl}}\sin\theta_{\mathrm{gl}} \qquad （13\text{-}36）$$

下滑角不大时 $\sin\theta_{\mathrm{gl}} \approx \tan\theta_{\mathrm{gl}}$，则

$$R_{\mathrm{gl}} \approx V_{\mathrm{gl}}\tan\theta_{\mathrm{gl}} = \frac{V_{\mathrm{gl}}}{K} \qquad （13\text{-}37）$$

上式表明，零推力下滑时的下滑率与下滑速度成正比，与升阻比成反比。当飞机用平飞有利速度下滑时，虽然升阻比最大，下滑角最小，但因下滑速度比较大，所以，此时的下滑率不是最小。用经济速度下滑，此时所需功率最小，故可得到最小下滑率。

从式（13-37）可知，凡是使升阻比减小的因素，例如，放下起落架、襟翼、扰流板，

飞机结冰等使阻力增加，升阻比减小，都将使下滑率增加，这种方法应用于应急下降。

4. 下滑距离

稳定下滑 $\tan\theta_{gl} = H / L$

$$L_{gl} = \frac{H}{\tan\theta_{gl}} = KH \tag{13-38}$$

由式（13-38）可知，用有利速度下滑，升阻比最大，下滑同样高度，经过的水平距离最大。

13.5.3 应急下降

飞机在座舱密封失效、失火等特殊情况下，需要应急下降。应急下降应以尽可能大的下降率进行，一般可达 40m/s，甚至 70m/s，以争取尽可能短的下降时间。

由于下降率 $R_{de} = V\sin\theta_{de}$，要增加下降率，就得从增加下降速度和下降航迹角两方面考虑。应急下降速度可尽量增大，但受 $M_{max,0}$ 的限制。

以最大使用速度下降的最大下降角，从 $\sin\theta_{de} = \dfrac{D-T}{G}$ 得知，要使 θ_{de} 增大必须增大阻力，减小推力。放扰流板和起落架，可以增大阻力。应急下降推力通常用慢车推力。

如果是由于座舱失去气密进行应急下降，则降到 4000m 高度。在此高度以下，氧气已足够继续飞行，必须停止应急下滑，由机长决定将飞机转入所需飞行状态。如果在 4000m 以下的高空继续作应急下降，这将对飞机整体结构产生很大的过载，危及飞行安全。

如果是由于飞机失火进行的应急下降，则应急下降到安全高度。

在应急下降过程中，油门杆收到零。除了在高高度某些发动机为满足座舱增压要求必须增加少量推力外，对于正常下降来说同样是正确的。

13.6 简单推力法

以推力曲线图为基础，以定常直线运动的近似方程为根据，通过比较飞机可用推力和平飞需用推力来确定飞机基本飞行性能的方法，工程上称为"简单推力法"。这种方法是从古典的推力法演变来的。

分析和使用表明，简单推力法是一种简捷的准确度较高的估算方法。它常用于方案阶段的基本飞行性能估算。

13.6.1 运动方程

基本飞行性能计算应以精确的运动方程为基础，但是在一般情况下，$(\alpha + \varphi_T)$ 很小，在工程估算中可以认为

$$\sin(\alpha + \varphi_T) \approx 0$$

$$\cos(\alpha + \varphi_T) \approx 1$$

160

因此，飞机作等速直线爬升运动，方程式（13-6）和式（13-7）可简化为

$$T = D + G\sin\theta \tag{13-39}$$

$$L = G\cos\theta \tag{13-40}$$

飞机作水平等速直线飞行时 $\theta = 0$，上式可进一步简化为

$$T = D \tag{13-41}$$

$$L = G \tag{13-42}$$

式（13-39）～式（13-42）就是简单推力法使用的运动方程。

13.6.2 平飞推力曲线

1．平飞需用推力

应用"简单推力法"确定飞机的基本飞行性能，首先计算飞机的平飞需用推力曲线。由式（13-41）和式（13-42）可求的计算平飞需用推力的公式

$$T_{\text{rep}} = \frac{G}{K} \tag{13-43}$$

式中　K——升阻比，$K = C_L/C_D$；

C_L——给定构型、高度、速度下的全机配平升力系数；

C_D——C_L 对应的全机配平阻力系数。

给定飞机构型和重量，给定飞行高度下，计算一系列飞行速度（或马赫数）下的平飞需用推力。

2．平飞推力曲线的特征

平飞推力（功率）曲线是由平飞需用推力（功率）和飞机可用推力（功率）曲线组成的。平飞性能可以用平飞推力（功率）曲线来分析判断。一般喷气式飞机用推力曲线，螺旋桨动力飞机使用功率曲线。下面简要介绍喷气式飞机的推力曲线特征。

如图 13-11 所示。

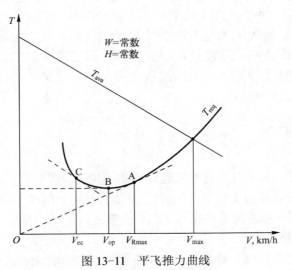

图 13-11　平飞推力曲线

V_{Rmax}—最大航程速度；V_{op}—有利速度；V_{ec}—经济速度。

A 点：过原点的切点，A 点对应 $\left(\dfrac{T_{\text{rep}}}{V}\right)_{\min}$，即 $\left(\dfrac{G}{KV}\right)_{\min}$，由于是给定重量，就相当于 $\left(\dfrac{1}{KV}\right)_{\min}$，即 $(KV)_{\max}$。对喷气式飞机，该点是最大航程点。该点对应速度称为最大航程速度。

B 点：需用推力曲线最低点，此点对应 $K_{\max}$。该点对应速度称之有利速度。对喷气式飞机，该点对应最大续航时间。

C 点：可用推力曲线与需用推力曲线相切于此点，该点相当于最小供油量的飞行状态。该点对应的速度称为经济速度，实际上它是所需功率最小的平飞速度，是两个平飞状态的分界线。

13.6.3 平飞性能

1．平飞最大速度 $V_{\max}$

从平飞推力曲线上看，最大（或加力）推力状态飞机可用推力曲线和平飞需用推力曲线的最右交点所对应的速度即 $V_{\max}$。由于受某种限制（如飞机强度限制），最大使用速度 $V_{\max,\text{o}}$ 可能比 $V_{\max}$ 小，二者取其最小者为 $V_{\max,\text{o}}$。

2．平飞最小速度 $V_{\min}$

从推力曲线上看，可用推力曲线与需用推力曲线的最左交点所对应的速度即 $V_{\min}$，与飞机最大升力系数所对应的速度 V_{S} 相比，两者取其大者为 $V_{\min,\text{o}}$。为保证飞行安全，最小使用速度 $V_{\min,\text{o}}$ 比 $V_{\min}$ 要大足够的相对值，如 $V_{\min,\text{o}}$ 可取 V_{S} 的 1.25 倍。

3．平飞速度范围

从平飞最大速度到平飞最小速度，称为平飞速度范围。它是衡量飞机平飞性能的重要参数之一，平飞速度范围愈大，平飞性能愈好。

以经济速度 V_{ec} 为界，把平飞速度范围分成两部分，从 V_{ec} 到 $V_{\max,\text{o}}$，为平飞第一范围；从 V_{ec} 到 $V_{\min,\text{o}}$ 为平飞第二范围。平飞第一范围，迎角较小、速度较大，且迎角改变较小量就可获得较大的速度改变量，飞机的稳定性、操纵性均好，是正常操纵区。平飞第二范围，减小速度反而增加阻力，需要增加油门来维持平飞，是反常操纵区。因此，一般不使用第二范围速度作平飞。平飞第一范围成为实际使用的平飞速度范围。

13.6.4 爬升性能

1．稳定爬升

飞机沿向上倾斜的轨迹作匀速直线运动叫做飞机稳定爬升。

爬升性能参数的计算前文已有论述，通过式（13-19）和式（13-24）可清楚地看出：在给定 H、V 下，爬升率和爬升梯度与飞机剩余推力成正比，而与飞机重量成反比。

2．爬升轨迹曲线

爬升角和爬升率随速度、迎角变化的关系图叫做爬升轨迹曲线。通常用爬升轨迹曲线表示爬升特性。某机爬升轨迹曲线如图 13-12 所示。

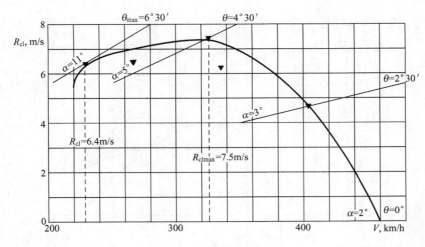

图 13-12　爬升轨迹曲线

由图可见

（1）迎角由最小到有利迎角 $\alpha_{op}=5°$ 之间，爬升率随迎角的增大而增加，如迎角再继续增大时爬升率则减小。以最大爬升率爬升的状态叫做最快上升状态，在该曲线上，$R_{clmax}=7.5m/s$，其对应的速度称为有利爬升速度 $V_{b,cl}$，它接近于有利速度 V_{op}。

（2）在经济迎角 $\alpha_{ec}=11°$ 以下，爬升角 θ_{cl} 随迎角增大而增大，迎角再增大时爬升角则减小。以最大爬升角爬升的状态叫做急上升状态，它以近似经济迎角的角度进行，在该曲线上，$\theta_{max}=6°30'$。

经济速度为两种上升状态的界线。所有大于经济速度的爬升速度属于第一种上升状态，所有小于经济速度的爬升速度属于第二种上升状态。

爬升第二种状态和平飞第二种状态一样，特点是迎角余量小，飞机的稳定性和操纵性不好。为保证安全，最好不用第二种上升状态。

13.6.5　下滑状态

1．稳定下滑

在发动机推力为零的情况下，飞机沿向下倾斜角不大轨迹作等速直线运动称为稳定下滑。其计算方法前文已有叙述。

2．下滑轨迹曲线

通常用下滑轨迹曲线表示下滑特征，下滑轨迹曲线是下滑速度、迎角、下滑率和下滑角的关系图。某机下滑轨迹曲线如图 13-13 所示。

由图可见，随着迎角由 α_{min} 增大到有利迎角 $\alpha_{op}=5°$，下滑角减小，并在有利迎角时达到最小。迎角继续增大时，下滑角增大。由于下滑角的这一变化特性得出两种下滑状态。

所有大于有利速度的下滑速度属于第一种下滑状态。在此范围内，迎角小、速度大，飞机的稳定性和操纵性好。所有小于有利速度的下滑速度属于第二种下滑状态。此状态迎角大、速度小，飞机的稳定性和操纵性较差。通常都不在第二种下滑状态飞行。在实际飞行中任何时候都不能采用大于经济迎角 α_{ec} 的下滑，因为那样不仅下滑角增大，而且下滑速度也增大，不能保证飞行安全。

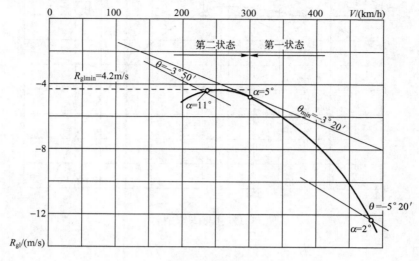

图 13-13　下滑轨迹曲线

第 14 章　起飞着陆性能

14.1　起飞和着陆性能适用的规范

我国于 1985 年和 1986 年先后颁布和实施了国军标 GJB 34—85《有人驾驶飞机（固定翼）飞行性能和图表资料》、中国民用航空规章 CCAR-25（运输类飞机）和 CCAR-23（小型飞机）。起飞和着陆性能的内容与编排以这些标准中的有关部分为依据，以满足实用要求。

14.2　起飞和着陆性能计算原始数据

性能计算的原始数据已在上一章作了说明，对于飞机起飞和着陆性能，还需作以下补充。

14.2.1　气动力数据

（1）配平极曲线和配平升力曲线。

各种起落构型下配平极曲线和配平升力曲线，构型包括：各种起飞襟翼下，收、放起落架；各种着陆襟翼下，放起落架。

计及地面效应对气动特性的影响。

对于螺旋桨飞机，其滑流对升、阻特性的影响，在起飞性能计算中是必须考虑的。

对于民用飞机，应该配平在前重心；对于军用飞机，配平在使用重心。

（2）失速速度与空中、地面最小操纵速度。

起飞和着陆构型下的失速速度 V_S，空中最小操纵速度 V_{MCA}，地面最小操纵速度 V_{MCG}。

（3）减速装置、襟翼、起落架的收放时间。

空气动力减速装置（如扰流板）、机轮刹车和阻力伞从起动到全效能的时间曲线，收襟翼和起落架所需时间。应注意到，全发工作与单发停车，收放襟翼和起落架所需的时间可能不同。

（4）抬前轮和着陆拉平的角速度。

14.2.2　发动机数据

可用推力在上一章作了说明，对起飞和着陆性能还需计及发动机停车（或停车顺桨）、加速和减速时推力随时间的变化。例如，单发故障停车时推力随时间的变化；单发停车时，如果工作发动机具有自动增加起飞推力的，应给出推力增加的时间历程。

14.2.3　几何数据

除了基本几何数据，如机翼面积 S，翼展 b 之外，还需提供：机身尾部擦地角 α_{TG}，地面滑跑时的飞机迎角 α_G，机翼平均气动弦四分之一弦点的离地高度 H_G。其中 α_TG 和 α_G 与起落架缓冲支柱压缩量有关，在初步设计时 α_G 可取为飞机的停机角，α_TG 按照主起落架缓冲支柱处于地面静止压缩状态来处理。

14.2.4　地面滑跑摩擦系数

1. 滚动摩擦系数 μ

滚动摩擦系数即松刹车的情况，它基本上是表面状态、轮胎压力和地速的函数。对军机来说，GJB 34—85 规定，若无试验数据，μ 的推荐值为 $0.03\sim0.04$。民用飞机的常用值为 0.02。

2. 刹车摩擦系数 μ_B

μ_B 是滑动比（轮胎相对于地面的速度）的函数。最大摩擦对应于最佳滑动比。通常驾驶员不能保持最佳滑动比，只能得到最大摩擦的 $30\%\sim50\%$。带防滑装置时 μ_B 可以改善，自适应刹车压力控制系统可较大提高刹车性能。考虑各种动态因素、舒适性和刹车吸热能力等可能影响或限制刹车性能。

对军机来说，GJB 34—85 规定，若无试验数据，干、硬道面时 μ_B 可取 $0.2\sim0.3$。民机初步设计可用 $\mu_\mathrm{B}=0.3$，当带防滑装置时，可用较大值。

14.2.5　风速

军用飞机通常以标准大气和无风条件给出飞行性能。

CCAR-25 的飞机（运输类飞机）要求考虑沿航迹的风速分量，并作保守修正。机场报告的沿航迹的风速首先应换算到飞机机翼平均气动弦高度处（通常指机翼平均气动弦 1/4 弦点离地高度）。假设报告风速的测量高度为 H_1（H_1 通常为 10m），报告的风速为 V_w1，那么机翼平均气动弦离地高度 H_2 处的风速 V_w2 可按下式求出

$$V_\mathrm{w2} = V_\mathrm{w1}\left(\frac{H_2}{H_1}\right)^{1/7} \tag{14-1}$$

CCAR-25 中规定的风速保守修正要求是：逆风分量乘以修正系数 0.5，顺风分量乘以修正系数 1.5。

14.2.6　起飞着陆重量

飞机、装载和燃油的重量在上一章已作了说明，对于起飞性能计算还需补充如下：

起飞重量——飞机携带为完成任务所需的燃油和有效装载，在起飞滑跑开始时的总重量。起飞重量包括正常起飞重量、任务起飞重量和最大起飞重量。

着陆重量——飞机按规定构型、装载和剩余燃油着陆时的重量。着陆重量包括正常着陆重量、任务着陆重量和最大着陆重量。

14.2.7　机场条件

起落性能计算，还需有机场环境的数据：

外界大气温度 T，℃；

166

机场压力高度 H_p；

机场跑道坡度 Φ。

14.3 起飞性能的有关定义和要求

对于民机的安全道与净空道、起飞航迹和起飞飞行航迹、净起飞飞行航迹和越障高度、起飞限重等定义请参考 CCAR-25，下面分别叙述民机和军机有关的速度和起飞场长的定义及规范要求。

14.3.1 起飞速度

为了保证飞机安全离地和起飞，与起飞有关的各种速度及其互相之间的关系必须满足一定的要求，以使得飞机有充分的机动裕度，离地后有充分的爬升能力，以及一旦单发失效时有充分的操纵能力。

1. 民用飞机

CCAR-25 中与起飞有关的速度及要求叙述如下。图中给出了起飞速度关系简图。

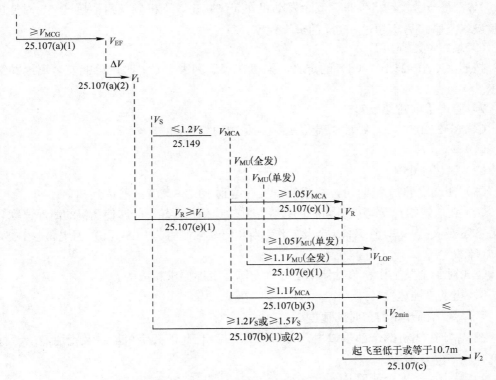

图 14-1 CCAR-25 飞机起飞速度关系简图

V_{MCG} —地面最小操纵速度；V_{MU} —最小离地速度（全发工作）；V_{MU} —（单发工作）；

V_{EF} —发动机失效速度；V_R —起飞抬前轮速度；

V_I —起飞决策速度；V_{LOF} —起飞离地速度；

V_S —失速速度；V_{2min} —最小起飞安全速度；

V_{MCA} —空中最小操纵速度；V_2 —起飞安全速度。

167

1）失速速度 V_S

CCAR-25.103 所定义的 V_S，是无动力、配平在前重心，以 1kn/s 减速率减速时获得的定常飞行最小速度。

2）地面最小操纵速度 V_{MCG}

V_{MCG} 是飞机在起飞地面滑跑期间临界发动机突然不工作，飞机安全可操纵并能继续起飞的最小速度。

3）临界发动机失效速度 V_{EF}

V_{EF} 是假定临界发动机失效时的速度，CCAR-25.107（a）（1）要求

$$V_{EF} \geqslant V_{MCG}$$

4）起飞决策速度 V_L

CCAR-25.107（a）（2）要求

$$V_L \geqslant V_{EF} + \Delta V$$

ΔV 是从 V_{EF} 到驾驶员意识到发动机失效并做出反应的时间间隔内的速度增量。

5）空中最小操纵速度 V_{MCA}

V_{MCA} 是一台发动机停车、其余发动机在起飞状态、飞机倾斜角不超过 5° 时能恢复飞机操纵且脚蹬力不超过 680N 的最小速度。

6）最小离地速度 V_{MU}

按照 CCAR-25.107（d）的定义，飞机在等于和大于 V_{MU} 时，可能安全离地并继续起飞。

7）起飞抬前轮速度 V_R

CCAR-25.107（e）对 V_R 规定了必须满足的约束条件：

（1）$V_R \geqslant V_1$。

（2）$V_R \geqslant 1.05V_{MCA}$。

（3）在选定的 V_R 抬前轮，能够使飞机在达到 10.7m 高度之前达到 V_2。

（4）在选定的 V_R，以实际可行的最大抬前轮速率抬前轮，能够使飞机的离地速度 V_{LOF} 满足下述要求：$V_{LOF} \geqslant 1.1V_{MU}$（全发工作，当几何受限制时为 $1.08V_{MU}$），且 $V_{LOF} \geqslant 1.05V_{MU}$（单发停车）。

（5）对于全发工作和单发停车必须确定满足上述要求相应的 V_R。

8）起飞离地速度 V_{LOF}

V_{LOF} 是飞机开始腾空时的速度。

在 V_{MU} 时，飞机的全部重量由升力和推力支持，但起落架仍可能触及跑道，在 V_{LOF} 时，飞机开始不触及跑道。

9）最小起飞安全速度 V_{2min}

根据 CCAR-25.107（b）的规定，V_{2min} 必须满足下述要求：

（1）$V_{2min} \geqslant 1.1V_{MCA}$。

（2）$V_{2min} \geqslant 1.2V_S$，用于双发和三发涡桨和活塞发动机飞机，以及无措施使单发停车带动力失速速度显著降低的所有涡喷飞机；或者 $V_{2min} \geqslant 1.15V_S$，用于三发以上的涡桨和

168

活塞发动机飞机，以及有措施使单发停车带动力失速速度显著降低（例如边界层控制和吹气襟翼等）的涡喷飞机。

10）起飞安全速度 V_2

V_2 是 V_{EF} 时单发停车后在 V_R 时抬前轮达到或低于 10.7m 高度处所获得的速度。

CCAR-25.107（c）要求

$$V_2 \geqslant V_{2min}$$

综上所述可以看出，在计算起飞性能之前，应该确定出 V_S、V_{MCG}、V_{MCA}、V_{MU}（全发和单发）和 V_{2min}，这些速度取决于飞机的构型，是起飞性能限制条件。其余速度在起飞距离计算中确定。

2．军用飞机

GJB 34—85 对军用飞机有关起飞的速度要求，表述方式显然不同于民机，但实质相似，只是安全裕度的考虑略有差异。为方便起见，与民机相似的速度采用相同的符号，但应注意到其定义的差异性。

1）起飞离地速度 V_{LOF}

V_{LOF} 为飞机起飞滑跑结束主轮离地时的速度。V_{LOF} 为下述速度中的最大者。

（1）$1.1V_S$。这里的 V_S 指起飞构型下无动力平飞失速速度，通常对应于最大配平升力系数（当迎角增加时升力系数的第一个峰值）。

（2）最小离地速度 V_{MU}。在 V_{MU} 的计算中，升力系数应计入地面效应，擦地角应保守地假定主起落架缓冲支柱处于地面静止压缩状态。

（3）起飞构型、无地效、发动机最大推力（或功率）下飞机具有 0.5%爬升梯度的最小速度；对于多发飞机，该速度应考虑临界发动机停车。

（4）V_{MCA}。即满足上述民机中条件的空中最小操纵速度。

（5）某一速度。以此速度离地能在起飞安全高度达到起飞速度 V_2。

2）起飞安全速度 V_2

V_2 是指飞机起飞爬升到起飞安全高度时的速度。轰炸机和运输机类的起飞安全高度为 10.5m，歼击、强击和歼击轰炸机类为 15m，V_2 不应小于下列速度中的最大者：

（1）$1.15V_S$。这里的 V_S 指起飞构型下无动力平飞失速速度，通常对应于最大配平升力系数（当迎角增加时升力系数的第一个峰值）。

（2）V_{MCA}。即满足上述民机中条件的空中最小操纵速度。

（3）起飞襟翼位置、起落架收上、发动机最大推力状态、无地效、具有 2.5%爬升梯度的速度，对于多发飞机，该速度应考虑临界发动机停车。

（4）如果起落架收起过程中，飞机瞬时阻力增量超过起落架放下时的飞机瞬间阻力增量，V_2 应符合下述条件：起飞襟翼位置，起落架在收起过程中、最大推力状态、无地效、具有 0.5%爬升梯度时的速度。对于多发飞机，应考虑临界发动机不工作。

3）临界发动机故障速度 V_{EF}

起飞过程中临界发动机发生故障的某个速度，飞机继续起飞和中断起飞需要同样的距离，则该速度为临界发动机故障速度。

综上所述可以看出，在计算起飞性能之前，应该确定出 V_S、V_{MCA}、V_{MU} 和满足相应要求的几种爬升速度，这些速度取决于飞机的构型和推力等，是起飞性能限制条件。其余速度在起飞计算中确定。

14.3.2　起飞场长

1．民用飞机

CCAR-25 要求的起飞场长包括：加速—停止距离、起飞距离和起飞滑跑距离。此外，平衡场长通常作为重要的设计指标而受到重视。下面分别叙述这四种场长的定义。

1）加速—停止距离 L_{AS}

根据 CCAR-25.109 的要求，加速—停止距离是下述两种距离中的大者：

（1）从滑跑始点全发工作至 V_{EF}，临界发动机在 V_{EF} 失效，从 V_{EF} 加速至 V_1 并达到 V_1 后继续加速 2s，以及从 V_1 后 2s 采取减速措施至飞机完全停止所需的距离。

（2）从滑跑始点全发工作至 V_1，达到 V_1 后继续加速 2s，从 V_1 后 2s 采取减速措施至飞机完全停止所需的距离。

在确定加速—停止距离中，采取减速措施的时间滞后是重要的。从 V_{EF} 至 V_1 的时间通常可假定为 1s，即从 V_{EF} 至采取第一个减速措施的时间滞后为 3s。此后的每相邻两个减速措施的时间间隔至少为 1s。FAA（美国联邦航空局）对"V_1 后继续加速 2s"的要求做了更改。该更改取消了在 V_1 后继续加速 2s 的距离。该更改的目的是为了避免把 2s 误认为是可把发动机故障识别时间延长 2s，而对该距离的确定不带来实质性影响。

此外，应该注意到，在确定加速—停止距离中，通常不考虑动力装置反推力的增益；发动机失效停车或关车的推力衰减过程，刹车和阻力扰流板等减速装置从起动到全效能的过程都应该加以描述；在单发停车加速—停车时，V_{EF} 后临界发动机应一直处于故障状态，不能利用临界发动机螺旋桨的高阻力状态来减速，而在全发工作加速—停止时，可以利用所有螺旋桨的高阻力状态（但不是反推力状态）来减速。

2）起飞距离 L_{TO}

根据 CCAR-25.113 的要求，起飞距离是下述两种距离中的大者，见图 14-2。

（1）在 V_1 意识到单发停车情况。从起飞始点到飞机高于起飞表面 10.7m 时经过的水平距离，起飞航迹必须满足规定。

（2）全发工作情况。从起飞始点到飞机高于起飞表面 10.7m 时经过的水平距离的 1.15倍，起飞程序与（1）一致，在计算中要求用相同的 V_R。

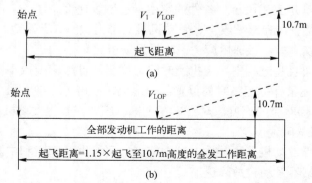

图 14-2　CCAR-25 起飞距离定义（（a）和（b）中的大者）

(a) 在 V_1 意识到单发停车起飞至 10.7m 的起飞距离；(b) 全发工作起飞至 10.7m 的起飞距离。

3）起飞滑跑距离 L_{TOR}

根据 CCAR-25.113 的要求，起飞滑跑距离是下述两种距离中的大者，见图 14-3。

（1）在 V_1 意识到单发停车情况。从起飞始点到 V_{LOF} 和飞机达到离起飞表面 10.7m 高度之间中点的距离。

（2）全发工作情况。从起飞始点到 V_{LOF} 和飞机达到离起飞表面 10.7m 高度之间中点的距离 1.15 倍。

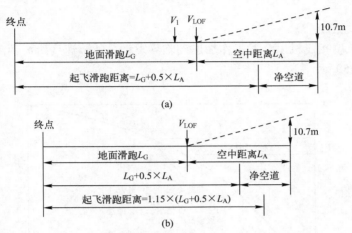

图 14-3　CCAR-25 起飞滑跑距离定义（（a）和（b）中的大者）

(a) 在 V_1 意识到单发停车情况的起飞滑跑距离；(b) 全发工作情况的起飞滑跑距离。

4）平衡场长 L_{BF}

在单发停车情况下，可能存在这样一个发动机失效速度 V_{EF}，它使得单发停车加速—停止距离与单发停车继续起飞距离相等。此时的 V_{EF} 称为临界发动机失效速度，所得到的继续起飞距离或中止起飞距离称为平衡场长。

由于平衡场长是在单发停车的临界条件下，综合考虑中断起飞和继续起飞的最小需用场长，反映了飞机的机场适应性，因此在初步设计中常作为重要的设计准则。应当注意到，在不少情况下，不存在平衡场长。

2．军用飞机

国军标 GJB 34—85 定义了下述三种起飞场长：起飞滑跑距离、起飞距离和临界机场长度，分别叙述如下。

1）起飞滑跑距离 L_{TOR}

起飞滑跑距离是飞机从起飞线开始加速滑跑，直至离地点所经过的水平距离，见图 14-4。离地点的飞机速度 V_{LOF} 必须满足规定。

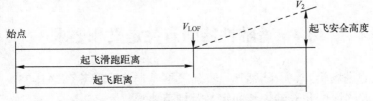

图 14-4　军用飞机起飞滑跑距离和起飞距离定义

2）起飞距离 L_{TO}

起飞距离是起飞滑跑距离加上飞机离地后加速爬升到起飞安全高度所经过的水平距离（图 14-4）。在起飞安全高度时的飞机速度 V_2（即起飞安全速度）必须满足规定。

值得一提的是，虽然在军用飞机的起飞滑跑距离和起飞距离定义中未涉及单发停车要求，但是军用飞机通过对速度 V_{LOF} 和 V_2 的要求保证了在一旦单发停车情况下的飞行安全。

3）临界机场长度 L_{cr}

临界机场长度指飞机以全发工作加速到临界发动机故障速度所需距离与下述任一距离之和（图 14-5）：

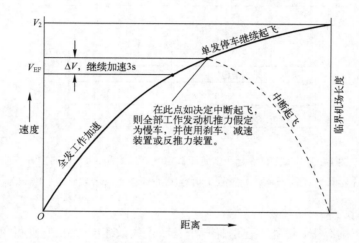

图 14-5　临界机场长度定义

（1）临界发动机不工作加速爬升到起飞安全高度的水平距离。

（2）从临界发动机故障速度减速到飞机停止所需距离。

在计算临界机场长度时，中断起飞所需距离要考虑下述因素：

（1）在临界发动机故障速度下，飞机继续加速 3s，作为驾驶员反应时间，此时，故障发动机推力为零，其余发动机在最大推力状态。

（2）在 3s 加速时间结束时，所有工作发动机的推力立即降为慢车，并使用刹车和打开减速装置或反推力装置。

（3）为使减速装置或反推力装置的作用达到最大，应给予充分时间。

军机临界机场长度与民机平衡场长定义的主要区别，除军机对减速措施的时间滞后作简化处理外，军机还允许使用反推力装置。

14.4　着陆性能的有关定义和要求

对于民机的进场爬升、着陆爬升、着陆限重等定义请参考 CCAR-25。下面分别叙述民机和军机有关的速度和着陆场长的定义及规范要求。

14.4.1 着陆速度

1．民用飞机

最终进场速度 V_{app}

CCAR-25.125（a）规定，下降到 15m 高度前必须维持以不小于 $1.3V_S$ 的校正空速定常下滑进场。此处 V_S 指着陆构型、前重心、无动力失速速度。

在初步设计阶段，可取 $V_{app} = 1.3V_S$。

与军用飞机相比，适航条例对民用飞机着陆速度的要求很简单。但应注意到 $1.3V_S$ 的速度为湍流进场等情况提供了充分的安全裕度，且在进场和着陆爬升要求中涉及有关着陆安全的规定，此外，适航条例虽未对接地速度做出要求，但对接地下沉率提出了定性要求（设计中常取 1.5m/s）。

2．军用飞机

1）着陆速度（即最终进场速度） V_{app}

V_{app} 是进场下滑到着陆安全高度（15m）时的瞬时速度。它为下列速度中的最大者：

（1）起落架放下并使用增升装置、襟翼处于着陆状态时无动力平飞失速速度。

（2） $1.2V_S$， V_S 指放起落架、无地效、襟翼处于着陆状态时无动力平飞失速速度。

（3）起落架收起、襟翼处于着陆状态、发动机为最大起飞推力（功率）时飞机具有 2.5%爬升梯度的速度，多发飞机应取临界发动机不工作的状态。

V_{app} 可考虑其他因素，例如取平飞失速速度的较大或较小百分比；一个较高的爬升梯度能力；其他复飞推力（功率）状态或能使设计最佳化的其他要求。

2）着陆接地速度 V_T

V_T 指着陆过程中主轮接触地面的瞬时速度。它应为下列速度中的较大者：

（1）主起落架减震支柱处于地面静止的压缩位置时飞机所能达到的最大角度对应的，并计及地效后的升力系数所决定的速度。

（2）着陆构型，无动力平飞失速速度的 1.15 倍。

V_T 还可考虑，缓冲支柱在全伸或部分伸长位置的几何限制；更改失速速度和爬升梯度能力的百分比或使设计最佳化的任何其他规定。

14.4.2 着陆场长

民用飞机和军用飞机都有着陆场长的定义，但在设计中，采用不同的规范将引起显著差异。

1．民用飞机

1）着陆距离 L_L

根据 CCAR-25.125（a）的规定，飞机以不小于 $1.3V_S$ 的最终进场速度，从高于着陆表面 15m 到飞机接地并完全停止的水平距离为着陆距离。

2）着陆滑跑距离 L_{LR}

在着陆距离中，从主轮接地到飞机完全停止的距离为着陆滑跑距离。

CCAR-25 中飞机通常只要求给出标准大气和无坡度跑道条件下的着陆距离。但是适航条例要求把上述定义的着陆距离除以 0.6 作为在目的地机场着陆的需用着陆场长（见 FAR-121.195），把上述定义的着陆距离除以 0.7 作为在备用机场着陆的需用着陆场长（见 FAR-121.197）。（FAR，Federal Aviation Regulations，联邦航空法规，美国民航规章）

民用飞机要求考虑接地后减速措施起动的时间滞后，通常不允许考虑反推力的好处。

2．军用飞机

（1）着陆距离 L_L

飞机从着陆安全高度（15m）下滑开始，接地直至完全停止所经过的水平距离。

（2）着陆滑跑距离 L_{LR}

飞机从着陆接地开始，滑跑减速直到完全停止所经过的距离。

在设计时，着陆距离和着陆滑跑距离可以考虑反推力、阻力伞、非标准大气、跑道有坡度、风和为使飞机设计最佳化而选择的其他规定。

第 15 章 续 航 性 能

飞机的续航性能是指飞机续航飞行的能力，它包括航程和航时。航程是指在平静大气中沿预定航线耗尽其可用燃油所经过的水平距离。航时是指耗尽可用燃油所能持续飞行的时间。

15.1 续航性能的有关规范要求

15.1.1 民用飞机

1. 适航条例（规章）的要求

CCAR-25、CCAR-23 未对续航性能制定任何要求。

2. 备份油的要求

美国联邦航空条例 FAR-91《通用操作和飞行规则》制定了备份油的要求。其中 FAR-91.167 对于在仪表飞行规则条件下飞行的备份油规定如下：备份油必须满足从预定着陆机场到备降机场的飞行，以及此后以正常巡航速度继续飞行 45min。中国适航当局执行了相同的要求。

3. 空中交通管制对飞行高度层的要求

飞行高度层规定对巡航和待机高度产生一定的影响。中国空中交通管制对飞行高度层的规定简述如下：

1）在航路上

当磁航向为 0°～179° 时，从 600m 起至 6000m 的高度，高度层间隔为 600m，高于 6000m 时，高度层间隔为 2000m；当磁航向为 180°～359° 时，从 900m 起至 5700m 的高度，高度层间隔为 600m，高于 7000m 时，高度层间隔为 2000m。此处高度指高于海平面的压力高度。

2）在机场飞行区域

不论是何飞行方向，从 600m 到 6000m 的高度，高度层间隔为 300m。高于 6000m 时，高度层间隔为 1000m。此处高度指高于机场压力标高的压力高度。

3）在待机空域

飞行高度层起始于 600m，高度层间隔为 300m。最低待机高度必须高于地面最高障碍物 600m，并低于起始穿云高度 300m。此处高度指高于机场压力标高的压力高度。

15.1.2 军用飞机

国家军用标准 GJB 34—85《有人驾驶飞机（固定翼）飞行性能和图表资料》对续航

性能规定了明确的标准（见该标准 5.9 "任务性能"）。

15.2　巡航性能计算

15.2.1　巡航特性的初步分析

在设计中常用简单推力法来分析巡航特性。

如图 15-1（a）所示，喷气飞机通常画出需用推力（阻力）随速度（或马赫数）变化曲线。图中的切点（即 D/V 最小）对应于最大航程状态，最低点（最小需用推力）对应于最大航时状态。螺旋桨飞机通常画出需用功率（即 DV）随速度变化曲线。如图 15-1（b）所示，曲线的切点（即 D 最小）对应于最大航程状态，最低点（最小需用功率）对应于最大航时状态。最大升阻比 $(L/D)_{max}$ 时可获得最大航时，它对应于最小推力状态（螺旋桨飞机的最小功率状态，即燃油流量最小）。

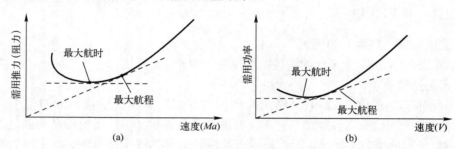

图 15-1　确定巡航特性用的需用推力（功率）曲线

(a) 喷气飞机；(b) 螺旋桨飞机。

15.2.2　巡航性能计算的基本公式

在巡航段的每一瞬间，可以认为飞机满足水平匀速直线飞行条件。在该条件下作用在飞机上的力如图 15-2 所示，可列出下述动力学方程

$$T\cos(\alpha + \varphi_T) - C_D qS = 0 \tag{15-1}$$

$$G - C_L qS - T\sin(\alpha + \varphi_T) = 0 \tag{15-2}$$

为给定飞机的配平升力曲线和配平极曲线，给定发动机安装推力和燃油流量随油门位置、速度、高度和温度等变化的数据时，利用上述方程，对于任一巡航重量、高度、速度和温度的组合，可以确定出对应状态下的需用推力 T 和油门位置，从发动机数据中查出燃油流量 q_h。于是，消耗单位燃油获得的航程 $\dfrac{dR}{dW}$（称为比航程）有下述表达式

$$\frac{dR}{dW} = \frac{V}{q_h} \tag{15-3}$$

对于整个巡航段的航程和续航时间，可以用下式计算

$$R_{cru} = \int_{W_2}^{W_1} \frac{V}{q_h} dW \tag{15-4}$$

$$T_{cru} = \int_{W_2}^{W_1} \frac{dW}{q_h} \tag{15-5}$$

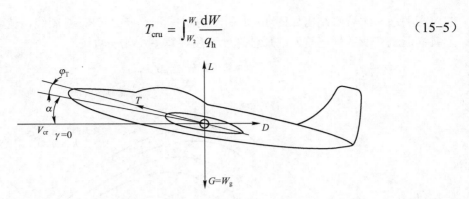

图 15-2   在水平、稳定、直线飞行中飞机上的作用力

在应用上述公式时，值得注意下述问题：

（1）配平极曲线，螺旋桨飞机还要考虑顺桨阻力和滑流影响。

无论是全发工作或一发故障状态巡航，所用的极曲线和升力曲线必须是经配平的。螺旋桨顺桨阻力通常计入飞行阻力，因为它影响到飞机的配平阻力。

（2）发动机安装推力，扣除损失和功率提取。

发动机推力指安装推力，这就是说，进气道效率损失、螺旋桨效率安装损失、增压和空调引气损失随高度和速度的变化已在发动机数据中做了考虑。公式中的 T 和 q_h 指工作发动机的总安装推力和总燃油流量。

（3）积分中高度、速度、推力和燃油流量的变化。

随着巡航中燃油的消耗，如果保持巡航高度和速度，则应逐渐减小推力和燃油流量，但实际上驾驶员不可能每一瞬间都去操作油门，这将造成计算状态与实际操作不符。如果要保持速度和油门，飞机应该逐渐增加高度，这将与式（15-1）和式（15-2）的平飞假设条件不符。不过，采用适当分段计算，利用上述方程解巡航问题是有效的和可行的，因为油门的变化和高度的增加是很小的。

（4）构型变化引起的极曲线变化。

在巡航中如果涉及构型改变，例如投放副油箱或炸弹等，则应该分段计算投放前和投放后的航程。在投放后航程的计算中，应考虑到投放后飞机极曲线和重量的变化。投放后如果涉及飞行高度或速度的变化，还应利用爬升或加减速计算公式来计算耗油量、航程和航时，直至达到投放后所要求的高度和速度。速度和高度变化的过程通常是不可忽略的。

（5）巡航速度和高度的选取。

选定巡航高度和速度可按下述方法进行：在飞行限制范围内选定一系列高度、速度（或马赫数）和重量，按照式（15-1）、式（15-2）和式（15-3）计算出比航程 dR/dW；对于每一给定的高度，可绘制出如图 15-3 所示的 dR/dW-V（或 Ma）、W 图线；在这些图线上可以找出在给定高度上各种所需巡航方式（如最大航程巡航、最大巡航推力巡航或待机飞行等）时的速度（或马赫数）。不同的飞行重量有不同的最佳巡航高度，为了确定出最大航程巡航（或远程巡航）的最佳高度轨迹，可以从图 15-3 中最大航程巡航（或远程巡航）的迹线上找出不同 W 时的 dR/dW，对于每一给定高度，都可以找出 W 与 dR/dW

的对应关系，然后绘制出如图 15-4 所示的航程因子 WdR/dW-W 图线，就可以确定出最大航程巡航（或远程巡航）的最佳巡航高度随重量变化的轨迹。

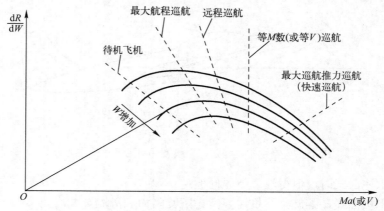

图 15-3　dR/dW 随 W 和 Ma（或 V）变化曲线（给定高度）

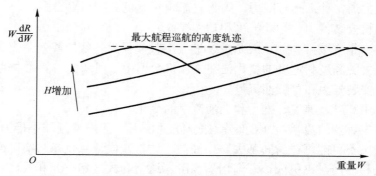

图 15-4　最大航程巡航时 WdR/dW 随 W 和 H 的变化曲线

15.2.3　主要的巡航类型

选择巡航类型实际上就是根据飞行任务要求选择相应的发动机油门、巡航速度和巡航高度。巡航参数的选择在实际问题中有一定的复杂性。民用飞机由于受到空中交通管制，对飞行高度层的限制，通常采用等高等速巡航方式，远程飞机为了获得最佳巡航性能往往作阶梯式等高等速巡航，即随着燃油重量的消耗，在适当的时机爬升到上一个飞行高度层继续巡航。最大航程巡航可以使得燃油成本最低，但是由于轮挡时间长造成飞机折旧成本高，总的直接使用成本并不低，因此往往要求在较高的速度上巡航；对于短程飞机，以较低高度和较高速度巡航可能更有意义。有时为了获得良好的速度稳定性或避免在机动时出现抖振，需要以高于有利待机速度的速度进行待机飞行。有时氧气系统或增压系统可能限制巡航高度。

1．等高度等速度巡航

为保持速度和高度，由于 dR/dW 值逐渐增加，在巡航中随燃油的消耗应该逐渐减小发动机油门。

当已知巡航的起始重量和终了重量时，可以将 dR/dW 与所对应的 W 数据转绘成如

图 15-5 所示的曲线。图中阴影元的面积表示重量改变 ΔW 时的航程增量，巡航起始重量和终了重量之间的面积表示了在给定巡航条件下的巡航总航程。

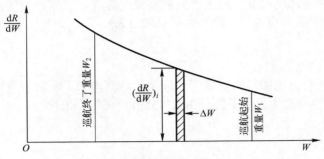

图 15-5　用于航程计算的 $\mathrm{d}R/\mathrm{d}W$-W 曲线

对于等速巡航，续航时间简单地用下式计算

$$T_{\mathrm{end}} = \frac{R}{V} \tag{15-6}$$

2．等高度最大航程巡航

飞行中尽可能保证相应飞行重量时单位燃油最大航程值所对应的巡航速度。显然，这是一种逐渐减速和减小油门的巡航。

3．等高度远程巡航

在图 15-3 上最大航程巡航线的右侧，有一条远程巡航线，它由 $0.99\,(\mathrm{d}R/\mathrm{d}W)_{\max}$ 点的连线表示。不难看出，在这种巡航方式下，航程损失仅为 1%，但巡航速度明显提高，轮挡时间或任务飞行时间可明显缩短。

4．久航巡航或待机巡航

久航巡航或待机巡航要求在最小燃油流量下飞行，以便在给定的燃油量下获得最长的续航时间。

5．最大巡航推力巡航

对于民用飞机，最大巡航推力通常指发动机最大巡航状态下的推力，对于军用飞机，最大巡航推力指发动机最大连续工作状态下的推力。

应该特别注意到，除最大巡航推力巡航之外，对于其他巡航方式，温度对航程和续航时间的影响可以忽略不计，因为温度升高引起的推力下降可以通过向前推油门杆来补偿。但是对于最大巡航推力巡航，不能通过向前推油门杆来补偿，使得燃油流量和速度响应改变。因此，当需要考虑温度时，应该在给定温度下，重新画出最大巡航推力巡航线进行计算。

6．变高度最大航程和远程巡航

依据 15.2.2 节和图 15-4 确定出随飞行重量变化的速度和高度后，同样可以确定出如图 15-5 所示的 $\mathrm{d}R/\mathrm{d}W$ 与 W 的对应关系，并可计算出航程和续航时间。

15.2.4　风对巡航航程的影响

在讨论风对飞行性能影响时，只考虑风的顺风和逆风分量 V_{w}，并设定顺风为正值，逆风为负值。侧风分量对飞机配平阻力可能产生的微小影响通常忽略不计。

在给定航路上存在风时，风并不影响空速和油门的选定，仅是改变了地速，因而改变了飞越给定地面距离的时间。假定巡航的真空速为 V，在某一时间内飞越的"空中距离"（相对空气的距离）为 R，飞越的地面距离为 R_G，那么，R 与 R_G 的关系如下：

$$R = R_G \frac{V}{V + V_W} \tag{15-7}$$

该式适用于所有飞机的风影响修正。应当注意到本书未注明的所有距离或航程都是指"空中距离"，即相对于无风条件。由式（15-7）可以看出，当 $V_W = 0$（无风）时，空中距离等于地面距离。

15.3　飞机任务飞行剖面性能

15.3.1　民用飞机任务飞行剖面及有关定义

为了对民用运输飞机进行任务飞行剖面性能计算，综合评定飞机气动品质、发动机特性、商载和航程能力，评定飞机的直接使用成本（DOC），首先必须综合考虑飞机的性能特性、运行环境和营运限制，确定出任务飞行剖面。在确定出任务飞行剖面的同时，还必须给出与之密切相关的备份油、轮挡距离、轮挡时间和轮挡耗油（油耗）。

1. 基本任务飞行剖面

图 15-6 给出了一种基本任务飞行剖面，它基于欧洲航线协会（AEA）标准。对于特定飞机的任务飞行剖面，可以在它的基础上修改确定。图中任务飞行的各阶段及有关定义说明如下。

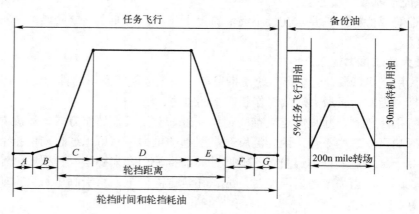

图 15-6　典型任务飞行剖面及备份油

（1）A：暖机和滑出。计入轮挡时间和轮挡耗油。时间取决于发动机起动程序和机场航班密度等，如无统计数据可取 10min。

（2）B：起飞和初始爬升至 450m。计入轮挡时间和轮挡耗油。

（3）C：从 450m 爬升至初始巡航高度。低于 3000m 时爬升校正空速不大于 250kn（节）。

（4）*D*：以选定的空速巡航。当轮挡距离短于 1000n mile（海里）时，以定高度巡航。当轮挡距离长于 1000n mile（海里）时，可用台阶式巡航，高度差为 600m。巡航高度的选定应考虑到巡航段的距离至少为轮挡距离的 30%。

（5）*E*：从巡航高度下降至 450m。低于 3000m 时下降校正空速不大于 250kn。

（6）*F*：从 450m 待机、进场和着陆。计入轮挡时间和轮挡耗油。时间按 8min 或统计数据。

（7）*G*：滑进。计入轮挡时间和轮挡耗油。时间依据统计数据或取 5min。

2. 备份油

有下述三部分构成：5%的轮挡耗油，在 450m 处以最小阻力速度待机 30min 用油，以及 200n mile（海里）转场用油。转场起始于在 450m 处的复飞，终止于下降至 450m。显然，这一备份油要求比规范要求（见 15.1.1 节）保守。

3. 轮挡距离、时间和耗油

（1）轮挡距离：出发机场和目的机场之间的航路距离。至 450m 高度的起飞飞行航迹和下降至 450m 之后的待机进场着陆航迹不计入轮挡距离。

（2）轮挡时间：从暖机滑出至着陆滑进所用的全部时间。

（3）轮挡耗油：从暖机滑出至着陆滑进所用的全部燃油。

15.3.2 军用飞机任务性能计算

飞机的任务性能，表征了由飞机飞行性能所决定的执行任务的综合能力。不同类型飞机，国军标 GJB 34—85 附录 A "典型任务剖面" 给出了 18 种典型剖面，在附录 B "最大效能任务剖面" 中给出了 12 种任务剖面。这里仅对任务性能计算的一般要求作一介绍。

1. 任务类型

在任务性能计算之前，应确定出任务剖面。任务剖面有下述四种类型：

（1）设计任务。各种类型飞机都必须规定设计任务，设计任务是指作为飞机设计依据的主要使用任务。

（2）最大效能任务。最大效能任务是指能够显示其最大能力的任务，用于与同类竞争飞机在共同基础上进行比较。

（3）附加任务。除上述两个任务外，飞机尚有能力执行的一项或几项其他任务。

（4）转场任务。各种类型飞机都应给出一项转场任务性能。转场任务指飞机携带最大允许燃油，不带有效装载，单程飞行到远距离基地着陆的任务。

2. 各任务段的一般设计准则

图 15-7 是举例说明的一个任务剖面简图，出航段为实线，返航段为虚线。下面结合该图说明各任务段的一般设计准则。

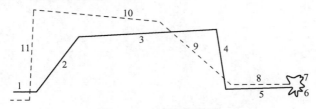

图 15-7　任务剖面简图

1）起飞段（第 1 段）

包括起飞和起飞后加速到任务要求的上升速度或巡航速度（指海平面巡航情况）。该段不计入距离和时间，但对于截击任务，则包括该段的实际时间。燃油量包括起动、暖机、滑行、起飞和起飞加速用油。

2）爬升段（第 2 段和 9 段）

通常以能达到最大航程的爬升程序进行爬升（有利爬升）。但对于最短时间截击任务，应按最短时间达到作战高度的爬升程序爬升（快升爬升）。也可考虑其他爬升程序。可考虑燃油消耗的增益。

3）巡航段（第 3 段和 10 段）

除了指定高度和速度的情况外，通常以变高度最大航程或远程巡航方式巡航，但巡航高度不应超过巡航升限。也可选定其他巡航方式。

4）冲刺段（第 5 段和 8 段）

在海平面（或指定的低空），以冲刺速度和所需的发动机工作状态，按指定距离进入和退出目标。

5）作战段（第 6 和 7 段）

第 6 段投放外挂物，该段减少的重量等于外挂物的重量。第 7 段战斗段，它有多种形式，如截击、对地支援、战斗巡逻、战术侦察、轰炸和反潜搜索等，不同的任务有不同的战斗段。作战段一般只计及燃油和时间，不计及距离。

6）下降段（第 4 段）

对于最佳巡航速度为亚声速的飞机，不计入下降段的时间、燃油和距离。对于超声速巡航的飞机，应计入下降并减速到规定高度和速度的时间、燃油和距离。从目标上空实施超声速脱离的飞机，如果巡航高度和速度低于脱离高度和速度，则应计入下降减速到巡航状态的距离。在设计中，可以考虑其他下降条件。

7）返回基地上空后的下滑和着陆（第 11 段）

在任务性能计算中不考虑这一飞行阶段，但要考虑这一阶段的燃油量，即着陆余油。

对于从某基地起飞，完成飞行任务后返回原基地着陆的半径型任务剖面（例如，截击、对地支援、战斗巡逻和侦察等剖面），在计算中除了要满足各段燃油量与着陆余油之和等于可用燃油总量这一条件外，还必须满足出航距离等于返航距离这一附加条件。满足这一附加条件的基本方法是：调整出航巡航段和返航巡航段的燃油量，直至上述两条件均满足为止。所得出的出航距离或返航距离即为活动半径。

第 16 章　机动飞行性能

机动性能描述飞机在给定的构型和发动机工作状态下改变飞行速度、飞行高度和飞行方向的能力。

16.1　机动性能计算的一般要求

16.1.1　机动性能计算的原始数据

根据国家军用标准（GJB 34—85）《有人驾驶飞机（固定翼）飞行性能和图表资料》的机动性能计算原始数据一般要求概述如下。

1. 飞机构型

起落架和襟翼收上的基本构型。不考虑外挂副油箱，但应考虑带与不带外挂武器和设备。在计算减速机动时可考虑减速板打开等。

2. 飞行重量

按平均飞行重量计算机动性能。平均飞行重量指飞机携带 50%机内燃油量的飞行重量。

3. 升阻特性

在计算机动性能时应使用经配平的升阻特性。在发动机慢车状态下可能需要考虑附加溢流阻力。

4. 发动机特性

在计算机动性能时应使用考虑了进排气和功率提取等损失的可用推力或功率。

民机适航标准未对民机的机动性能制定任何要求。应注意到，民机的机动飞行受到旅客舒适性和较小的允许过载（通常为 2.5）的严格限制。

16.1.2　飞机的速度—过载边界

飞机机动飞行可能受到飞机的气动升力和结构强度的限制。这一限制通常用速度—过载包线（即 $V-n$ 图，n 为法向过载）给出。典型的 $V-n$ 图见图 16-1，这种图通常对应于某一特定重量和构型，并假定对称受载（当滚转等情况下存在不对称载荷时，结构强度边界将缩小）。

图 16-1 中 DE、EF 和 FA 线是飞机的升力边界，由最大升力系数或抖振升力系数确定。F 点对应 $n_y=1$ 时的失速速度（或抖振速度）。AB 和 CD 是飞机的结构强度边界，即限制过载线，在机动飞行中可以利用但不可超越。如果超越，可能导致永久性结构变形。图中 A_1B_1 和 C_1D_1 线是极限过载线，如果超越，可能导致结构失效。极限过载通常是限

制过载的 1.5 倍。*A* 点对应的速度称为"机动速度"或"拐点速度"，它是全行程使用操纵面而不致引起结构超载的最大速度，在机动性能中具有重要的意义。图中的 *BC* 线是最大速压限制线，如果超越，可能导致结构失效或气动不稳定。

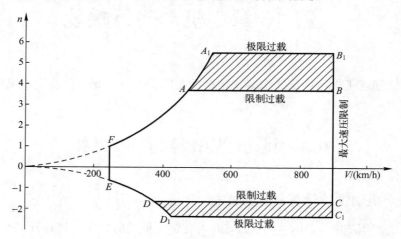

图 16-1　速度—过载包线（$V-n$ 图）

高机动性歼击机的限制过载高达 6～8，甚至更高。轰炸机和运输机的限制过载通常在 2.5～3.5 之间。

16.1.3　人体生理限制

机动飞行中过载的增加，将压迫驾驶员和乘员的神经系统。在很短的持续时间内，人可以承受某一限度的过载对血液循环的影响。如果机动持续时间比较长，过载可能引起驾驶员丧失定位能力、头痛、呼吸困难、丧失视力，甚至昏迷。正过载机动引起头部缺氧而造成丧失视觉甚至昏迷，丧失视觉通常发生在 n_y=4.5～5。负过载机动引起头部充血而造成红色视觉甚至昏迷，这可能在 n_y=-4 持续几秒钟内发生。

当歼击机的驾驶员穿防过载服时，他能承受 n_y=8 的过载而不致丧失视觉。离心试验研究已证实，由于人体器官的自然柔性和血液流出脑部运动的惯性滞后，人体能够在 2～3s 内承受 n_y=12 的过载。

如果驾驶员能够承受的过载大于飞机承受的过载，他必须注意不要超过飞机的限制。如果飞机能够承受的过载大于驾驶员的承受能力，驾驶员在使飞机接近飞机边界时必须警惕丧失视觉的可能性。应注意到，驾驶员能够承受短时间内的较高过载，但对飞机来说，极短时间的超越就可能损伤机体。

16.1.4　敏捷性的概念

按照规范标准确定的机动性能并不能完全衡量飞机的作战效能，因而提出了敏捷性这一新概念。飞机的敏捷性问题是 20 世纪 80 年代引起人们广泛关注的课题。它关系到高性能作战飞机的战斗效率即杀伤敌机保存自己的能力。所谓敏捷性，是飞机能快速并能控地从一种机动飞行状态转移到另一种飞行状态的能力。它突出了受飞行品质制约的飞机瞬态飞行特性，特别是大迎角的瞬态飞行特性。

例如，两架飞机具有完全相同的最大瞬时盘旋速度能力，如果其中一架在大迎角时操纵性差和响应离散，而另一架在接近最佳瞬时盘旋速度时能迅速滚转或俯冲，那么后者的作战效能将明显优于前者。

敏捷性和机动性是两种不同的概念。机动性指的是飞机改变高度、速度、方向及其任一组合的能力。敏捷性指的是飞机从某一机动转变为另一种机动的能力。

飞机的敏捷性包括机动性和操纵性。机动性可用普遍的飞行力学方法研究，而操纵性则与飞行品质研究紧密相关。所以敏捷性问题与飞行品质有着必然的内在联系。

敏捷性强调的是时间，寻求把达到所需输出量的时间最小化，因此敏捷性概念不仅应用于机体，也应用于驾驶员、武器和其他单元。机体敏捷性取决于机体从一种机动转变为另一种机动的能力。减速板和矢量推力等的应用是提高敏捷性的手段。驾驶员敏捷性取决于驾驶员观察、定位、决策和采取措施的能力。武器的敏捷性取决于武器定位、发射、选用正确轨迹飞向目标的能力。

敏捷性问题与空战策略的进展是分不开的。特别是在全方位近距攻击中，高敏捷性飞机具有明显的战术优势。随着高推重比发动机的出现，控制发动机推力矢量的方法，可使飞机飞行迎角达到110°之多。结合非常规机动可使对敌瞄准、持续开火时间等方面获得较大战术收益。

16.2　基本机动动作

16.2.1　水平加（减）速

水平加（减）速性能反映飞机在水平面内改变直线飞行速度的能力。描述水平加（减）速性能的参数包括：在规定的速度范围内加（减）速所需时间（主要技术指标）、切向过载、所经过的水平距离和燃油消耗量。

当已知加（减）速的起始速度 V_0 和终了速度 V_1 时，可写出加（减）速所需时间 t 和经过的水平距离 X 的积分表达式如下

$$t = \frac{1}{g} \int_{V_0}^{V_1} \frac{1}{n_x} \mathrm{d}V \tag{16-1}$$

$$X = \frac{1}{g} \int_{V_0}^{V_1} \frac{V}{n_x} \mathrm{d}V \tag{16-2}$$

切向过载 n_x 正比于飞机的加速度，其值为剩余推力（$T-D$）与重力 G 之比，是表征飞机加速性的重要参数。

16.2.2　盘旋

飞机在水平面内作盘旋时，利用副翼偏转产生机翼倾斜，从而获得盘旋所需的向心力，并同时利用方向舵来保持零侧滑角，因此也称为协调转弯。

描述盘旋机动的参数包括：盘旋速度 V、盘旋角速度 $\dfrac{\mathrm{d}\psi}{\mathrm{d}t}$，盘旋半径 R、盘旋过载 n、

倾斜角 γ 和盘旋时间 t 等。

1. 盘旋性能计算的表达式

如图 16-2 所示,在水平盘旋时,飞机倾斜某一角度 γ。

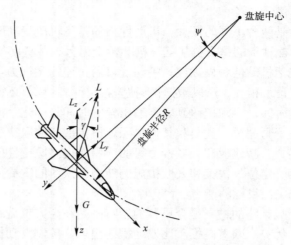

图 16-2　水平盘旋飞行时的升力

γ—飞机倾斜角;L—升力,$L=nG$;L_z—升力的垂直分量,$L_z=G$;L_y—升力的水平分量,

$L_y = \sqrt{n^2-1}\,G$;$\dfrac{\mathrm{d}\psi}{\mathrm{d}t}$—盘旋角速度。

假设飞机的升力为重力的 n 倍,即 $L=nG$,n 为法向过载。那么,为满足水平飞行条件,L 的垂直分量应等于 G(假设推力 T 的垂直分量很小,可忽略不计),因而 L 的水平分量应该是 $\sqrt{n^2-1}\,G$,这一水平分量就是作盘旋机动的向心力。于是可写出盘旋角速度 $\dfrac{\mathrm{d}\psi}{\mathrm{d}t}$(等于向心加速度除以速度)的表达式

$$\frac{\mathrm{d}\psi}{\mathrm{d}t} = \frac{\sqrt{n^2-1}\,G}{(G/g)V} = \frac{g\sqrt{n^2-1}}{V} \tag{16-3}$$

式中　$\dfrac{\mathrm{d}\psi}{\mathrm{d}t}$ 的单位为 rad/s。

由于 $V = R\dfrac{\mathrm{d}\psi}{\mathrm{d}t}$,由上式可得出盘旋半径 R 和盘旋一周的时间 t 的表达式

$$R = \frac{V^2}{g\sqrt{n^2-1}} \tag{16-4}$$

$$t = \frac{2\pi V}{g\sqrt{n^2-1}} \tag{16-5}$$

根据式(16-3)、式(16-4)和式(16-5)可知,在给定速度下,定常盘旋最大过载时对应的盘旋角速度最大,盘旋半径和盘旋时间最小。

2. 盘旋飞行的过载和速度

由图 16-2 可直接得出过载和倾斜角的关系式

$$n = \frac{1}{\cos\gamma} \qquad (16-6)$$

应注意到，在水平盘旋中，γ 不是任意选定的，它必须满足 $L\cos\gamma = G$ 的条件。在非定常盘旋中，为了使用较大的 γ 从而得到较大的 n，可以增加 C_L（即 α），但是在低速时可能受到最大可用 C_L 的限制。在高速时，结构强度限制或生理限制的 n 可能限制了 γ 的选择。

根据定常盘旋的推力 T 和阻力 D 相等的条件以及 $n = L/G$ 的定义可得出过载的另一个有用的表达式

$$n = \frac{L}{G}\frac{T}{D} = \frac{T}{G}\frac{L}{D} \qquad (16-7)$$

式（16-7）表示，定常盘旋的过载正比于推重比和升阻比。

由 $L = nG$ 并忽略推力在垂直方向的分量，可写出盘旋速度的表达式如下

$$V = \sqrt{\frac{nG}{\frac{1}{2}\rho S C_L}} \qquad (16-8)$$

由上式可以看出：当飞机由直线平飞转为水平协调转弯时，如果维持 V 不变，C_L 应增加 n 倍，在大盘旋过载时可能受到最大可用 C_L 的限制；如果维持 C_L 不变（即 α 不变），速度将增加 $\sqrt{n}$ 倍，由于阻力与 V^2 成正比，所需推力应增加 n 倍，在大盘旋过载时可能受到最大可用推力的限制。

16.2.3 跃升

跃升性能是指飞机以动能换取位能，迅速降低速度而增加高度的能力。跃升性能以理论动能升限和动力高度等参数描述。在空战中，跃升机动用于追击空中目标和规避敌方武器、占据有利战位等。

1. 理论动力升限

1）理论动力升限的定义

理论动力升限是指飞机以具有的最大能量飞行的状态，用全部动能换取位能所能达到的最大高度。

根据上述定义，理论动力升限实际上是以高度来表征飞机的最大能量水平，适用于不同飞机之间的能量等级比较。

2）理论动力升限的确定

飞机的能量可以用单位能量 E_s（也称为能量高度 H_e）来描述，即

$$E_s = H_e = H + \frac{V^2}{2g} \qquad (16-9)$$

上式表明，H_e 表征了全部动能转换为位能（$V = 0$）时所能达到的高度。如图 16-3 所示，在 V（或 M）$-H$ 图上画出一系列 H_e 等于常值的迹线，这些迹线表示了飞机在给定 H_e 值的能量条件下，位能与动能的转换关系（不考虑转换中的能量损失）。

飞机能量的另一个表达形式是单位剩余功率（或称能量爬升率）P_s，用下式计算

$$P_s = \frac{V(T-D)}{G} \qquad (16\text{-}10)$$

由上式可以在 V（或 M）$-H$ 图上画出一条在最大可用推力和 $n=1$ 条件下计算出的 $P_s = 0$ 的曲线（图 16-3），这条曲线右侧部分上的每一点反映了相应高度上飞机所能达到的最大稳态平飞速度（即具有最大动能）。可以找到一条 H_e 等于常值的迹线与 $P_s = 0$ 曲线相切。切点（在图 16-3 中标注为"A"的点）处飞机具有最大能量，这条切线的 H_e 值即为理论动力升限。

以上所述是从定义出发来说明理论动力升限的确定方法。实际上，将各个高度及所对应的最大平飞速度数据代入式（16-9），所得出的最大值就是理论动力升限。

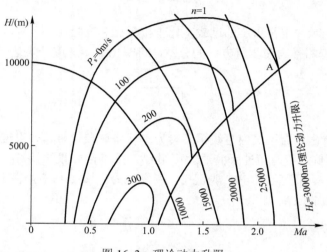

图 16-3　理论动力升限

2．动力高度

动力高度的定义：是指飞机从给定高度（接近于具有最大能量的高度）的最大速度，按一定的过载控制规律跃升到允许的最小速度所能达到的最大高度。

理论动力升限表征的是飞机的能量水平，而动力高度是实际中可期望获得的最大飞行高度。两架具有相同理论动力升限的飞机，可能因允许的最小速度不同，或因动力高度跃升的能量损失不同，而有不同的动力高度。在动力高度上（高于静升限），飞机因可用推力小于需用推力而不能维持等速平飞，但具有最低程度的操纵性。

从理论动力升限的确定中已经知道，$P_s = 0$ 的曲线与 H_e 为常值的迹线的切点处飞机具有最大能量，因此应该以接近于该切点所对应高度并以最大速度进入动力高度跃升。

动力高度跃升飞行改出的终了速度应取下述最大者：

（1）飞机操纵性所限制的最小机动速度。

（2）动力装置稳定工作的最小速度。

（3）其他部件、设备和系统允许的最小速度。

动力高度跃升飞行改出高度限制应取下述较小者：

（1）动力装置稳定工作所限制的最大飞行高度。

（2）其他部件、设备和系统允许的最大飞行高度。

动力高度跃升飞行的过载控制规律，应根据飞机过载能力和驾驶员的操纵经验，经过计算选取。

在整个动力高度跃升中发动机工作状态应保持不变，处于加力或最大工作状态。

16.2.4 俯冲

俯冲性能是指飞机以位能换取动能，迅速降低高度而增加速度的能力。俯冲机动用于追击敌机、攻击地面目标或执行俯冲轰炸等。俯冲性能的高度、速度范围和计算条件应按飞机的任务需要确定。但是俯冲的速度不超过飞行包线规定的最大允许速度。改出后的高度不低于规定的安全高度。

俯冲按航迹可分为 3 段：进入俯冲段、直线俯冲段和改出俯冲段。

俯冲通常有两种进入方式：推杆进入或施加滚转压杆进入。

在发动机油门不变的直线段俯冲时，随着高度降低和速度增加，发动机推力因密度增加而有所增加，而因速压增加而引起的阻力增加要迅速得多。因此可能存在某一速度，使得 $(T - G\sin\theta) = 0$（θ 为俯冲角），$\dfrac{\mathrm{d}V}{\mathrm{d}t} = 0$，即速度不再增加，这一速度称为俯冲极限速度，其值为 $V = \sqrt{2(T - G\sin\theta)/C_D \rho S}$。

在直线俯冲段的升力系数为：$C_L = (G\cos\theta)/\dfrac{1}{2}\rho V^2 S$。这表明，为保持直线俯冲，随着俯冲速压的增加，必须使 C_L（即迎角 α）不断地相应减小，即直线俯冲是一不断推杆的过程。

改出俯冲段通过拉杆获得法向过载，改出俯冲。通常在改出俯冲过程中认为过载大致不变。当航迹接近水平时，再推杆使飞机转为水平飞行。假设在改出俯冲的过程中发动机推力 T 与飞机阻力 D 基本上相等，如果改出俯冲开始时的速度与航迹角分别为 V_1 和 θ_1，结束时的速度与航迹角分别为 V 和 θ，其中 $\theta = 0$，并认为改出俯冲过程中 n_z 为常数，则改出俯冲结束时的速度为

$$V = \frac{n_z - \cos\theta_1}{n_z - 1} V_1 \tag{16-11}$$

因已假定发动机推力与飞机阻力相等，故改出俯冲时的高度损失按能量方程得

$$\Delta H = \frac{V^2 - V_1^2}{2g}$$

将式（16-11）代入上式，可得到改出俯冲高度损失计算公式

$$\Delta H = \frac{V_1^2}{2g}\left[\left(\frac{n_z - \cos\theta_1}{n_z - 1}\right)^2 - 1\right] \tag{16-12}$$

当无倾侧角时上式中的 n_z 即为法向过载 n。

假设某飞机自垂直俯冲改出，$V_1 = 300\text{m/s}$。由式（16-12）计算可知，当改出的平均过载为 8 时，$\Delta H = 1404\text{m}$，当改出的平均过载为 6 时，$\Delta H = 2018\text{m}$。可见改出俯冲的高度损失是可观的，且改出俯冲所用的法向过载对高度损失影响较大。但允许使用的

法向过载是有限制的。

16.2.5　筋斗

筋斗是指飞机在垂直平面内航迹角改变 360° 的机动飞行。筋斗是一种基本特技机动，可看作跃升、倒飞和改出俯冲的组合。

描述筋斗机动的主要参数包括：速度、高度、航迹角和过载随时间的变化规律，筋斗最大高度和最小进入速度。

从能量转换的角度看，筋斗的前半段是用速度换取高度，后半段是用高度换取速度。因此，为了保证在筋斗顶点处的速度不小于最小速度，筋斗的进入速度必须足够大。满足筋斗顶点处的速度等于最小机动速度的进入速度称为最小进入速度。最小进入速度与发动机工作状态及飞机构型状态等有关。假设进入筋斗机动的速度和高度分别为 V_0 和 H_0，筋斗顶处的速度和高度分别为 V_1 和 H_1，其中 V_1 为最小机动速度 V_m，根据能量定理，进入速度 V_0 必须满足下述要求

$$V_0 \geqslant \sqrt{V_m^2 + 2g(H_1 - H_0)} \tag{16-13}$$

此外，采用为筋斗选定的最大进入速度，并采用适当的过载控制规律，使得在筋斗顶点处的速度为最小机动速度，所能达到的筋斗顶点高度称为筋斗最大高度。显然，筋斗最大高度与飞机构型状态、发动机工作状态及筋斗进入高度等有关。

16.3　特 技 飞 行

特技飞行指的是用于公开展示的、能最大程度体现飞机性能和飞行员技能的机动飞行。特技飞机和战斗机要有显著超越其他机种的机动性和敏捷性。试飞员或特技飞行员要求通过特技机动飞行训练掌握在平稳和协调基础上获得飞机最大性能的技能。

本节简单介绍几种训练用飞行特技和基本飞行特技。

16.3.1　训练用飞行特技

1．近临界低速飞行

许多特技机动是在很低速度下操作飞机的。近临界低速飞行训练（包括平飞、转弯、爬升和下降）的目的是培养飞行员在速度反区飞行，利用视觉、声响和感觉来识别危险情况的能力和信心。

近临界低速飞行的特点是：迎角大阻挡前视界；阻力大要求增加功率；压心离重心很近，减弱了低头能力；操纵面效能降低因而操纵位移量加大；对于螺旋桨飞机，螺旋桨滑流的不对称影响变得明显，需要方向舵偏转来克服偏航，在近失速时方向舵操纵引起的机翼倾斜极易造成进入螺旋。

低速爬升要求增加升力，因而阻力增加，需用推力增加。低速转弯必须增加推力以免掉高度。低速下降时可通过减小推力和推杆低头来实现。

2．从异常姿态中改出

在特技机动中，飞机可能有意或无意进入异常姿态。异常姿态在这里指的是在大倾

斜角的同时俯仰角异常大或异常小。

当飞机俯仰角很大且倾斜角很大时,应推杆低头并柔和增加油门,同时用副翼和方向舵使机翼恢复水平。此时飞机很可能处于失速状态,因此操作必须柔和、明确和果断。如果机头上仰几乎达到垂直,且空速极低,则可能发生尾冲。此时应握持操纵杆等待机头自动下沉或施加方向舵迫使机头向侧面下沉,这将导致俯冲,然后用常规方法从俯冲改出。当飞机速度不足时因副翼有效而无意进入倒飞,则应拉杆使机头下沉,增速后使飞机滚回到正飞位置。

当飞机下俯角很大且倾斜角很大时,相当于螺旋俯冲状态,此时应减小油门以免过分丧失高度或超过速度限制,利用副翼和方向舵使机翼恢复水平,然后按常规方法改出俯冲。

3. 急上升转弯

急上升转弯(Chandelle)是一种最大性能爬升转弯,起始于水平直线飞行,结束于爬升至某一高度且完成180°转弯,见图16-4。发动机选用全功率状态或最大连续状态,一旦选定,在整个机动中不可调整。

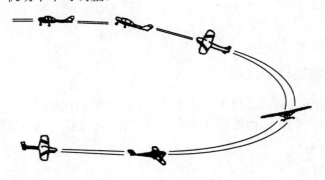

图16-4 急上升转弯

该机动以推荐的空速从水平直线飞行进入,在稳定施加倾斜角的同时开始稳态爬升。例如,当航向转过30°时,倾斜角达到30°,机头获得了正仰角姿态。倾斜角继续以相同的稳定速率增加,拉杆不断增加仰角,当航向转过90°时,倾斜角达到60°这一最大值。此后立即以相同的稳定速率减小倾斜角,直至完成180°的转弯,机翼回到水平状态。在整个机动飞行中,机头上仰角是稳定增加的,当机翼再次回到水平时,上仰角达到最大,速度应为最小可用速度。转弯速率完全取决于飞行员,但俯仰速率和倾斜速率必须根据所选的发动机状态精确地互相协调。

4. 懒"8"字机动

懒"8"字机动(Lazy 8)的飞行航迹实际为"S"形。这是一种精确协调机动,由两个方向相反的180°转弯构成,每个180°转弯包括对称的爬升和下降航迹(图16-5)。

该机动起始于平飞,起始速度可选取大于正常巡航速度的任一速度,逐渐倾斜机翼开始协调转弯爬升。当达到45°转弯点时,倾斜角达到15°,同时俯仰角达到最大,其间空速不断降低。从45°到90°转弯点,倾斜角继续增加,俯仰角减小,空速也减小。在90°转弯点,倾斜角为30°,航迹角为零,空速为最小值,高度为最大值。此后进行下降转弯,倾斜角渐减,俯仰角渐减,空速渐增。在135°转弯点,俯仰角最低,倾斜角约 15°。在 135° 转弯点之后，继续协调操作倾斜角和俯仰姿态，使得在达到 180° 转弯时为水平飞行，空速为该机动起始时的速度。以上描述了懒"8"字机动的一半，另一半以相反转弯方向进行，程序完全相同。在整个机动飞行中，有必要控制方向舵以保持飞机平衡。

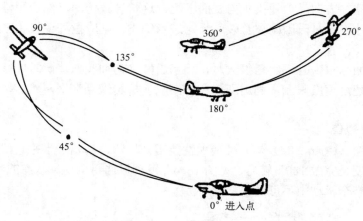

图 16-5   懒"8"字机动

16.3.2   基本飞行特技

滚转、筋斗和转弯构成了基本特技飞行。不同的飞机有不同的飞行特性，尤其是操纵运动的量和速率不同，因而特技机动的类型、组合和飞行方法可以千变万化。下面仅举数例作简要介绍。

1. 慢滚

在慢滚（Slow Roll）机动中，飞机在平飞的同时，绕其纵轴作 360° 的滚转。执行慢滚时，空速应高于失速速度，有充分的裕量，并有高度裕量。速度越高，滚转操作越容易，高度损失越小。滚转速率取决于副翼用量、空速和飞机类型。

在一次完整的 360° 滚转中，机翼两次处于垂直位置，飞机一次处于倒飞位置。当机翼接近垂直位置时，机头有下沉趋势，需用方向舵来阻止这种趋势，升降舵的操纵只会使机头偏离基准位置。当飞机接近倒飞位置时，需用升降舵来保持机头的正确位置，方向舵对于阻止机头下沉是无效的。为了减小倒飞时的高度损失，需要抬高机头。

2. 筋斗

飞机的筋斗（Loop）机动起始于直线平飞，在沿垂直平面内的圆周轨迹飞行 360° 后回到直线平飞（图 16-6）。

筋斗飞行从推荐的直线平飞速度开始，柔和地拉杆抬头，并在整个筋斗机动中维持某一恒定的俯仰速率。该机动的关键之一是协调包括油门在内的所有操作。方向舵用于防止偏航，在筋斗的顶部，飞机处于低速倒飞，要防止飞机失速。

在整个机动中要保持正的过载，虽然要求向心力维持不变，过载值随筋斗的位置而变。例如，如果要求在整个机动中向心加速度为 $3g$，则在筋斗的两侧加速度计的读数为 $3g$，在筋斗的顶部为 $2g$，在筋斗的底部为 $4g$。

筋斗机动的航迹可以有不同的形状，如方筋斗、矩形筋斗，八角形筋斗、斜筋斗和飞行员处于外侧的外筋斗。

3．跃升失速倒转

跃升失速倒转（Stall Turn）首先使飞机垂直爬升至垂直姿态，再利用方向舵使飞机绕其竖轴偏转 180°，然后使飞机改出俯冲并恢复直线平飞（图 16-7）。

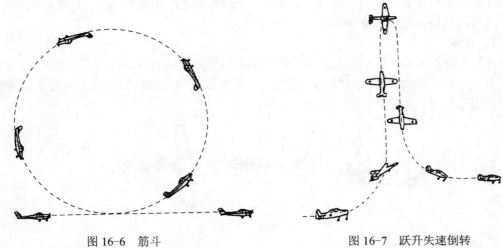

图 16-6　筋斗　　　　　　　　　　图 16-7　跃升失速倒转

该机动起始于推荐的空速，果断有力地拉杆使飞机达到爬升姿态，并施加发动机全功率。当飞机接近垂直姿态时，速度将变得很低。利用方向舵来保持平衡状态，并利用副翼来保持机翼不倾侧。在飞机达到垂直姿态后，施加方向舵使飞机侧转 180°。当机头下偏时，反向施加方向舵阻止机翼侧转趋势并保证飞机垂直向下。当达到垂直向下姿态时，拉杆抬头并调整发动机功率，使飞机恢复平飞。

4．半筋斗翻转

半筋斗翻转（Roll-off-the Top）由半筋斗和在半筋斗顶部飞机从倒飞翻转为正飞组成（图 16-8）。

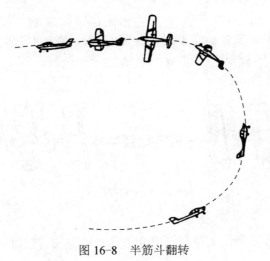

图 16-8　半筋斗翻转

为了使在半筋斗顶处副翼有良好效能进行滚转机动，半筋斗机动的进入速度应比前文所述的全筋斗的进入速度高28~37km/h。在达到这一较高的进入速度时，用力拉杆抬头并施加发动机最大可用限制推力。必须尽可能使筋斗的半径较小，以使在筋斗顶部处的速度足够大，因而副翼能达到良好的效能。当飞机达到倒飞姿态且机头与水平线夹角约30°时，适当操作升降舵以中止筋斗机动，然后开始作滚转机动。此时，由于速度很低，可能需要副翼全偏来满足滚转速率要求，也许滚转速率还是相当低。在滚转机动中，操纵系统的使用方法在"慢滚"机动中叙述。

5. 快滚

快滚（Snap Roll）机动指的是飞机绕其纵轴快速滚转，飞机滚转一周（360°）的时间约为3~4s。快滚通过施加方向舵来进行，通常快滚会自动继续下去直至飞行员停住快滚，快滚存在进入尾旋的可能（见图16-9）。

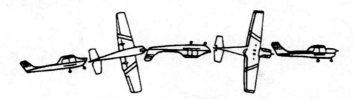

图16-9 快滚

滚转速率取决于飞机类型和进入机动的速度。建议机动进入速度低于飞机机动速度，因为这使得机头俯仰姿态角约为15°，有利于在改出机动期间减小机头过分下沉的趋势。

当全偏方向舵时，由于左右机翼升力的不平衡飞机快速滚转（某些飞机的副翼可用来协助滚转）。当飞机滚过倒飞位置并接近270°时，通过施加反向全偏方向舵和快速推杆来改出机动。当滚转停止时可用所有三种操纵面以正常方法来恢复直线水平飞行。

6. 间歇横滚

间歇横滚（Hesitation Rolls）以慢滚机动为基础，在滚转中的某些点短暂停滚即构成间歇横滚。如图16-10所示的是4点横滚，即构成90°暂停一次。相似地有3点、6点、12点和36点等各种间歇横滚。执行间歇横滚的方法相同于慢滚机动。由于在滚转机动中要暂停数次，完成整个机动的时间较长，因此进入机动的速度应该比慢滚机动高一些。

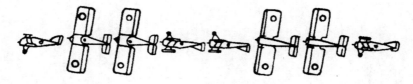

图16-10 间歇横滚

7. 其他特技机动

特技机动种类有数万种，上述只是简介了几种典型的特技机动。基本特技机动还包括古巴"8"字筋斗（Cuban 8 见图 16-11），画大圈横滚（沿螺旋线飞行航迹滚转 360°）和副翼横滚（用副翼作为主操纵执行横滚）等。与飞机稳定性有关的特技机动有蛇行机动、荷兰滚、长周期振荡和短周期振荡等。高级特技机动有翼尖下坠滚转、刀刃飞行、尾冲、先进螺旋和落叶机动等。

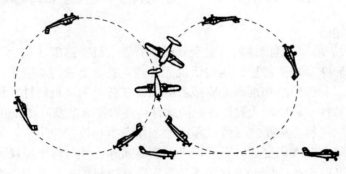

图 16-11　古巴"8"字筋斗

第 4 篇　飞机的飞行品质

　　飞机的飞行品质，就是指驾驶员安全舒适地驾驶飞机，且能在整个飞行包线内较好地完成飞行任务时所呈现的特性。换句话说，就是驾驶员能否得心应手、工作负荷（体力和精神）较轻、补偿较小和准确地完成各种飞行任务时的飞机特性，例如巡航、作战和着陆时的飞机特性。早期，人们称飞机的这种特性为操纵品质（Handling quality），即强调驾驶员在操纵飞机完成指定任务过程中的工作负担和补偿作用，以说明驾驶员是否容易驾驶飞机。现在，人们更倾向于强调飞机的品质和特性与驾驶员操纵特性的联系，故采用飞行品质（Flying Quality）这个术语。它包括飞机的机动能力、操纵感觉、飞机响应特性等，所涉及的内容比操纵品质更广泛。

　　总之，飞机的飞行品质，应理解为与飞行安全有关的，且涉及驾驶员感受在定常或机动飞行过程中是否容易驾驶的飞机特性。从飞机本体特性来说，它主要是指飞机的稳定性和操纵性，如杆舵的操纵力、位移，以及失速和螺旋特性，同时还包括对飞行操纵、驾驶员精力有影响的其他因素，如座舱内操纵、工作负担、仪表显示、座舱环境等。对飞行品质的评价，是通过驾驶员执行各种飞行任务的感受和体会（视觉、听觉、身体感受等）来主观评价的。通俗地说，好的飞行品质，驾驶员的主观感受是"有效、安全、好飞"。"有效"，是指飞机在驾驶员的操纵下，灵活自如地完成各种机动动作，能精确跟踪和控制飞行轨迹。"安全"，是指飞机在飞行中没有威胁安全、招致事故的飞行现象出现，如在跨声速飞行范围内，不得出现杆力变化过于剧烈等涉及安全的现象。"好飞"，是指驾驶员操纵飞机时省体力、省脑力。

　　飞机的飞行品质是衡量飞机质量的重要组成部分。评价飞机的质量，不仅要看它的飞行性能（速度、高度、航程、航时等性能）、飞机结构、部件强度和刚度以及各种机载设备的好坏，还要看它的飞行品质。如果没有好的飞行品质，即使有良好的飞行性能，也无法充分发挥出来。

　　第 3 篇中，把飞机看作质点，研究了飞机的各种飞行性能。但飞机除了要达到预定的性能外，还要从质点系的角度研究以下问题：

　　（1）飞机必须在一定条件下能够取得平衡。

　　（2）飞机必须保证这一平衡性质是稳定的，即飞机受扰动，平衡受到破坏后，能自动恢复平衡。

　　（3）飞机能够自如操纵，即飞机能够按照飞行员的意图改变飞行状态。

　　通常将飞机能不能在一定条件下取得平衡称为平衡性能，在受扰动后自动恢复原来状态的能力称为稳定性能（简称稳定性）；而按照飞行员的意图改变飞行状态的能力称为操纵性能（简称操纵性）；飞机的平衡性能、稳定性和操纵性统称为飞机的飞行品质。为了研究方便，将平衡从品质中单独列出，并将稳定性和操纵性分为静态和动态两部分，前者称为静态飞行品质，后者称为动态飞行品质。

第 17 章　飞机的平衡

17.1　平衡的概念

　　飞机在飞行时，所有作用于飞机的外力与外力矩之和都等于零的状态称为飞机的平衡状态，等速直线运动是飞机的一种平衡状态。

　　研究飞机的运动，我们采用的是机体坐标轴系。坐标轴的原点 O 取在飞机的重心，x 轴在飞机的对称面内且与翼弦平行，称为飞机的纵轴，以指向机头为正；y 轴在飞机对称面内，垂直于 x 轴，称为立轴，以指向座舱盖为正；z 轴通过重心和 Oxy 平面垂直，以指向右翼为正，称为飞机的横轴（见图 17-1）。x，y，z 轴构成右手坐标系。

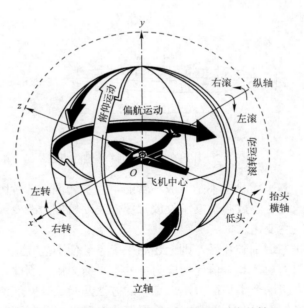

图 17-1　穿过飞机重心的 3 根互相垂直的轴

　　飞机沿纵轴和立轴的移动，以及绕横轴的转动，与飞机的飞行速度和迎角有关，是发生在飞机对称面内的运动，通常称为纵向运动；而飞机沿横轴的移动和绕纵轴的转动，称为横向运动；飞机绕立轴的转动称为航向运动。飞机的平衡问题，归结为纵向平衡、横向平衡和航向平衡的问题。下面分别探讨飞机保持这 3 个方向的平衡应当满足什么条件，以及保持平衡的方法。

17.2 飞机的平衡条件及保持平衡的方法

17.2.1 飞机的纵向平衡及其保持方法

飞机在纵向平面内作等速直线飞行，并且不绕横轴转动的运动状态，称为纵向平衡。

飞机在纵向运动时，作用于飞机上的力主要有：机翼升力 $Y_翼$、水平尾翼升力 $Y_尾$、机身升力 $Y_身$、空气阻力 X 和发动机推力 P 以及飞机重力 G，如图 17-2 所示。这些力的大小和方向各不相同，因此对飞机重心的力矩亦不相同，有的力产生使飞机抬头的上仰力矩，有的力则产生使飞机低头的下俯力矩。为了使飞机不绕横轴转动，飞机的上仰力矩必须等于下俯力矩，即

$$Y_翼 a + Xb + Y_身 d + Pc = Y_尾 e$$

此外，要使飞机保持等速水平直线飞行，作用于飞机上的各力也必须保持平衡，故

$$Y_翼 + Y_身 + Y_尾 = G$$

$$P=X$$

机身和平尾产生的升力，一般情况下比机翼升力小得多，在具体计算时通常忽略不计。

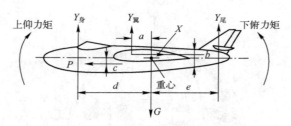

图 17-2 作用在飞机上的对称轴的力矩

飞机在飞行中，其平衡状态不是一成不变的，经常会因为各种因素的影响而遭到破坏。例如由于燃油消耗、收放起落架、收放襟翼、发动机推力改变或投掷炸弹等，都会使飞机的平衡状态发生变化。

当飞机的平衡状态遭到破坏后，则上述的平衡条件便不能满足，也就是说飞机的上仰力矩不再等于下俯力矩，其差值便构成附加的不平衡力矩。因此，要使飞机保持纵向平衡状态，就必须克服这个不平衡力矩，克服的方法是操纵升降舵。例如，由于某种原因，飞机产生了附加的不平衡上仰力矩，使平衡状态破坏，此时驾驶员应当向前推杆，使升降舵向下偏转，于是在水平尾翼上产生向上的附加升力（见图 17-2），该力对飞机重心形成下俯力矩，若其大小刚好和不平衡上仰力矩相等时，飞机便重新回到纵向平衡状态，继续飞行。

同样道理，飞机由于某种原因产生了不平衡的下俯力矩，驾驶员就应当用向后拉杆使升降舵向上偏转的办法来加以克服。

由此可知，升降舵的一个重要作用，就是当飞机的纵向平衡状态遭到破坏而出现附

加的不平衡俯仰力矩时，可以借助于它的偏转来产生俯仰操纵力矩，以保持飞机原有的纵向平衡状态。

17.2.2 飞机的横向平衡及其保持方法

飞机作等速直线飞行，并且不绕纵轴滚转的飞行状态，称为横向平衡。

从图 17-3 可知，当飞机作等速直线飞行时，使飞机绕纵轴滚转的力矩，主要是由两边机翼上的升力及其重力所产生。为了使飞机不绕纵轴转动，保持横向平衡，使飞机右倾的力矩总和应当等于使飞机左倾的力矩总和，即

$$Y_右 a + G_左 d = Y_左 b + G_右 c$$

式中：$Y_右$ 和 $Y_左$ 分别表示右机翼和左机翼的升力，$G_左$ 和 $G_右$ 分别为左机翼和右机翼上的载重，a、b、c、d 则分别表示这些力到飞机重心的垂直距离。显然，当两边机翼的重量、几何参数和气动特性完全对称时，则 $Y_右 = Y_左$，$G_左 = G_右$，$a = b$，$c = d$，左倾力矩总和等于右倾力矩总和，飞机将处于横向平衡状态。但是如同纵向一样，飞机的横向平衡状态也会由于两边机翼安装角不同或者副翼不在中立位置，或者机翼两边的装载不同而遭到破坏。另外，对于装有螺旋桨的飞机来说，当螺旋桨旋转时，还会产生于旋转方向相反的滚转力矩。例如，当螺旋桨向右转动时，桨叶迫使空气亦跟着向右旋转，根据作用与反作用原理，空气便给螺旋桨一个大小相等、方向相反的反作用滚转力矩，它使飞机向左倾斜，如图 17-4 所示，这也会使飞机的横向平衡遭到破坏。

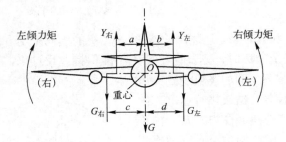

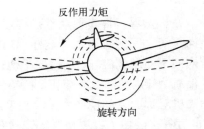

图 17-3 作用于飞机上的对称轴的力矩   图 17-4 螺旋桨的反作用力矩

由此可见，飞机的横向平衡经常会因为各种原因而遭到破坏，为了保持飞机的横向平衡状态，驾驶员可以操纵副翼，使飞机产生横向平衡力矩，来克服不平衡的滚转力矩。

当飞机出现向右滚转的不平衡力矩时，驾驶员应当向左压杆，这时右副翼向下偏转，左副翼向上偏转，右机翼的升力增大，左机翼的升力减小，形成使飞机向左滚转的平衡力矩，抵消不平衡的右滚力矩，从而恢复横向平衡状态。同样道理，当飞机向左倾斜时，则可用向右压杆的办法来克服。所以副翼的一个重要作用，就是可以借助于它的偏转，保持飞机的横向平衡状态。

17.2.3 飞机的航向平衡及其保持方法

飞机作等速直线飞行，并且不绕立轴转动的飞行状态，称为航向平衡。

从图 17-5 可知，当飞机作等速直线飞行时，使飞机绕立轴转动的偏航力矩，主要是

由两边机翼的阻力和发动机的推力（多发动机飞机）所造成的。为了使飞机保持航向平衡就必须使飞机左转的航向力矩总和，等于使飞机右转的航向力矩总和，即

$$X_左 c + P_右 b = X_右 d + P_左 a$$

飞机的航向平衡，如同纵向情况一样，经常会由于两边机翼重量、气动特性以及发动机工作状态的不对称而遭破坏，特别是当一边机翼上的发动机停止工作时，引起的不平衡情况尤为严重。例如若右翼的发动机停车，即 $P_右$=0，则发动机的推力将形成使飞机向右偏转的不平衡力矩，在此力矩作用下，飞机向停车发动机一侧偏转。为了保持原来航向平衡状态，驾驶员应用左脚蹬舵，使方向舵向左偏转，此时在垂直尾翼上产生向右的侧向力 $Z_尾$，它对立轴形成与不平衡力矩相反的平衡力矩，如图 17-6 所示，使飞机保持原来的航向平衡状态。

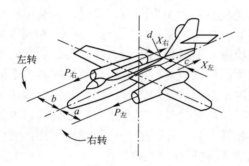

图 17-5　作用于飞机上的对立轴的力矩

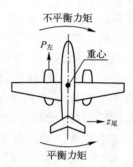

图 17-6　航向力矩的平衡

在自然界，许多现象都是相互联系、相互依赖、互相制约着的。飞机的横向平衡和航向平衡之间的关系也是这样。当航向平衡破坏时，则横向平衡也不能保持；反过来，若横向平衡遭到破坏，则航向平衡也要被破坏。例如飞机受到突风的偏航力矩，如不及时修正，机头将向右偏转，结果飞行速度方向和飞机对称面之间便产生某个角度β，即侧滑角（图 17-7），由于β的存在，破坏了机翼相对气流的对称性，引起两边机翼升力不相等，左机翼升力大，右机翼升力小，形成向右的滚转力矩，使横向平衡也被破坏。

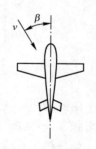

图 17-7　飞机的侧滑角

由于航向平衡和横向平衡之间的关系如此密切，通常把二者合在一起，称为飞机的侧向平衡，又称横侧平衡。显然，为了保持飞机的侧向平衡，经常需要同时操纵副翼和方向舵。

第 18 章　飞机的稳定性

18.1　稳定性的概念

在上一章里，我们讨论了欲使飞机保持平衡状态飞行应当满足什么条件，以及由于各种原因产生了不平衡的力矩后，驾驶员应当如何保持原有的平衡状态。但应当指出的是，这种不平衡力矩是由一些长久作用的因素造成的，因而驾驶员适当的偏航就可以克服。但除此之外，飞机在飞行过程中，还常常会碰到一些偶然的、瞬时作用的因素，例如突风的扰动或偶尔触动一下驾驶杆或脚蹬等，也会使飞机的平衡状态遭到破坏。并且，在这种情况下，飞机运动参数的变化比较剧烈，驾驶员很难加以控制，会影响预定任务的完成和飞行的安全，因此便对飞机本身提出了稳定性的要求。

为了更好地说明稳定性的概念和分析具备稳定性的条件，首先来研究圆球的稳定问题。如图 18-1 所示的 3 种情况，设圆球原来处于平衡状态。现在给它一个瞬时小扰动，例如推它一下，使其偏离平衡状态，我们来讨论在扰动去除后，圆球是否能回到原来的平衡状态。

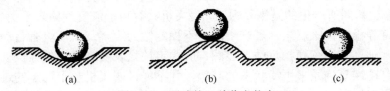

图 18-1　圆球的 3 种稳定状态

(a) 稳定；(b) 不稳定；(c) 中立稳定。

图 18-1（a）所示的圆球，在扰动取消后，其在弧形槽中经过若干次来回摆动，最终自动地恢复到原来的平衡位置，这种情况称为稳定。图 18-1（b）所示的圆球，在扰动取消后，其沿弧形坡道滚下，离原来的平衡位置越来越远，不能自动地恢复到原来的平衡位置，这种情况称为不稳定。图 18-1（c）所示的圆球，在扰动取消后，就停在扰动消失时的位置，既不继续偏离原来的平衡位置，也不自动地恢复到原来的平衡位置，这种情况称为随遇稳定或中立稳定。

为什么会出现这些情况呢？原因如下：

（1）图 18-1（a）所示的圆球偏离平衡位置后，其重力在平行于弧形曲线切线的方向上的分力，对圆球与弧形曲线的接触点（支持点）形成一个力矩，该力矩使圆球具有自动恢复到原来平衡状态的趋势。这种力矩称为稳定力矩或恢复力矩。同时，圆球在弧形曲线上运动的阻力也对其支持点形成一个力矩，但其方向和圆球运动方向相反，起到阻止摆动的作用，称为阻转力矩或阻尼力矩，在此力矩作用下，圆球的摆幅越来越小，最后停止在原来的平衡位置上，因而是稳定的。

（2）图 18-1（b）所示的圆球偏离平衡位置后，其重力在平行于弧形曲线切线的方向上的分力，对圆球与弧形曲线的接触点（支持点）形成一个力矩，该力矩使圆球继续偏离原来的平衡状态，是不稳定力矩。因此圆球不能自动回到原来的平衡位置上，因而是不稳定的。

（3）图 18-1（c）所示的圆球偏离平衡位置后，其重力与平面的支持力在同一条直线上，对支持点不形成任何力矩，圆球既不继续加大偏离原来的平衡状态，也不会自动回到原来的平衡位置。

由此可知，欲使处于平衡状态的物体具有稳定性，其必要条件是物体在受到扰动后能够产生稳定力矩，使物体具有自动恢复到原来平衡状态的趋势；其次是在恢复过程中同时产生阻尼力矩，保证物体最终恢复到原来平衡状态。

对飞机来说，其稳定与否，和上述圆球的情况在实质上是类似的。如果在飞行中，飞机由于外界瞬时微小扰动而偏离了平衡状态，这时若在飞机上能够产生稳定力矩，使飞机具有自动恢复到原来平衡状态的趋势，同时在飞机摆动过程中，又能产生阻尼力矩，那么飞机就能像图 18-1（a）所示的圆球一样，无需驾驶员的干预就能自动地恢复到原来的平衡状态，因而是稳定的，或者说飞机具有稳定性；反之，若飞机偏离平衡状态后产生的是不稳定力矩，那么飞机就会像图 18-1（b）所示的圆球一样越来越偏离原来的平衡位置，因而是不稳定的，也就是没有稳定性。显然，为了保证飞行安全和便于操纵，飞机应当具有良好的稳定性。

通常将稳定性分为静稳定性和动稳定性。如果飞机在外界瞬时扰动的作用下偏离平衡状态，在最初瞬间所产生的是恢复力矩，使飞机具有自动恢复到原来平衡状态的趋势，则称飞机具有静稳定性；反之，若产生的是不稳定性力矩，飞机便没有自动恢复到平衡状态的趋势，则称为没有静稳定性。显然，静稳定性只表明飞机在外界扰动作用后的最初瞬间有无自动恢复到原来平衡状态的趋势，并不能说明飞机整个稳定的过程，即能否最终恢复到原来的平衡状态。研究飞机在外界瞬时扰动作用下，整个扰动运动过程的问题，称为飞机的动稳定性。

这两种稳定性之间并没有固定的关系，即具有静稳定性的不一定具有动稳定性，反之亦然。但在某些情况下，二者之间的确有一定的内在联系。

在研究平衡问题时，曾经把飞机的运动分成纵向运动和侧向运动。同样，飞机的静稳定性也可分为纵向静稳定性和横航向静稳定性。

18.2　飞机的静稳定性

18.2.1　飞机的纵向静稳定性

飞机纵向稳定性包括纵向静稳定性、速度稳定性、长周期稳定性和飞行轨迹稳定性等。

1. 纵向静稳定性

飞行中，当飞机受到微小扰动而偏离其纵向平衡状态，并在扰动去除瞬间，飞机不经驾驶员操纵就具有自动恢复到原来平衡状态的趋势，则称飞机具有纵向静稳定性。

飞机是否具有静稳定性，主要取决于飞机本身的特性，取决于飞机平衡状态破坏后，飞机上产生的起稳定作用的力矩与起不稳定作用的力矩相互作用的结果。如果前者大于后者，飞机是静稳定的，反之，便是静不稳定的。因此要分析飞机纵向静稳定性，就必须分析飞机各个部件由于扰动而使迎角改变后引起的俯仰力矩变化。

当迎角改变时，机翼升力亦改变，但理论和实验都指出，尽管升力大小随迎角变化，而升力增量的作用点却始终保持不变，这个升力增量的作用点，即为机翼的焦点。对目前常用的翼型来说，亚声速时焦点位于离翼型前缘大约22%～25%弦长的地方，而在超声速时则增加到40%～50%。

同样，当迎角改变时，机身、尾翼等所引起的升力增量亦作用在机身和尾翼的焦点上，如图18-2所示。从该图可看出，由于机翼、机身的焦点都在飞机重心前面，因而升力增量对重心形成一个使机头更加上仰的不稳定力矩，但水平尾翼焦点远在重心之后，因此尾翼上的升力增量对重心形成的是使机头下俯的稳定力矩，若后者大于前者，飞机是静稳定的，反之，则是静不稳定的。从这里看出，水平尾翼的重要作用之一在于保证飞机具有纵向静稳定性。

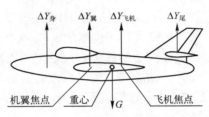

图18-2　飞机各部分的附加升力

上面谈到，当迎角变化时，飞机各个部件的升力都要改变。飞机各个部件升力增量的合力的作用点，称为飞机的焦点，换句话说，飞机的焦点就是迎角变化而引起的整个飞机升力增量的作用点。机翼、机身、尾翼的焦点都不随迎角改变，飞机的焦点也不随迎角而改变。

飞机重心和飞机焦点之间的相互位置，决定了飞机是否具有纵向静稳定性。若飞机重心位于焦点之前，如图18-3（a）所示，则在飞机受到外界扰动后，例如迎角增加了$\Delta\alpha$，那么在飞机的焦点上，就会产生一个向上的升力增量$\Delta Y_{飞机}$，它对飞机重心形成使机头下俯的静稳定力矩，使飞机具有逐渐消除$\Delta\alpha$而自动恢复到原来平衡迎角的趋势，即飞机是静稳定的。反之，若飞机重心位于其焦点之后，如图18-3（b）所示，升力增量对重心所形成的是不稳定的上仰力矩，使飞机迎角越来越大而没有自动恢复到原来平衡迎角的趋势，因此飞机是静不稳定的。由此可以得出一个重要结论：飞机的重心若位于飞机焦点之前，飞机具有纵向静稳定性，飞机重心位于焦点之后，则飞机便失去纵向静稳定性。

低速飞行时，飞机的焦点是固定不变的，而飞机的重心位置却因燃料的消耗、装载的改变以及投弹等而发生移动。如果飞机重心原来位于焦点之前，飞机是静稳定的。但由于上述原因，飞机重心逐渐向后移动，静稳定性逐渐降低。当重心后移到飞机焦点之后时，就产生了质的变化，原来静稳定的飞机转化为失去静稳定性的飞机。这也是为什么对飞机重心变化范围要有严格限制的原因。

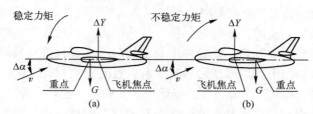

图 18-3 重心位置与静稳定性的关系

(a) 飞机纵向稳定；(b) 飞机纵向不稳定。

2．速度稳定性

速度稳定性是指飞机在油门杆和调整片平衡位置下水平飞行时，若飞机定载扰动使飞行速度发生变化，在扰动消失后，飞机具有自动恢复原飞行速度的趋势，则称速度是稳定的，否则称速度是不稳定的。

具体地说，当飞机作定直平飞时，若受到扰动飞行速度增加，根据定载条件（$Ma^2C_y=$常数），升力系数 C_y 一定要减小，即 $dC_y<0$。此时若平尾不动而 $dm_z>0$，则飞机在此抬头力矩作用下，飞机抬头迎角增大（C_y 增加），阻力增加使飞行速度减小，故飞机是速度静稳定的。也就是说，此时当飞机受扰使速度增大，C_y 减小时，驾驶员不作任何操纵，飞机本身就具有使迎角增加、速度减小的趋势。反之，当飞机受到定载扰动，若飞行速度增加，$dC_y<0$ 时，平尾不动而 $dm_z<0$，则飞机在此力矩作用下迎角进一步减小（C_y 减小），飞机低头加速，C_y 更加减小。这样重复下去，飞机往往进入所谓"自动俯冲"状态，故此时飞机是速度静不稳定的。

飞行品质规范对常规飞机的速度静稳定性的规定是：在除跨声速范围之外的其他速度范围内，飞机应具有速度静稳定性；俯仰操纵力及俯仰操纵位置随速度的变化是光滑的，并且局部杆力梯度是稳定的。在跨声速范围内飞行时，要求则放宽，允许出现杆力梯度不稳定，但有一定的限制范围。

3．飞行轨迹稳定性

飞机轨迹稳定性是指油门杆不动，驾驶员用驾驶杆控制飞机轨迹的能力，即拉杆时飞机上升，推杆时飞机下降。通常用 $d\theta/dV$ 表示。若此值为负值、正值和零值时，则分别表示飞行轨迹是稳定的（如图 18-4 中 BA 段）、不稳定的（CB 段）和中性稳定的（B 点）。

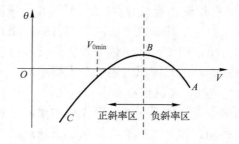

图 18-4 飞机轨迹角 θ 与空速 V 的关系曲线

飞机进场着陆时速度较小（图 18-4 中 V_{0min}），通常处于正斜率区。如果要保持空速和飞行轨迹稳定，驾驶员在操纵升降舵同时，还要较大地调节油门杆位置，势必加重工作负担，影响安全着陆。为了尽量少动或不动油门杆位置，主要靠操纵升降舵来实现下滑着陆，因而需对飞行轨迹稳定性提出要求。一般要求在进场着陆飞行阶段，V_{0min} 处的局部斜率应为负值（在图 18-4 中负斜率区），或小于规定正值（在正斜率区内，但靠近负斜率区）。

由图 18-4 可知，负斜率区（BA）是飞行轨迹稳定区，θ 减小 V 增加，只偏转升降舵即可控制飞行速度。正斜率区（CB）内，θ 减小 V 也减小，只用升降舵无法调节飞行速度。此时必须调节油门杆才能控制速度 V。所以，人们希望进场着陆阶段的最小速度 V_{0min} 尽可能在负斜率区。

4. 放宽静稳定性

由于主动控制技术的发展，现代许多飞机都采用了放宽静稳定性设计，例如 F-16 飞机。放宽静稳定性就是将飞机设计成在亚声速飞行阶段纵向静不稳定，超声速阶段静稳定。

普通构型飞机的焦点一直在重心之后，如图 18-3 所示。静稳定度是指焦点到飞机重心的距离，焦点在重心之后静稳定度为正，在重心之前为负。由于飞机的静稳定特性，飞机有保持原有飞行状态的趋势，使飞机的操纵性降低。而放宽静稳定性的飞机，焦点可以很靠近重心也可以重合，甚至在重心前面，飞机的稳定度变得很小甚至不稳定，飞机主要靠主动控制系统（自动增稳系统）主动控制相应舵面，保持飞机的稳定性。这时为保持平衡只需要较小的平尾升力去平衡翼身组合体的正俯仰力矩（机头向上的力矩）。

在超声速状态，无论普通构型的飞机还是放宽静稳定性的飞机，都具有作用在重心之后的翼身组合体升力矢量。因为放宽静稳定性的飞机的重心比普通飞机的重心更靠后，这样为配平由于翼身组合体升力升起的负俯仰力矩所需要的尾翼向下载荷比普通飞机要小，因而就可以大大减少尾翼尺寸和重量，使其在超声速状态也具有较高的升力。

归纳起来，放宽静稳定性的主要收益在于：

放宽静稳定后，重心后移至焦点之后，在总升力系数相等的条件下，飞机的配平迎角减少了，因此配平阻力减少了，升致阻力也减少，导致升阻比增大。另外，由于平尾配平角减小，甚至变为正偏度，在相等的迎角条件下，使飞机的总升力系数增大。

随着重力作用点的后移，飞机静稳定性减少。在相同的条件下，为了保持飞机平飞，则可减少平尾和垂尾面积，同时可以减轻因发动机安装在飞机尾部，而在机身前端设置的配重重量，所有这些均减轻了飞机重量。

飞机的机动性能大大提高。放宽静稳定性度后可使全机升力增加，法向过载也必然增大，使飞机盘旋半径 R 减小，转弯时间减小，从而提高了飞机盘旋机动性。

提高飞机平飞加速、航程、升限和爬升能力。鉴于放宽静稳定度后，飞机等速平飞的配平阻力减小，以及飞机总重减轻，在发动机推力不变情况下，这些因素会使燃油消耗量减小，从而导致非常规飞机平飞加速能力提高，航程增加，以及阻力的减小会使飞机的容许升限和爬升速度都会增加。

综上所述，放宽静稳定度可提高飞机机动性和飞行性能。例如美国 F-16 飞机采用放宽静稳定度后，当重心位于（35%～40%）b_A 时和普通的重心位置在 25%b_A 飞机相比，在 $H=9$km 时，前者转弯速度增加 0.75（°/s）（$Ma=0.9$）和 1.1（°/s）（$Ma=1.2$）；加速时间减小 1.8s（Ma 从 0.6 加速到 0.9），过载系数可增加 0.2g（$Ma=0.6$）和 0.6g（$Ma=1.2$）；

空中格斗任务中可节省燃油 1.0t 左右，升阻比在亚声速时可提高 8%，超声速时可提高 15%。正因为这些收益，现代高性能飞机均设计成放宽静稳定性的。

18.2.2 飞机的航向静稳定性

在飞行中，飞机受微小扰动而使航向平衡状态遭到破坏，并在扰动消失的瞬间，飞机能不经驾驶员操纵就有自动地恢复到原来航向平衡状态的趋势，则称飞机具有航向静稳定性。

飞机的航向静稳定性主要由垂直尾翼来保证。例如飞机原来处于航向平衡状态，由于外界扰动而使飞机偏离了原来的航向，产生了侧滑角 β，如图 18-5 所示，这时在垂直尾翼上便产生了侧向力 Z，该力对飞机重心形成消除侧滑角 β 的航向静稳定力矩，迫使飞机有自动恢复到原来 $\beta=0$ 的航向平衡状态的趋势。也有人把它叫做"风标"静稳定性。

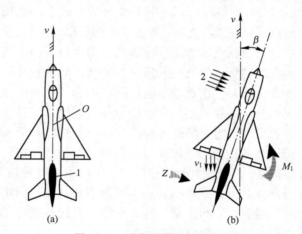

图 18-5　垂直尾翼与航向稳定

1—垂直尾翼；2—阵风；Z—附加力；M_1—恢复力矩；
O—飞机重心；v_1—相对风速；v—飞行速度。

18.2.3 飞机的横向静稳定性

在飞行中，飞机受微小扰动而使横向平衡状态遭到破坏，并在扰动消失瞬间，飞机不经驾驶员操纵就具有自动恢复到原来横向平衡状态的趋势，则称飞机具有横向静稳定性；反之，就没有横向静稳定性。保证飞机横向静稳定性的主要因素是机翼的上反角、后掠角和垂直尾翼，其作用分述如下。

1. 机翼上反角 Ψ 的作用

当飞机受到微小扰动而向右倾斜时（反之亦然），总升力也随之倾斜而产生向右的侧力 Z，促使飞机向右侧滑而形成侧滑角 β。由图 18-6 可见，分速 $v\cos\beta$ 对左右机翼的作用相同，而分速 $v\sin\beta$ 在上反角作用下，又可分解为平行于及垂直于机翼弦面的两个分速 $v\sin\beta\cos\Psi$ 和 $v\sin\beta\sin\Psi$。前者因平行弦面流动故对机翼表面的压力分布无影响，而后者却在左机翼上叠加了一个向下的速度分量使其迎角减小，在右机翼则因叠加了一个向上的速度分量而使实际迎角增加，致使右翼升力增加而左翼升力减小，因而产生了恢复力矩。所以说机翼的上反角有增加横向稳定性的作用。

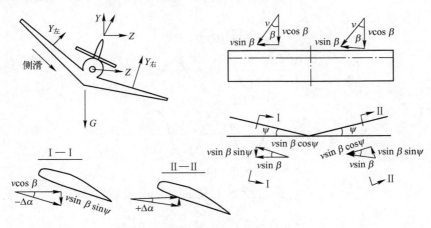

图 18-6　机翼上反角与横向稳定

2．机翼后掠角 χ 的作用

当飞机由于扰动向右倾斜而引起右侧滑时（图 18-7），气流对右机翼的有效分速 v_1（即垂直焦点线的分速）就比左机翼分速 v_3 大得多。显然，右机翼的升力也就大，所以也能产生恢复力矩，从而起到增加横向稳定性的作用。

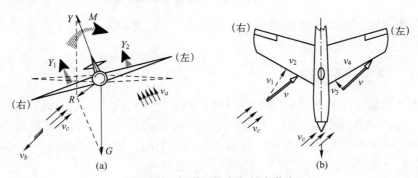

图 18-7　机翼后掠角与侧向稳定

V_a—阵风；V_b—侧滑速度；V_c—相对风速；M—恢复力矩。

3．垂直尾翼对横向稳定性的作用

由图 18-5 可见，当飞机（不论何种原因）出现侧滑角 β 时，在垂直尾翼上就会派生出侧力 Z，它不但能为航向提供恢复力矩，而且由于垂直尾翼一般都装在机身的上面，所以还有滚转力矩。不难看出它也是一个横向恢复力矩，因此也具有横向稳定的作用。

18.3　飞机的动稳定性

扰动运动过程中出现阻尼力矩，最终使物体回到原平衡状态，称物体是动稳定的。动稳定性研究物体受扰运动的时间响应历程问题。从某种意义上讲，动稳定性就是研究外界扰动作用下飞机的过渡过程的收敛情况，一般可以分为以下几种情况，见图 18-8。

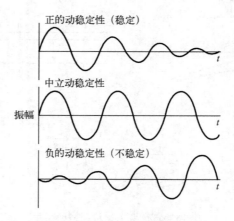

图 18-8 动稳定性的几种类型

（1）动稳定。受到外界扰动后为减幅振动（阻尼振动），或为单调（非周期）衰减运动。

（2）中立动稳定性。受到外界扰动后为等幅振动（称简谐振动），或保持运动参数为常值。

（3）动不稳定。受到外界扰动后为增幅振动（发散振动），或为单调（非周期）发散运动。

18.3.1 纵向运动模态

常规飞机动稳定性由扰动运动的典型模态表示，纵向扰动运动的典型模态是由飞机气动外形、质量和惯性矩决定的。通常，它由两个快慢相差较大的振荡运动组成，这两个振荡运动的频率和阻尼随飞机和飞行条件不同而不同。按振荡周期长、短分别命名为短周期模态和长周期模态（又称沉浮模态），见图 18-9。

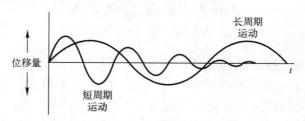

图 18-9 俯仰动稳定性的长周期和短周期运动

短周期模态主要反映在迎角、俯仰角作快速振荡，相对长周期模态来说，短周期是高频和大阻尼的振荡运动。通常，当短周期模态是稳定的，其振荡周期的典型值在 2～5s 范围。只有当重心移到焦点之后，短周期模态才变成一正一负的两个实根，其中正实根表征飞机是不稳定的单调发散运动，而发散的快慢程度取决于静不稳定度的大小。

长周期模态主要反映在空速、俯仰角及高度随飞机迎角基本不变而作的缓慢振荡。因此振荡周期长，衰减慢是长周期模态的特点。在长周期运动中，飞机重心时升时降，故称浮沉模态。通常，当长周期模态是稳定的，其振荡周期的典型量值在 100～200s 左右。只有当飞机在跨声速飞行阶段，飞机的焦点随马赫数变化急剧变动，可能使速度静稳定度变为正值，长周期模态才变成一正一负两个实根，其中正实根表征飞机是不稳定的单调发散运动。尽管如此，此时驾驶员仍有时间加以纠正，其原因是发散很慢。而短周期模态发生和发展迅速，驾驶员很难控制。因此，研究动稳定性问题时，重点是短周期模态。

18.3.2 横侧向运动模态

常规飞机的横侧向动态特性用 4 个典型扰动运动模态来表征，即以大负实根表示的快速滚转运动模态；以小根（可正可负）表示的缓慢运动螺旋模态；以一对共轭复根表示的荷兰滚运动模态。显然，横侧向运动的气动力比纵向运动复杂，但飞机重心相对气动焦点的前后位置变化对动稳定性和动操纵性的影响不显得那么重要。所以，往往可以忽略重心位置移动的影响。

滚转模式是飞机在侧向小扰动运动中初始阶段的运动模态，它描述了飞机滚转速率/滚转角的运动情况，而侧滑角和偏航速率/偏航角等变量的变化很小，故滚转模态的名称也由此而来。由于它是大负实根，所以是一种一阶相应，故其全名称为滚转收敛模态。对小展弦比或三角形机翼飞机在高空飞行时，因滚转阻尼过小而使滚转特性有所恶化。因此，在飞机上需要安装横向阻尼器，以改善飞机的滚转模态品质。

荷兰滚模态是在滚转模态基本结束后，由共轭复根引起的一种偏航与滚转相结合的运动。它描述了飞机受扰后的侧滑角、倾斜角/倾斜速率和偏航角/偏航速率随时间作周期性变化的模态。荷兰滚运动周期一般为 3s 左右，其典型特征是呈现出飞机左右偏航，同时又左右滚转的飘摆运动，其飞行轨迹呈 S 形。这种运动很像荷兰人滑冰的动作，故称荷兰滚模态。由此可知它是一种偏航、滚转和侧滑 3 个运动量同时存在的短周期振荡的二阶模态。它的性质主要取决于固有频率 ω_n、阻尼比 ξ、总阻力系数 $\xi\omega_n$ 以及在振荡中各个运动量之间的振幅比和相位差，而且这种耦合运动模态通常具有中等频率和一定阻尼的振荡运动。见图 18-10。

表征荷兰滚特征的一个合适参数是倾斜角对侧滑角的比（γ/β）。荷兰滚运动中 γ/β 值较小意味着倾斜作用小，则可得到满意的操纵品质。

螺旋模态是飞机横侧向扰动运动的后期才会明显地表现出来。由于它是一个小实根，是一种一阶响应，表现为偏航角和倾斜角单调而缓慢的变化。换句话说，它描述飞机倾斜角 γ 从一个小的非零值趋于增加或减小的时间历程。在机翼水平配平后，将飞机从大至 20° 的倾斜角下释放就可观测到螺旋模态，并且允许在不加操纵输入情况下发生，即随着 γ 角正向增大，升力的垂直分量 $Y\cos\gamma$ 则逐渐减小，轨迹向心力 $Y\sin\alpha$ 则逐渐增大，致使形成盘旋半径愈来愈小，高度不断下降的螺旋线飞行轨迹，故称螺旋模态。见图 18-11。

小实根为正实数，则螺旋模态是不稳定的。当正值较大时，则增加驾驶员的操纵负担，使飞机的飞行品质变坏。

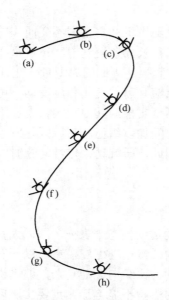

图 18-10　荷兰滚模态

图 18-11　螺旋模态

　　值得注意的是这种模态类似于长周期。从这点来说，即使是动不稳定的，驾驶员也是容易操纵的，如果再考虑螺旋模态的初期发散很缓慢的，故驾驶员有足够的时间纠正它；另外，由于荷兰滚模态周期短、阻尼小，使飞机左右摇摆不停，则对乘员和射击瞄准是不利的。因此，设计时要尽量增大荷兰滚模态的阻尼比，或安装航向阻尼器，以增大荷兰滚模态的阻尼比。

第 19 章　飞机的操纵性

飞机不仅应有自动保持其原有平衡状态的稳定性，而且，由于执行任务和飞行阶段的不同，飞机不可能始终用一种平衡状态飞行，需要经常改变飞行状态，这就要求飞机还要能操纵。例如从平飞转到上升或下滑、加速或减速、从直线飞行转到曲线飞行等。

所谓飞机的操纵性，是指广义飞机（包括控制系统）对驾驶员操纵输入的响应特性，即按照驾驶员的操纵意图（指令信号），在一定时间内能迅速改变其飞行状态的能力。它表现为驾驶员对杆力/杆位移的感觉和飞行状态改变快慢的直觉等两个方面，具体地说，当飞机作机动飞行时，拉驾驶杆飞机则抬头，推杆则低头；驾驶杆偏斜要简单，杆力要适中；与此同时，飞机在空中的状态改变并没有过分的时间延迟。只有当飞机对操纵意图的反应特性既迅速又准确地复现了，则称飞机的操纵性是好的。

从操纵的功用而言，它具有机动能力（使飞机实现最大法向过载，最大滚转速度的能力）和配平能力（对起飞着陆、平飞或曲线飞行和侧风中飞行时有配平能力）；就操纵性能而言，它具有机动飞行时人工感觉特性、操纵响应和配平杆力/杆位移特性；从自动控制原理观点来看，将广义飞机作为一个动态环节时，人感特性、配平杆力/杆位移特性和操纵响应，就是该动态环节环的静操纵性和动操纵性。对飞机纵向运动，静操纵性常用单位过载所需的杆力、杆位移、平尾偏度以及杆力杆位移特性等来表征；动操纵性用跟随性指标来表征。

操纵性的好坏与飞机稳定性的大小有密切关系，稳定性太大，也就是说飞机保持原有飞行状态的能力越强，则要改变它也就越不容易，操纵起来也就费劲。若稳定性过小，则操纵力也很小，驾驶员很难掌握操纵的分量，也是不理想的。所以要正确处理好稳定性与操纵性之间的关系。

顺便指出，飞机的操纵性不等于飞机的机动性，但二者有着密切关系。因机动性是指飞机在一定的时间内能迅速改变其速度、高度和方位的能力，若所需的时间越短，则机动性越好，它包括爬升、水平加减速和定常盘旋性能，机动性是战术技术性能的重要指标之一。

飞机的操纵，主要是通过 3 个舵面（操纵面）——升降舵（或全动平尾）、方向舵和副翼来实现的。

19.1　飞机的纵向操纵性

当驾驶员操纵驾驶杆偏转升降舵之后，飞机绕横轴转动而改变其迎角、速度等飞行状态的特性，称为飞机的纵向操纵性。

驾驶员后拉杆，升降舵向上偏转，于是在平尾上产生向下的附加升力$\Delta Y_{尾}$，该力对飞机重心形成使飞机抬头的操纵力矩$\Delta M_{抬头}$，如图 19-1 所示。在该力矩作用下，飞机原有的平衡状态即被破坏，飞机便绕横轴转动，使迎角增大。由于迎角增大，在飞机焦点上亦产生附加升力ΔY。对于静稳定的飞机来说，焦点位于重心后面，因此升力增量ΔY对重心形成使飞机低头的稳定力矩$\Delta M_{低头}$。当操纵力矩和稳定力矩相等时，飞机的迎角不再增大，飞机便在新的迎角下保持平衡飞行。同样，驾驶员前推杆，升降舵向下偏转，飞机迎角会减小。

显然，当舵面向上偏转时，舵面上产生的附加升力$\Delta Y_{舵}$，对升降舵的旋转轴亦形成力矩，通常称为铰链力矩，如图 19-2 所示。为了保持舵面向上的偏角不变，驾驶员必须对驾驶杆作用一定的向后的拉力 P，通常称为驾驶杆力。杆力的大小及其随速度的变化规律是衡量和评定操纵性好坏的一个最重要指标。杆力太小，驾驶员不能准确地控制和判断飞行状态；杆力太大，操纵费力，甚至达不到规定的飞行状态。所以杆力的大小，是驾驶员借以感觉来掌握操纵份量的重要依据。

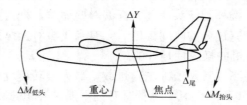

图 19-1　飞机的纵向操纵

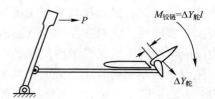

图 19-2　舵面的铰链力矩

19.1.1　杆力杆位移曲线

通常，在假定操纵系统是一个常值增益环节时，飞机操纵性的好坏，常用杆力（F_z）杆位移（W_z）特性表示，图 19-3 为某歼击机平尾操纵系统杆力杆位移曲线。由此图看出有 3 个问题需要研究，即驾驶杆的零杆力位置，杆力梯度，最大杆力。

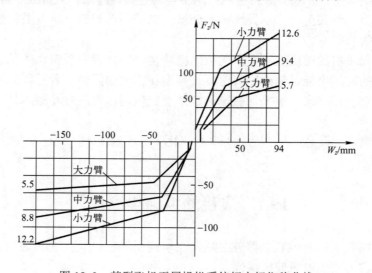

图 19-3　某型飞机平尾操纵系统杆力杆位移曲线

212

1. 驾驶杆的零杆力位置问题

为了保证同类型飞机出厂时，每架飞机具有相同的杆力杆位移特性，需要进行飞机的平衡速度（V_{ph}）试飞，该值选在最大和最小飞行速度之间，以便在整个飞行范围内，最大推杆力和最大拉杆力之差不致太大，如图 19-4 所示，否则会影响飞机的操纵性。

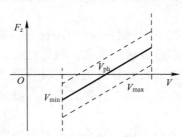

图 19-4　平衡速度大小对杆力的影响

在操纵系统中，尤其对具有力臂自动调节器的不可逆助力机械操纵系统，一般规定在调节片效应机构处于中立位置情况下，杆力为零（即载荷机构也处于中立位置）时的飞行速度称为飞机的平衡速度 V_{ph}。根据飞机以 V_{ph} 等速平飞条件，可算出相应的平衡平尾偏度 ϕ_{ph}。

一般情况下，操纵系统是在已知平衡平尾偏度 ϕ_{ph}、中力臂状态下，安装载荷机构和调整片效应机构的，换句话说，在它们都处于中立位置时安装驾驶杆。尽管此时杆力为零，但杆位移值却不为零，有一个与负平尾偏度相应的杆位移值。此值称为驾驶杆的零杆力位置（不包括间隙）；同理，不难理解在小力臂状态下，零杆力位置不在驾驶杆的中立位置了。

2. 杆力梯度问题

驾驶员对飞行状态感受的直接来源是实现机动飞行时所需要付出的杆力和杆位移变化。对飞机在其对称平面内作过载曲线飞行时的机动性，其静操纵性的评价指标是：单位过载杆力、单位过载杆位移和单位过载平尾偏度。

工程上，常用具有若干个折线段特性的人感系统来接近杆力杆位移曲线，那么究竟用 2 个折线段还是 3 个折线段，要视飞机的平衡曲线情况而定。由图 19-3 可知，某型飞机的每折线段的刚度（力梯度或斜率）随杆位移加大而逐渐减小，其原因是：在驾驶杆的中立位置附近应有较大的刚度（即第一折线段斜率最大），以适应驾驶员作精确或跟踪操纵时的杆位移量要小而杆力要大的需要。同时，从避免由于驾驶员无意识操纵或偶然干扰影响飞机正常操纵的角度出发，也需要设置较大的杆力刚度。当杆位移继续加大到一定值时进入第二折线段，此时杆力刚度减小了，这样可以保证杆位移增加较大时，杆力增加量不大，以适应驾驶员作大机动和急剧操纵时需要有大的杆位移量和适中的杆力。否则随杆位移增加，杆力继续按第一折线段斜率增加，则要求驾驶员付出很大的力，并超出一般人的体力，致使驾驶员搬不动驾驶杆，而无法操纵飞机。

3. 最大杆力问题

对常规歼击机，纵向最大操纵力的绝对值不应超过 300N，杆位移不超过 260mm。对现代高性能飞机，尤其非常规飞机，这些值大大减小，甚至减小到 100N 和几毫米左右。当考虑到驾驶员作机动操纵和生理条件限制，通常拉杆时的最大杆位移比最大推杆位移大，相应的最大拉杆力比最大推杆力小，但两者相差不大；此外，当驾驶杆位移最大时，对应的舵偏角也处于最大，此时应提供一个给定的最大俯仰速率。

19.1.2 机动飞行中操纵感觉

单位过载杆力是衡量飞机作机动飞行时杆力特性好坏的一个重要指标。尽管驾驶员对杆力、杆位移都有感觉，但通常以杆力为主，而且对法向过载的感觉较敏感。

如果单位过载杆力或单位过载杆位移过大，驾驶员操纵时会很疲劳，感到驾驶杆笨重不听话，从而影响精确操纵；如果两个参数过小，驾驶员操纵时容易使飞机摇晃，操纵过量，从而影响精确控制。

为此，驾驶员希望在整个飞行范围内减小单位过载杆力或单位过载杆位移的变化，即将单位过载杆力控制在一个很窄的范围内变化，该范围就是驾驶员能承受的最佳工作负荷。

另外，不同的飞行阶段，例如起飞、着陆、巡航等，也都有不同的操纵要求，以满足各自的主要特点。

19.2 飞机的横向操纵性

当驾驶员操纵驾驶杆偏转副翼之后，飞机绕纵轴滚转或改变其滚转角速度和倾斜角等飞行状态的特性，称为飞机的横向操纵性。

横向操纵主要通过副翼来实现。驾驶员向右压杆，则右副翼向上偏转，右翼升力减小；而左副翼向下偏转，左翼升力增加（见图 19-5）。左、右两边机翼升力之差对纵轴形成的滚转力矩，使飞机向右滚转。同理，若驾驶员向左压驾驶杆，则左副翼上偏，右副翼下偏，飞机便向左滚转。驾驶员压杆行程愈大，副翼偏角亦愈大，飞机的滚转角速度亦越大。

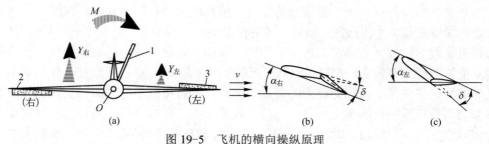

图 19-5 飞机的横向操纵原理

1—驾驶杆；2—右副翼；3—左副翼；M—滚转力矩；
O—飞机重心；v—相对风速；δ—副翼偏转角。

由上述可知，副翼操纵属于滚转角速度操纵，其操纵运动可假定分为两个阶段：第一阶段是初始操纵运动，此时副翼偏转使飞机形成滚转角加速度，该阶段的主要指标是飞机的滚转时间常数 T_R，它反映达到稳态滚转速率时间的快慢，是滚转机动的一个重要指标。尤其在高空飞行时，滚转加速度小，该问题显得特别明显，故操纵系统设计中务必考虑此问题；第二阶段是飞机的横向操纵力矩与滚转气动阻尼力矩平衡，以获得要求的滚转角速度，若想维持该滚转角速度 ω_x，则驾驶员务必保持副翼操纵在要求的位置上。

横向操纵性的主要指标有单位滚转角速度杆位移、横向操纵杆力杆位移梯度、单位滚转角速度杆力、单位倾斜角杆力、单位倾斜角所需副翼偏度等，飞行品质规范中明确规定了有关各类飞机、不同飞行阶段滚转操纵的特性要求。

19.3　飞机的航向操纵性

横滚与航向间耦合程度较大，在研究横侧向操纵特性时，不能将滚转操纵与航向操纵截然分开，故在横侧操纵中必须将副翼和方向舵协调起来。

一般而言，副翼主要引起滚转运动，方向舵主要引起偏航运动。因方向舵偏转不能直接产生使飞机沿所要求的方向侧滑的侧力，而只能产生偏航力矩（接着产生侧滑，由侧滑产生侧力 Z，并使飞机沿要求方向运动）来修正航向。而方向舵偏转产生的侧力 Z 与要求飞机运动方向相反，故达不到侧向操纵的目的。

例如，飞机原来处于航向平衡状态作无侧滑直线飞行，驾驶员用右脚蹬舵，方向舵向右偏转，在垂直尾翼上产生向左的侧向力 Z，该力对飞机重心形成使机头向右转的航向操纵力矩，使飞机产生向左的侧滑角 β（见图 19-6）。由于 β 的出现，在垂直尾翼、机翼、机身等部件上又会引起侧向力，其合力 Z 飞机对重心形成使机头向左偏转即力图消除 β 的航向静稳定力矩，当其与航向操纵力矩相等时，机头不再偏转，β 角也不再增大，飞机便在新的带一定侧滑角的航向平衡状态下继续飞行。同理，驾驶员用左脚蹬舵，方向舵向左偏转，飞机产生向右的侧滑。

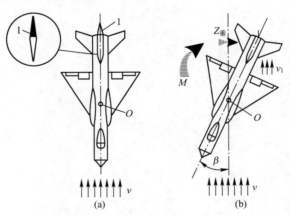

图 19-6　飞机的航向操纵原理

1—方向舵；$Z_{垂}$—附加力；M—偏航力矩；O—飞机重心；
v—相对速度；v_1—作用于垂直尾翼的相对风速；β—侧滑角。

因此，改变飞机航向最有效的手段是操纵副翼使飞机倾斜，此时的升力 Y 与重力 G 构成合力 R 产生必要的侧向加速度，以获得优良的侧向机动性。

所以，实际飞行中方向舵操纵的主要功用是：

（1）小表速飞行时，驾驶员可用方向舵配合进行滚转操纵，以达到抬起一侧机翼目的。

（2）在飞机起飞阶段，可用方向舵保持或修正侧风滑跑或高速滑跑时的航向。

（3）完成直线侧滑飞行，驾驶员用方向舵保持定常侧滑飞行以及进行侧风着陆。

（4）方向舵用于不对称情况的配平，例如不对称外挂、结构不对称或故障后的不对称。

（5）协调机动飞行，副翼操纵交联进行协调盘旋、协调滚转。

航向操纵的特性要求是：

（1）一般在亚声速用方向舵较多，设计时主要考虑亚声速使用情况，即亚声速时可用大舵偏量，而且脚蹬力合适，这样容易满足指标要求。

（2）超声速时用方向舵少，因舵面气动负荷大，故可用小舵偏量（其原因：一是需求不强烈；二是需要大功率舵机，代价太大），方向舵主要用于协调转弯。

（3）大表速飞行时方向舵铰链力矩大，故在飞行品质规范中对各种飞行状态的航向操纵脚蹬力有规定。

第 20 章　飞行品质评价与规范

为了保证飞机能安全飞行和具有良好的飞行品质，在飞机及相应的操纵系统或电传系统设计、生产、地面试验和试飞过程中必须有一个各部门都要遵循的指导性文件，这就是飞机的飞行品质规范。实际上，飞行品质规范是某个国家和部门对飞机飞行品质的成文要求，它是大量飞行试验和飞行经验的结晶，反映了飞机飞行品质要求的本质和共性。设计的飞机，其飞行品质，无疑都应当全面满足规定的飞行品质规范要求，所以，世界各航空工业发达国家都在广泛开展飞行品质研究的基础上，制定出一整套相当于国家一级的标准，并不断加以修改和完善。我国于 1982 年由当时的航空工业部颁发了"军用飞机飞行品质规范（试用本）"，在此基础上，1986 年又出版了国家军用标准"有人驾驶飞机（固定翼）飞行品质"。飞行品质规范一般适用于军用飞机，民用飞机则用适航性条例给出飞行品质的成文要求。

20.1　飞行品质评价方法

飞行品质应反映驾驶员与飞机相协调的任务执行能力和驾驶员的工作负担。驾驶员在对飞机进行评价时，是从安全、有效操纵、任务完成效果等多方面全面衡量飞机的可接受性和适用性。与执行任务的能力和驾驶员的工作负担相关联的因素很多。因此，在评价飞机的飞行品质时，必须区分这些不同因素的影响，给出合理的评价方法和准则。

常规非高增稳飞机的飞行品质主要由它的构型来保证。飞行品质的最后结果是通过气动—机械操纵装置来实现的。适当的设计，这些装置对飞机动态特性影响不大，飞机对控制输入的响应形状也不会有重大的变化，因此，规定少数几个参数来表征飞机的飞行品质也就足够了。一般说，这对有限权限的控制增稳飞机是正确的。

现代飞机由于采用主动控制和使用电传操纵系统，飞机对控制输入的响应形状与常规飞机相比有很大的不同，并且通过拓展飞机的指令和响应特性来提高飞机执行不同任务的能力，力求获得满意的飞行品质。对于这种飞机的飞行品质就不能仅靠评价常规飞机飞行品质的少数几个参数来表征。现今的军用规范已表现了从常规飞机飞行品质评价方法向主动控制飞机概念的转换，例如，采用了等效系统的概念，引入等效时间延迟来考虑高阶模态的影响等。但低阶等效系统仍为常规飞机的响应形式，因此，低阶等效系统准则仍把现代 ACT 飞机的响应形状设计为"模仿"常规飞机的响应形状。人们可能要问常规飞机的响应形状最好吗？是否都必须要有常规飞机的响应？

过去多年对高增稳飞机的飞行品质研究结果表明，飞机对指令的响应形状应与所要求的飞机任务相匹配。最好的响应形状是由飞行任务决定的，必要时应进行控制模态的转换，以适应不同的飞行任务。经验表明，飞行任务必须要恰当地定义，必须把计划执行的使命细分为具体的操纵品质任务。因此，面向任务的飞行品质规范概念主要包括如下几个要点。

1. 操纵品质等级

通过或失败的标准是依等级定义的。等级是通过满足一系列综合定量标准来决定的，它必须通过受有高等级约束的驾驶员评价来检查，并给出等级评价。

2. 响应类型

飞机对控制输入的响应形状的分类。所谓响应类型是指飞机对驾驶员的指令输入所产生的时域或频域响应特性。高增稳飞机的响应特性取决于控制系统中所用的反馈和前馈特性。在电传飞机问世之前，飞机的飞行品质不可能按任务进行剪裁，在一些飞行任务中驾驶员只能用并非最佳的飞行品质来飞行。在电传操纵的情况下，通过控制系统设计，可以按任务来剪裁控制律，以使其响应类型与飞行任务相适应，获得最佳的飞行品质。正确地选择响应类型对获得好的飞行品质是极为重要的。此外，划分响应类型的另一个作用是为飞行品质测试确定和选用合适的方法，事实上，目前使用的评价飞行品质的方法很多，但它们的使用范围是有限的。一种方法常常只适用一种或几种响应类型的飞行品质评价。常用的响应类型有：常规飞机响应；速率指令姿态保持响应；姿态指令姿态保持响应。了解和掌握每种响应类型的优缺点以及可应用的场合是成功设计飞控系统的关键。

3. 使命—任务—单元（MTE）

MTE 起始于由用户定义的总的飞行使命，并将其细分为具体的飞行品质任务。采用 MTE 的作用是，区分具有不同任务的飞机飞行品质评价准则的边界以及与感示环境结合起来确定所需的合适的响应类型。

4. 可用感示环境（UCE）

UCE 包括外部环境和座舱显示以及目视导航设备。显然，驾驶员完成任务的工作负荷与可用感示环境的能力密切相关，可用感示环境降低将增大工作负荷。

5. 定量准则

定量评价准则参数预测了飞机的飞行品质等级。在进行飞行品质定量评定时应区分飞机的机动幅值，通常可分为小幅值机动与中大幅值机动两种，并应针对不同幅值选用不同的评价准则。目前绝大多数飞行品质评价准则仅适用于小幅值闭环机动跟踪。过去由于很少做这样的区分，往往把这些准则用于所有机动场合，有时会获得很差的结果。

目前，由于小幅值机动的评价准则很多，美国军标建议使用等效系统方法。但由于影响飞行品质的因素很多，加之每种方法均有一定的局限性，多数专家认为，目前尚没有一种方法能单独胜任，所以，建议同时使用多种准则进行评价。使用多种准则会使一致性发生混乱。但经验表明，一种准则常常能暴露出其他准则不能暴露的飞行品质缺陷。如果高增稳飞机能满足多种准则要求，多数驾驶员满意接受的可能性就会更大些。当然，使用不同准则时，应注意它们适用的范围与边界。

也有另一种观点，建议军标中规定使用一种准则，如果需要做其他分析时可采用其他准则。这样做的基本理由是，如果采用前述方法，要求用户必须对每种方法有深刻的理解，但这是不现实的。有人建议使用最新的频带/相位迟后/回落准则。该准则具有很多优于其他准则的特点。

6. 验证试飞机动

由于定量准则并不是完美无缺的，有些问题还缺少有用的指导，因此，必须依靠验证试飞对没有数据支持或根本就不存在的定量准则提供一种全面的检查。利用验证试飞机动，驾驶员可以对飞机进行直接评价。当然，对验证试飞机动应进行专门特殊的设计。

20.2　飞行品质评价等级

在飞行品质的研究中，驾驶员是整个人—机系统中的积极方面，只有驾驶员的评估，才能评价人—机系统性能与执行任务总的工作负担的相互关系。为了使驾驶员的评估有一个共同的衡量尺度和描述术语，需要为驾驶员提供统一的定性评价尺度。现时世界上比较通用的评价尺度是美国 NASA 的 Cooper 和 Cornell 航空实验室的 Harper 共同制定的 C-H 评价尺度（库伯—哈珀评价尺度）。这个尺度从飞机操纵性和驾驶员完成各种飞行任务的工作负担两个主要方面，用文字描述给出了关于飞机特性以及在选定的任务或作业中对驾驶员要求的 10 个不同的评价尺度。等级的划分，允许驾驶员对飞行品质的描述有足够大的范围。描述的文字简明扼要，使驾驶员容易了解，以确保能清楚区分每个评价等级，排除模棱两可的情况。图 20-1 给出了 C-H 评价尺度的具体描述及使用流程。

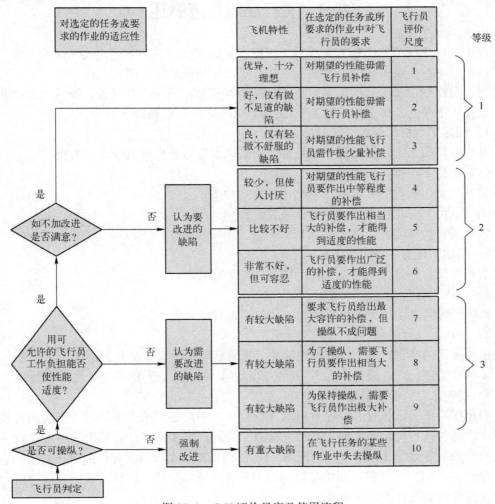

图 20-1　C-H 评价尺度及使用流程

219

C-H 评价尺度并非尽善尽美。文字描述尽管简练，但可能引起误解，而且尺度的划分从生理学角度考虑是非线性的，即生理感受的尺度划分不是等间隔的。例如，尺度 7、8、9 的生理学感受区别不大，而 4、5、6 的区别则很明显。所以当飞机有较大缺陷但仍可操纵时，驾驶员的评分为 PR=7 的机会远大于 8、9 的评分。又如评分 6 和 7 的区别在于飞机特性与驾驶员工作负担的关系，如果飞机特性还可以，但驾驶员的工作负担不能容忍，则驾驶员会使用评分 7，不过这会使人误以为飞机特性不好。相反，如使用评分 6，则又不能反映工作负担不能容忍的事实。因此，在实际使用中加进了 3.5、6.5 和 9^+ 这些中间评分。

另外，C-H 评价尺度是驾驶员的主观标准，尽管飞行品质由驾驶员进行评价是客观的，但却受驾驶员本人技术熟练程度、心理状态的影响，容易产生不同驾驶员评分结果的分散性。为了减少使用 C-H 尺度结果的分散程度，需要对试飞的驾驶员进行必要的培训，并且利用多个驾驶员的评分做平均处理。

20.3　飞行品质规范概述

评价飞行品质的标准称为飞行品质规范，是国家或部门同意制定的法律性文件，规定了系统总的性能要求和设计准则（包括系统设计和分系统与部件设计）。

飞行品质规范总的框架或编制格式是按不同机种、不同飞行任务、不同飞行品质要求等级拟定不同的具体指标（定量或定性）。其基本内容包括如下部分。

1．规定了飞机的分类

飞行品质规范中，根据重量及过载（反映机动能力）将飞机分成 4 大类：

（1）小型、轻型飞机（过载 $n_y < 4.5$）。

（2）中型、低到中等机动性飞机（过载 $n_y < 4.5$）。

（3）重型、低到中等机动性飞机（过载 $n_y < 4.5$）。

（4）高机动性飞机（过载 $n_y > 6$）。

2．规定了任务飞行阶段

规范将飞行任务分为两类 3 种，称为任务飞行阶段：

1）场域飞行阶段

C 种：缓慢机动、精确控制轨迹，如起飞、着陆、进场等。

2）非场域飞行阶段

B 种：精确控制轨迹，但可缓慢机动且毋需精确跟踪，如爬升、巡航、空投等。

A 种：急剧机动、精确跟踪或精确控制轨迹，如空战、对地攻击、地形跟踪等。

3．规定了飞行品质等级

规范应给出飞机执行设计任务时的飞行特性，因此必须给出不依赖于驾驶员直接试飞评定，且与飞行环境无关的客观评分标准，为此，在飞行品质规范中采用了飞行品质等级的概念。规定了 3 个等级，见图 20-1，它们反映了飞行品质与任务适应性关系。

等级 1（满意）：飞机品质明显地适合完成任务飞行阶段，期望性能能在没有或较少的驾驶员补偿的条件下即可实现。

等级 2（可接受）：飞行品质适合于完成任务飞行阶段，但驾驶员的工作负担有所增加，或完成任务的效果有所降低，或两者兼有。

等级 3（可控）：飞行品质能满足安全地操纵飞机，但驾驶员的工作负担过重或完成任务的效果不好，或两者兼有。A 种飞行阶段能安全地结束，而 B 种及 C 种飞行阶段能够完成。

在飞行品质 3 个等级划分的基础上，军标或规范中有关飞行品质的具体定性及定量要求均将按 3 个等级给出，并且每一个数值要求，是满足可接受的 3 个等级之一的最低条件。

4. 规定了飞行品质要求

规范的核心部分是飞行品质要求。要求主要包括：一般要求、纵向飞行品质、横航向飞行品质、其他飞行品质、主飞行操纵系统、次操纵系统及大气扰动等 8 大部分。这些方面提出了明确、具体的飞行品质要求指标。

参 考 文 献

[1] 《飞机设计手册》总编委会. 飞机设计手册[M]. 北京：航空工业出版社，1996.

[2] 杨华保. 飞机原理与构造[M]. 西安：西北工业大学出版社，2002.

[3] 武文康，张彬乾. 战斗机气动布局设计[M]. 西安：西北工业大学出版社，2005.

[4] 李为吉. 飞机总体设计[M]. 西安：西北工业大学出版社，2004.

[5] 陈廷楠. 飞机飞行性能品质与控制[M]. 北京：国防工业出版社，2007.

[6] 高金源，李陆豫，冯亚昌，等. 飞机飞行品质[M]. 北京：国防工业出版社，2003.

[7] 朱自强，吴宗成. 现代飞机设计空气动力学[M]. 北京：北京航空航天大学出版社，2005.

[8] 陈东林. 航空概论[M]. 北京：国防工业出版社，2008.

[9] 林国华，朱永甫. 飞机飞行性能与控制[M]. 西安：空军工程学院，1997.

[10] 吴森堂，费玉华. 飞行控制系统[M]. 北京：北京航空航天大学出版社，2005.

[11] 章澄昌. 飞行气象学[M]. 北京：气象出版社，2000.

[12] 周淑贞. 气象学和气候学[M]. 北京：高等教育出版社，1997.